BAD DATA

WHY WE MEASURE THE WRONG THINGS AND
OFTEN MISS THE METRICS THAT MATTER

为什么数据
会说谎

［加拿大］彼得·施莱弗斯 | 著　张羿 | 译
（Peter Schryvers）

中信出版集团｜北京

图书在版编目（CIP）数据

为什么数据会说谎 /（加）彼得·施莱弗斯著；张
羿译 . -- 北京：中信出版社，2023.6（2023.9重印）
书名原文：Bad Data: Why We Measure the Wrong
Things and Often Miss the Metrics That Matter
ISBN 978-7-5217-5487-2

Ⅰ . ①为… Ⅱ . ①彼… ②张… Ⅲ . ①数据处理－研
究 Ⅳ . ① TP274

中国国家版本馆 CIP 数据核字（2023）第 044651 号

为什么数据会说谎
著者：　　　［加拿大］彼得·施莱弗斯
译者：　　　张羿
出版发行：中信出版集团股份有限公司
　　　　　（北京市朝阳区东三环北路 27 号嘉铭中心　邮编　100020）
承印者：　　宝蕾元仁浩（天津）印刷有限公司

开本：880mm×1230mm 1/32　印张：14　　字数：269 千字
版次：2023 年 6 月第 1 版　　印次：2023 年 9 月第 2 次印刷
京权图字：01-2022-3061　　书号：ISBN 978-7-5217-5487-2
　　　　　　　　　　　　　定价：79.00 元

并非所有重要的东西都计算得清楚，也并非所有计算得清楚的东西都重要。

　　　　　——威廉·布鲁斯·卡梅伦（William Bruce Cameron）

目　录

BAD DATA WHY WE MEASURE THE WRONG THINGS AND
OFTEN MISS THE METRICS THAT MATTER
为什么数据会说谎 被忽视的衡量指标

前　言

人是万物的度量者。

——赫伯特·阿瑟·克莱因（Herbert Arthur Klein）

在这个星球上，有一个物种几乎主宰了它所接触的每一个生态系统。从干旱的沙漠到茂密的雨林，从高山到低谷，它无处不在，无处不被它征服，几乎没有什么地方找不到它。它学会了种植和收获植物，驯化其他动物来满足自己的需求，创造错综复杂、用途明确的建筑和栖息地，建立分工协作、阶级分明的复杂社会，甚至还会发动战争，奴役同类。

毫无疑问，我说的是蚂蚁。

如果说蚂蚁仅仅是一个成功的物种，那就太轻描淡写了。它们不仅在地球上几乎所有的生态系统和气候中繁殖，而且数量庞大。几乎在任何生态系统中，如果你清点所有现存的动物，你都会发现，数量最多的很可能是蚂蚁。在某些环境中，蚂蚁不仅是数量最多的动物，而且总体重也超过了其他动物。

蚂蚁的成功可以归于它们与其他大多数昆虫的不同之处：蚂蚁是社会性的昆虫，它们一起工作。通过精细的分工以及复杂的沟通和适应方法，蚂蚁找到了一种与其他几个物种类似的合作方式，人类便是这寥寥可数的几个物种之一。

蚂蚁之所以能很好地合作，是因为它们会交流。蚂蚁使用错综复杂的信号网络来识别食物来源和潜在的敌人，提供日常维护并照顾蚁群，以及完成其他一系列任务。然后，这些信号被用来为上述任务分配相应的资源，进而确保蚁群的存续。没有任何一只蚂蚁能理解它们所处的系统，连蚁后也不能，它们只是盲目地遵循接收到的信号。然而，这种互动是有目的、有策略的。这就产生了一个非同寻常的悖论：虽然单只蚂蚁很愚蠢，但蚁群很聪明。我们可以通过观察蚂蚁如何处理一项简单的任务——寻找食物——来了解这个系统。

在澳大利亚东北部的热带雨林中，有一种学名叫 *Onychomyrmex* 的行军蚁，专门捕食蜈蚣和其他大型节肢动物。当这种行军蚁寻找食物时，它们每行进几英尺[①]就会向后伸展一下后腿，将腹部紧贴地面，分泌出一种信息素。[1] 这些信息素向

---

① 1英尺=0.304 8米。——编者注

其他蚂蚁发出信号，让它们跟随。

用蚁学家（研究蚂蚁的科学家）的话讲，这种行军蚁的分泌物叫作征召信息素。征召信息素向其他蚂蚁发出信号，让它们跟随信号前进，前往一处食物来源、一处新的巢穴位置或一个需要攻击的潜在威胁。

当这个系统在群体的规模上发挥作用时，其效果非常显著。每天早晨都有无数"侦察员"离开巢穴寻找食物。它们一旦找到食物，就会返回巢穴，并在途中一路分泌征召信息素。返回巢穴后，它们"征召"其他蚂蚁跟随它们前往食物来源：食物可能是一颗掉落的果实、一根多叶的树枝，如果它们是擅长集体狩猎的行军蚁，那么也可能是一条蜈蚣。这种简单的化学检测系统让蚂蚁的效率达到了惊人的水平，虽然这种效率是不动脑筋的。这种不动脑筋的效率足以让蚁群在世界各地蓬勃发展。然而，当它失效时，灾难性的后果就会发生。

当行军蚁离开蚁群去往已经找到的食物来源时，它们会成群结队，彼此紧紧跟随。这个团体必须团结一致。有时它们会沿着前面蚂蚁留下的征召信息素的踪迹前进，有时它们会利用触角来定位并跟随前面的蚂蚁。在这种情况下，征召信息素的踪迹并不是一条通往食物的道路，而仅仅是一条指令："嘿，跟我来。"

有一种很罕见的情况是，蚂蚁无意中沿着踪迹返回了原处，领头的蚂蚁开始尾随殿后的蚂蚁。随着每只蚂蚁都留下征召信息素，这条路径不断加强。蚂蚁循着这条踪迹绕成一个大圈，没完没了地走下去。但这趟旅程不会以攻击一条蜈蚣或收获一块腐烂的水果而结束，而是会无限循环下去，来到最终的毁灭性结局：每只蚂蚁都因精疲力竭而死亡。这一现象在自然界中已经被观察到无数次，并在实验室中重现。蚁学家称之为"蚂蚁磨盘"，我更愿意称之为"蚂蚁死亡旋涡"。

一些蚁学家在野外偶然发现了成圈死去的蚂蚁，这些可怕的"墓碑"证实了它们盲目依赖信号而造成的灾难。这就是让蚁群变得如此成功的适应性所导致的悲剧后果。对蚂蚁而言，死亡旋涡是不幸却又不可避免的，也是它们作为地球上最成功的昆虫物种要付出的代价。

像蚂蚁一样，人类通过信号，通过先观察再行动来理解我们的世界。我们衡量我们所做的几乎一切，例如工作表现，医疗质量，体育比赛中的竞争力，市场优势，产品的有效性，经济实力，教育质量，道路拥堵情况，企业的利润、收入和增长。

我们的孩子在学校里学习了吗？对他们进行测试。我们的工作效率高吗？统计我们的工作时间。付给职业运动员的工资值不值得？记录他们的每一个动作，并将其转化为数据。一家企业是否成功？对它的利润、收入、增长等数据进行细分，直到你确定为止。

这些措施、评价和业绩指标就是我们的衡量指标。它们不仅是我们用来量化了解自己生活的工具，也是量化了解世界的工具。我们在学校、工作场所、政府机构和家庭中使用衡量指标。我们使用衡量指标来衡量工作效率，衡量孩子在学校的学习情况。衡量指标帮助我们衡量经济规模、医疗保健系统的有效性，以及城市拥堵产生的影响。

衡量指标有助于我们决定哪些事情值得重视且优先于其他事情。衡量指标塑造了我们对世界的理解。我们花费大量时间和资源来选择、搜集和分析构成这些衡量指标的数据。几乎没有什么是我们不去测量的。

这里我们要做一个重要的区分。在这本书中，我们将谈到很多关于衡量指标（metrics）的内容，但我们还会提到测量（measurement）。二者有何不同？简单来说，测量针对的是任何可以量化的东西。猎豹的奔跑速度、帝国大厦的高度、美国每年消费奶酪比萨的数量，这些都是测量，很简单。

衡量指标的不同之处在于，它是一种对测量进行赋值的测量。衡量指标可以告诉我们，情况是在改善还是在恶化。衡量指标是有目标的。考试得 A 比得 D 好，公司利润增长是好事。衡量指标是心中有目标的测量。虽然测量和衡量指标之间存在差异，但我们很少在测量某个事物时不给它指定目标。正如哈佛商学院教授扬米·穆恩（Youngme Moon）所言："当我们选择测量某个事物的那一刻，我们实际上就是选择去追求它。换言之，衡量指标创建了一个指向某个方向的指针。"[2]

我们被淹没在数据之中。数字革命在世界上掀起了一股数据浪潮，只要接入互联网，任何人都可以毫不费力地获得各种信息。我们不再受限于单调乏味的实体记录和分类账，我们拥有的数据多到我们不知该如何处理。计算机不仅成倍地提高了我们的计算能力，还提高了我们搜集、存储和共享信息的能力。互联网扩大了信息量，并从根本上提高了信息交换的便捷性。政府、企业、组织和个人正在搜集和利用这些新信息来制定政策、开发更好的产品和营销策略、提高生产力、解决社会问题，以及满足个人利益。

数据的爆炸式增长导致我们对衡量指标的使用激增。有了更多的信息，我们就可以跟踪更多的措施，实现更多的目标，进行更多的评估。毫无疑问，在数据领域发生的革命给我们的世界带来了无数益处。更好的数据意味着更好的决策。更多更好的信息意味着我们的医疗系统能拯救更多的生命，企业能提供更好的产品和服务，人们对自己的健康、财富和幸福能做出更好的选择。

数据的改进正在强化 19 世纪以来一直在发展的一种趋势：绩效管理。绩效管理的思想很简单：要想改进任何一个系统或流程，你只需要把系统拆分成可管理、可测量的组成部分，并为这些测量建立标准，然后为这些系统中的人员创建激励措施，让他们达到这些衡量指标。随着可供我们分析的数据的增加，这一策略的诱惑力会变得越来越大。数据分析、计算和信息存储的改进加速了这一趋势。公司、组织和政府获得的信息越多，可以优化的措施就越多，可以跟踪的任务、活动和目标也越多。

你如果想改善一家零售企业，那就把它拆分成几个组成部分：供应链管理、销售、会计等。你可以为供应链负责人提供交货时间、库存、运输时间等方面的标准，为销售人员提供销售额目标和指标，对市场营销、研发、会计以及企业的其他组成部分也如法炮制。从公立学校系统、跨国公司、医疗保健系统、运动队、社交媒体战略、小公司、城市、供应链到我们的环境，几乎每个组织都是绩效管理的目标。数据和衡量指标的使用已经渗透到我们生活的几乎每个部分。

然而，数字革命创造了一种信息狂妄。聚光灯越集中在这个世界可测量的部分上，我们就越相信我们无法测量的部分不再存在。有了新信息，我们就忘记了所有我们不知道或难以知道的事情。我们太过专注于那些在灯光下看到的事物，以至于忘记了成功的关键可能在黑暗中。企业如果发现了有关其供应链、生产过程和市场运输的大量新信息，就不应该忽视市场适销性、创新、员工激励，以及市场中未知和不可预测的变化等更难获得的信息。

信息如此丰富也有不利的一面。就像蚂蚁会被平时可以引导它们找到食物的信息素引入歧途一样，我们也会被我们认为对自己有帮助的衡量指标引入歧途。我们不仅要对我们所消费信息的真实性和完整性持批判态度（关于这个话题有很多好书可以读），还必须理解数据的含义，为什么它们很重要，以及它们如何影响我们的行为。

专门研究数据科学的书籍、文章和其他资源有许多。你只需要在亚马逊或谷歌上搜索统计学、分析学或精算学，就会看到成千上万的资源，它们会告诉你关于统计意义、数据分析、风险评估和分析信息的一切。但这不是这本书的主题。本书讲述的是一个完全不同的问题。本书想要回答的问题并不是"我们如何分析或评估不同的数据"，而是"我们衡量的东西如何影响我们的行为和行为方式""我们衡量事物的方式如何改变我们思考和行动的方式，如何改变我们的价值观，以及最终的成就"，而这也正是其他数据科学书籍忽略的问题。

本书讲述了如何使用正确的衡量指标：这些衡量指标应用于我们生活的方方面面，让我们的生活变得更美好。但更重要的是，本书讲述了使用错误衡量指标的陷阱，以及误解衡量指标所带来的危害。因为衡量指标也有不好的一面，误用、误解和曲解衡量指标会导致事与愿违、徒劳无功，有时甚至导致彻头彻尾的破坏性行为。我们用来理解、评估和分析我们世界的那些工具，也会影响我们的判断，误导我们的注意力，或者蒙蔽真相。

戴维·曼海姆（David Manheim）认为，我们使用衡量指标的主要原因有三点。[3] 第一，是为了了解真相。我们的直觉虽然有时有用，但经常是错误的。通过测量，我们可以确定到底发生了什么事情。如果一个销售人员说他的工作很出色，我们可能有充分的理由相信他，也许他很善于与客户打交道，也很了解他的产品。但如果不看他的实际销售数据，我们就不知道他到底有多么优秀。

我们测量的大多数东西都是如此。中国的经济规模是否超过了德国？费城的犯罪率是多少？一家医院一年治疗多少个病人？这些都是我们大多数人不太清楚的事情。通过测量它们，我们将比依靠直觉更接近真相。衡量指标为我们提供了确定性。当我们测量某件事时，我们是在用事实取代我们的直觉。即使一点点信息，也会让我们更接近真相，更远离不确定性。

第二，测量有助于我们简化复杂的系统。CEO（首席执行官）不可能知道，也不想知道公司每个部门、每位经理和每名员工在做什么。政府官员不可能监测他们为每个公民提供的每一项服务。医院不可能监督它雇用的每一位护士、医生、专家和行政人员的每一个行动。一个城市无法了解每个通勤者、每家企业和每辆垃圾车的行动。衡量指标可以帮助我们以清晰且有意义的方式简化这些复杂的系统，从而为我们提供简单性。

第三，测量解决了信任问题。如果你问员工、经理、政府管理人员或运动员，他们是否比同龄人更优秀，大多数人会回答"是"。但你怎么知道呢？如果一名员工说自己正在努力工作，为公司做出贡献，你怎么知道事实的确如此呢？如果一家公司说它在行业中拥有最高的销售额或最高的营收，你能相信它的话吗？衡量指标可以帮助我们解决这些信任问题。衡量指标创建了独立的标准，可以用来验证一切说法，而不依赖于任何人说的话。衡量指标为我们提供了验证方式。

我想补充第四点，这在一定程度上与确定性和信任问题有关：衡量指标让我们变得客观。在许多系统中，关于什么是有价值的、什么是重要的，存在着许多不同的观点。谁是更好的警察？哪位运动员的比赛成绩更好？哪位经理的团队表现更好？答案会因你与谁交谈，以及此人认为哪些方面的表现更有价值而不同。如果我们仅仅依靠个人观点来判断好坏，那么我们将永远无法解决这类问题。

衡量指标提供了一个客观、冷静且一致的标准，我们可以用这个标准比较和评估业绩。衡量指标能够让我们摆脱关于"什么是重要的，以及为什么重要"这个问题混乱的、有时各执一词的和情绪化的讨论。衡量指标可以跳过对话，提供一个适用于所有人的清晰一致的标准。衡量指标为我们提供了客观性。

大多数衡量指标最终都用于类似的目的：改进我们所做的事情。我们的学校组织考试，目的是提高学习水平。我们衡量我们在工作中所做的事情，目的是提高我们的生产率和公司的净利润率。我们衡量公司业绩是为了进行更好的投资。我们衡量哪些产品更环保，目的是保护地球。在一个理想的世界里，我们选择最好的衡量指标，并遵循它们建议的成功之路。

然而，就像信息素踪迹一样，这些衡量指标也可能让我们误入歧途。这些衡量指标的目的都有缺点。在本书中，我们会发现，这些目的中的每一个都可能误导、误解和歪曲实际发生的事情，并破坏衡量指标的初衷。衡量指标可能导致我们采取适得其反的行动，它们会将我们的注意力吸引到最终并不重要的事情上。由于选择了错误的衡量指标，我们在无效的活动上花费了过多的时间和资源。衡量指标可能扭曲我们对世界的看法。我们甚至可能成为衡量指标的奴隶，就像陷入死亡旋涡的蚂蚁一样，我们过于关注自己在测量中的得分，而忘记了自己真正要实现的目标。

但我们不是蚂蚁。我们不必盲目地遵循衡量指标规划的路线。我们有能力从道路上抬起头来，重新评估目的地。我们可以停下来想一想，弄清楚我们是真的越来越接近目标，还是在原地打转。我们可以选择我们应该遵循哪些衡量指标，甚至是否应该遵循衡量指标。

我的职业是城市规划师，关于城市如何运行的研究和实践中充满了各种各样的衡量指标。在我的求学和职业生涯中，我遇到过很多在城市规划中误解和滥用衡量指标的例子，同时也遇到了一些正面的例子。例如，我们衡量交通拥堵和住房负担能力的方法都是存在严重缺陷的，我们将在本书后面的内容看到。然而，一旦我开始理解这些衡量指标的缺陷，我就开始注意到，在测量方面，城市规划领域并不是唯一存在缺陷的。我开始注意在其他领域中存在缺陷的衡量指标：教育、医疗保健、商业、经济、环境和体育等。

当我研究其他衡量指标，或与其他领域的专业人士交谈时，我开始发现，人们注意到的缺陷有相似之处。对城市规划领域衡量指标的错误理解，与对产品环保程度的错误理解类似。医生在评估诊所时注意到的错误也类似于商界出现的错误。一种评价篮球运动员的更好的方法与可口可乐公司决定开始使用塑料瓶有关。各种错误反复出现，而且跨越不同的主题。在本书中，我尝试对衡量指标中最常见的错误进行分类、描述，并提供解决方案。

衡量指标可能会在很多方面误导我们。误解人们对衡量指标的反应；关注我们投入的东西，而不是我们得到的东西；优先考虑短期收益，而不是长期收益；误用分母；只抓住整体的一部分；不限定我们的测量方法，只关注可以测量的东西；或者干脆认识不到我们无法总是去测量真正重要的东西。这些都是衡量指标可能让我们误入歧途的方式。

幸运的是，我们可以从这些错误中吸取教训。我们可以了解到，向导并不总是正确的。我们可以学会在旅途中选择更好的地图，或者减少对那些我们知道并不完美的地图的依赖。我们可以学会识别衡量指标如何以及为什么会误导我们，这样我们就不会落入它们为我们设置的陷阱。我们可以通过效仿他人树立的榜样，学会改进我们生活中使用的衡量指标。最后，我们可以停止不断地测量自己，学会关注那些我们无法测量但对我们来说最重要的事情。我们将在本书的各个章节中逐一研究这些错误，看看每个错误的例子，并了解如何识别和解决每个错误，总结经验和教训。

从第一章《应试教育：古德哈特定律与衡量指标悖论》开始，本书深入探讨了学校标准化考试的世界，并展示了狂热地致力于一项测量可能会导致无效的、不必要的，有时甚至令人难以置信的破坏性行为。该章展示了片面地强调、衡量学生成绩如何使教育质量恶化，迫使教师简化教材，鼓励死记硬背而不是让学生真正地理解，惩罚深入思考的学生，甚至促使教师作假。更重要的是，这一章证明了这种现象不仅限于课堂。无论是在商业、医疗、经济、体育中，还是在我们追求的其他任何事业中，完全集中地追求任何一种衡量指标都可能导致不合常理的结果。这一章表明，应试教育不仅仅是学校的问题，任何衡量指标都能以激进且往往矛盾的方式改变我们的行为。

第二章《投入和产出：逻辑模型与程序评估》解释了错误地测量投入、产出和结果如何导致事与愿违。这一章讲述了几个女性的故事，她们用自己的方式发现了一个人在一项任务中投入的成本、付出的努力和最终取得的成果之间的区别。该章介绍了玛格丽特·奥弗里希特（Margaret Aufricht）医生，她认为医疗保健系统鼓励医生看更多的病人，而不是专注于改善病人的健康状况；希瑟·怀特（Heather White）认为非营利组织更注重强调他们的努力，而不是他们产生的影响；凯丽·雷斯勒（Cali Ressler）和朱迪·汤姆森（Jody Thompson）在百思买公司（Best Buy）工作期间发现，商界衡量员工的标准是他们的工作时长，而不是他们实际取得的成果。通过所有这些故事，该章展示了专注于努力的衡量指标是如何使人误入歧途的，它偏离了提高成就这一真正目标。

第三章《长期主义和短期主义：跨期问题和被低估的时间》研究了衡量指标如何扭曲长期和短期的优先级。通过企业高管薪酬和学术界科研绩效的例子，该章展示了衡量指标如何导致我们高估短期价值，而牺牲长期价值。建立在量化确定性基础上的衡量指标无法很好地处理不确定的未来，并且高估了短期价值。

第四章《分母错误："每"的问题》论述了我们在测量中忽视、误用甚至过度使用分母（或者"每"）的倾向。该章通过使用正确的分母来说明，尽管纽约是美国行人死亡总人数最多的城市，但对行人来说，纽约实际上是一个比大多数美国城市更安全的地方。该章还讨论了使用错误的分母如何使致命的疾病看起来不值得恐惧，以及操纵分母如何使能耗最高的国家之一看起来能耗最低。

第五章《只见树木，不见森林：简化复杂系统》讨论了只测量一个复杂整体中的一小部分可能带来的危险。这一章展示了测量复杂系统中的一小部分，会如何让我们相信花更少的钱买离工作地点更远的房子更划算（事实并非如此），吃离家更远的食物比吃离家更近的食物消耗更多的能量（事实并非如此），另外还解释了为什么塑料瓶比玻璃瓶更环保，为什么节能灯会增加碳排放，以及为什么得分最多的运动员不一定是队里最好的运动员。

第六章《天差地别的事物：忽略不同的品质》讨论了将不同的事情归纳到单一的测量中会如何欺骗我们。例如，它说明了在战争中寡不敌众并不意味着处于劣势，用疾病造成死亡的人数来衡量疾病遗漏了很大一部分情况（以及为什么癌症发病率增长实际上是一件好事），还有把信息放在地图上如何经常导致对正在发生的事情的误解。

第七章《并非所有计算得清楚的东西都重要》探讨了迷恋测量导致严重后果的例子。在许多组织中，测量本身变成了目的，组织的真正目的却迷失在数字游戏中。这一章展示了，许多领导者最终选择关注数字，不是因为他们专注于细节，而是因为他们无力处理或不愿处理可量化的东西之外的混乱世界。该章探讨了组织堕入数字游戏并造成可怕后果的两个例子：20世纪90年代和21世纪初的纽约警察局，以及越南战争期间的美国驻越南军队。

第八章《并非所有重要的东西都计算得清楚》通过批判性地审视衡量指标背后的根本驱动力，找到了问题的根源。这一章首先审视了这样一个观点：衡量指标推动了变革，激励了人们。泰勒主义、绩效管理、科学管理、关键绩效指标等基础理论，以及当前大多数流行的组织理论都建立在同一个假设之上：如果你衡量员工表现并提供激励，你就会得到结果。该章利用商业、激励机制理论和组织心理学中的例子，论述了当衡量指标和激励措施使用不当时，会如何挫伤人们的积极性，适得其反。

这一章接下来研究了当今最常用也最经常受到批评的一个指标：GDP（国内生产总值）。该章通过研究对 GDP 的批评得出结论：衡量指标的缺陷从不在于衡量指标本身，而在于人们使用它们的方式。就像 GDP 一样，许多衡量指标的使用方式使它们从来没有达到最初的目的。更重要的是，我们可以从 GDP 的创造者那里学到一个教训，这个教训适用于我们处理的每一个衡量指标：我们可以测量某件事，并不意味着它很重要。

第九章《对衡量指标的反思》重新审视了我们使用衡量指标的原因。该章反思了驱使我们使用衡量指标的复杂性、客观性、确定性和信任等问题，以及这些动机如何以自己的方式破坏了我们想要达到的目的。该章探讨了我们对简单、客观、确定和信任的渴望如何将衡量指标从一个有用的工具扭曲成一个可怕的怪物。该章的后半部分列出了 14 条关于衡量指标的教训，读者在处理衡量指标时可以参考借鉴。

最后一章《衡量指标不是我们的主宰》介绍了一个组织——可汗学院，探讨了可汗学院如何重新思考衡量指标，并有效地将其颠覆。这一章讲述了萨尔曼·可汗（Salman Khan）如何通过重新审视一个简单的想法——为什么我们要在学校对学生进行考试——发展出一种全新的教育方法。该章通过可汗学院的经验与教训总结出了更广泛的经验，告诉我们在生活中如何以及为什么要使用衡量指标，并提醒我们，衡量指标不是我们的主宰。

这不是一本关于统计、分析或数学的书（可以理解，许多读者可能会松一口气）。这本书不涉及统计有效性，也不涉及数字的代表性。这本书没有深入研究回归分析、概率或其他类似统计工具背后的数学。关于这些主题有很多好书，比如，纳特·西尔弗（Nate Silver）的《信号与噪声》（*The Signal and the Noise*）探讨了预测和概率背后的科学；查尔斯·惠伦（Charles Wheelan）的《赤裸裸的统计学》（*Naked Statistics*）提供了很好的统计学总体概述；丹尼尔·卡尼曼（Daniel Kahneman）的《思考，快与慢》（*Thinking Fast and Slow*）深入探讨了我们对概率的理解背后的心理学等；丹尼尔·列维汀（Daniel Levitin）的《一眼识破真相的思考力》（*A Field Guide to Lies*）解释了统计学和其他技术如何被用来误导人们。

　　除了简单的乘除法之外，本书完全不讨论数学。本书也不讨论我们测量的东西有多么精确，不讨论数据搜集方法、统计相关性，以及数据的偏差。

　　我不是说上述这些东西不重要，相反，它们绝对是重要的，我的意思是，本书研究的是传统统计学和数据科学大多没有做到的事情。传统统计学大多关注的是我们测量分析的数据是否真实准确。本书关注的完全是另一个问题：被分析的数据是否重要，它们是不是正确的测量对象。即使一项测量完全真实准确，也不意味着它能正确地描绘出你想要测量的东西的全貌，也不意味着测量方法不会把付出的努力与取得的结果混为一谈，或是把强度与大小混为一谈。精确的测量不等于好的测量。这一点常常被人遗忘。

这本书试图回答一个简单的问题：我们测量的是正确的东西吗？换言之，就像威廉·布鲁斯·卡梅伦说的：我们计算得清楚的东西都重要吗？

第一章

应试教育：古德哈特定律与衡量指标悖论

2015 年 4 月 27 日，珍妮·沃雷尔-布里登（Jeanene Worrell-Breeden）在纽约地铁站里等待地铁列车。沃雷尔-布里登是一名小学校长，被称为"孜孜不倦的奋斗者"，并因在她任教的所有学校（通常有许多贫困学生）中创造了"卓越的教学文化"而受到称赞。[1] 她是纽约哈莱姆区师范学院社区学校的创始校长，纽约市议员马克·莱文（Mark Levine）称这所学校"取得了巨大的成功"[2]。沃雷尔-布里登的学校是社区的骄傲，附近的每个人都希望自己的孩子去这所学校上学。2015 年，该校收到了超过 464 份申请，而学校仅有 50 个招生名额。

在 4 月 27 日之前的两个星期，师范学院社区学校的三年级学生进行了一次考试。沃雷尔-布里登在考试当天早上为学生提供早餐，并举行考前动员会来鼓舞学生的士气。[3] 学校通常不会在考试前举行动员会，但那次特殊的集会有很多原因。

2013 年，纽约州和其他 42 个州一起通过了"共同核心计划"（Common Core program），这是奥巴马政府出台的一项教育标准，是"力争上游"（Race to the Top）计划的一部分，打算在全美推广。该计划出台了学生在每个年级结束时需要学习的英语和数学知识的标准，开发了根据这些标准对学生进行评估的考试，并实施了一项教育拨款计划，考试成绩在确定资格方面发挥了重要作用。[4] 第一年的评估在 2014—2015 学年进行，三年级的学生是参加考试的学生中年龄最小的。

考试是由两个联盟开发的，一个是"智者平衡评估联盟"（SBAC），另一个是"大学学习和就业准备联盟"（PARCC），它们获得了 3.6 亿美元来开发新的考试。这些考试在评估教师和校长，以及确定学校能否获得"力争上游"拨款资格方面有很大影响。学生在考试中的表现不仅关系到学生、家长和教师，还关系到成千上万美元的拨款，着实意义重大。

2015 年 4 月 27 日，就在沃雷尔-布里登站在 135 街和圣尼古拉斯大道附近等地铁 B 线的几个小时前，她的一名同事向纽约市教育局匿名投诉了她。投诉人声称，沃雷尔-布里登已经承认在"共同核心计划"考试中伪造了几名三年级学生的考试成绩。

当地铁 B 线列车驶近时，珍妮·沃雷尔-布里登，这名教育工作者、导师、妻子，以及数百名学生的激励者，纵身一跃，跳到了列车前……她被紧急送往哈莱姆医院中心。一周后，她去世了。

* * *

每年，世界各地的高中生都要为毕业考试做准备。对学生来说，这次考试极其重要。在许多国家，毕业考试的分数占高中生最后成绩的一半，甚至更多。这些成绩会决定他们可以被哪所大学录取，影响他们接受教育的质量，影响他们在大学期间建立的人际关系，最终影响他们未来的职业道路。这些成绩还将决定他们是否有资格获得数千美元的奖学金，进而影响到他们是否需要做兼职来帮助支付学费，占用宝贵的学习时间和课外活动时间，甚至会影响他们未来的雇主对他们的评价。说这些考试影响巨大，这一点儿也不为过。

以数学毕业考试为例，这是一场长达 3 个小时的数学解题马拉松。大多数学生要在高中体育馆内与成百上千名不同焦虑程度的学生一起进行考试。考试内容涵盖学生全年所学科目，其中大部分是选择题。社会研究、英语和科学学科的考试也是如此。

考试不仅对学生很重要，教师、校长和学校董事会的业绩也在很大程度上取决于学生在考试中的表现。由于这项考试关系到大学招生，家长会向教师施压，以确保他们的孩子在考试中取得好成绩，从而可以进入一所好学校。[5]

校长也感受到了考试的压力——在很多地区，学校的考试成绩会刊登在当地报纸上。学校的成绩可能会影响学校未来的招生和声誉，因为家长会为孩子选择"成绩更好的学校"。如果学校所在的州实施了"共同核心计划"以及随之而来的拨款政策，或采用了类似的标准，那么考试成绩就决定了学校获得的拨款金额。学校董事会也感受到了压力，因为其所在地区学校的表现会影响其吸引学生和筹集资金的方式。更大的压力还在后面，州议员、教育部部长、州长，甚至总统都感受到了改善教育的压力。这通常会转化为一句简单的口号："考试分数太低，要提高分数。"[6]

这种情况对读过高中的人来说再熟悉不过了，大多数正在读这本书的人对此也很熟悉。可悲的是，对那些年龄小得多的低年级学生来说，这种情况也越来越熟悉。在实施了"共同核心计划"的州，标准化考试在三年级就成为学生课程的一部分。

但是，这有一个问题。

问题不是我们不应该要求学生努力学习，也不是教师、校长和学校董事会不应该尽心尽力地教育孩子。这些都不是问题，因为我们不应该要求知道学生、教师和学校的表现如何。然而，这又确实是一个问题，因为标准化考试，特别是那些有大量选择题、需要计时且很重要的考试并不能很好地衡量学生的理解力或综合能力，而且考试伤害了学习。

让我们从问题本身说起，特别是那些选择题。选择题经常用于考试题目，因为它是一种有效的考试方式。它有几个优点：客观，容易评分，学生容易填写，教师无须辨认高中生潦草的字迹就能确定正确答案。这些优点的问题在于，它们都与阅卷的难易程度有关，而与考试方法能否很好地反映学习情况无关。布鲁斯·C.鲍尔斯（Bruce C.Bowers）就说过下面这段话。

标准化考试的主要目的是以尽可能有效的方式对大量

学生进行分类。这个有限的目标很自然地产生了简答题、选择题。当考试以这种方式进行时，主动技能，如写作、说话、表演、绘画、建造、修理，以及其他任何可以而且应该在学校教授的技能，都自动降到次要地位。[7]

鲍尔斯的观点是，选择题考试歧视那些比死记硬背层次更高的问题，因此也歧视与之相关的思维方式。单纯地选择出正确答案有很多不足之处。选择题考试使学生认为，所谓的"聪明"只是知道很多事实，能够快速记住东西。选择题考试衡量的往往是学生短期记忆的表现。

选择题考试还缺少一个好的考试的重要组成部分：要求学生自己写出答案。这样的问题被称为自由回答，不仅要求学生进行更多的批判性思考，而且能防止他们在考试中抄袭。想象一下，你在一次考试中被问到如下问题。

美国第 27 任总统是谁？

（A）乔治·华盛顿

（B）亚伯拉罕·林肯

（C）威廉·霍华德·塔夫脱

（D）温斯顿·丘吉尔

毫无疑问，答案是威廉·霍华德·塔夫脱。乔治·华盛顿是美国首任总统，林肯是第16任总统，丘吉尔根本就不是美国总统。要知道这道题的答案，你根本不需要知道关于威廉·霍华德·塔夫脱的任何事情。你不需要知道他是第27任总统，甚至根本不需要知道他是总统。你只要能排除其他答案，就能得到正确答案。这个问题的备选答案A、B和D之间的差别类似于史酷比狗、机械战警和野蛮人柯南的差别。

选择题的另一个缺陷是，有一部分学生在做选择题时特别吃力。这些学生并不是因为不懂教材而苦恼，也不是因为他们患有考试焦虑症。事实上，许多在选择题上有问题的学生是教师眼中的好学生。这些学生之所以在选择题上有困难，是因为他们太聪明了。

理解力更强的学生在阅读题目时，会更多地体会到题目的复杂性和细微的差别，因此他们思考问题的时间会比考官计划的时间长得多，这导致他们要在临近考试结束时匆忙完成大部分内容。他们会选择一个答案，但一分钟后又会怀疑自己。通常，天才学生面对选择题时会想："不可能这么简单，他们一定是想骗我们。"正因为如此，很多天才学生的成绩不会像他们的课堂表现和对教材的理解那样好。

这些学生并没有表现出缺乏信念或信心。他们不是因为不理解问题而在问题上花很长时间。这些学生中的许多人对教材的理解比班上的其他学生更加微妙和细致。他们在更高的层次上思考。他们对题目有深刻的理解，知道现象是复杂的，原因是多方面的。他们的思考水平是我们希望经理、领导者、政治家以及每个人都能达到的。但是，当他们在简化了复杂问题的考试中面对一道选择题时，他们会犹豫不决。

我们对世界的信念和价值观是通过我们的行动和与周围世界的互动来表达的，而这些行动和互动反过来又最全面地反映了我们的_____。

（A）意识形态

（B）文化

（C）社会

（D）个人主义

上面这道题取材于十二年级的社会学实践文凭考试，这就是那种对优秀学生来说很困难的问题。事实上，对任何一个对这个问题有着微妙理解的人来说，这道题都有点难。我本科学的是政治学，辅修历史学，我没有信心回答这个问题。这道题的正确答案是（A）意识形态。

这道题提到了一个极其复杂的现象，涉及文化、意识形态、个人信仰和社会规范在多大程度上影响我们的行动以及我们与周围世界的互动，并将其简化为一句话。这种简单化令人沮丧。政治哲学家可以就这个问题争论几年，甚至几十年。"意识形态"很可能是这道题的答案，因为在学生教科书的某一页上，有这样一句话："意识形态是我们对世界的信念和价值观，它影响着我们的行动和与周围世界的互动。"出题人只是希望学生记住它。

这个问题不在于学生是否理解什么是意识形态，而在于学生是否记得读过课本上节选的某句话。难怪那么多孩子对教育制度感到失望和困惑，因为很多评价都取决于是否记得课本上的某句话。

这就是选择题不能很好地体现理解能力的另一个原因。学生越是见多识广，选出答案就越难，需要花费的时间就越多。在有时间限制的考试环境中，这可能意味着这些学生会比那些选择简单答案的学生考得更差。[8]

此类问题可以在所有不同的课程和科目中找到。选择题本质上要求将题目简化，进而使答案更清晰。在这个过程中，学生们失去了对细微差别、复杂性、创造性或多样性的感觉。本应是辩论性的、充满个人差异的、场景化的主题却被简化为一个标准答案。以下是由美国大学理事会〔SAT（美国高中毕业生学术能力水平考试）的出题机构〕制作的在线练习 SAT 中写作和语言部分的一个例子。[9]

　　古生物学家正在利用现代技术来更好地了解遥远的过去。借助计算机断层扫描（CT）和 3D（三维）打印，研究人员能够创建史前化石的精确模型。
　　此时，作者正在考虑添加下面这句话。
　　化石为古生物学家提供了一种估算化石所在岩层年龄的便捷方法。
　　作者是否应该在这里加上这句话？
　　（A）是，因为它用一个重要的细节支持了本段的论点。
　　（B）是，因为它提供了与前一句话的逻辑过渡。
　　（C）否，因为它与这段的主旨没有直接关系。
　　（D）否，因为它破坏了这段的主要主张。

这道题的问题在于，它把写作和编辑这种极其复杂的、主观的、个人化的过程简化为一个标准公式。根据写作的受众（考试中没有给出考生相关信息），作者的个人风格和想法，作者的文章将在哪里刊登，以及作者身处的社会氛围，答案可能会有所不同。学生怎么知道读者是否知道化石是什么？如果受众不同，这句话可能是有用的信息。

我猜那些从事写作行业的人——作家、编辑、营销人员、代理人、出版商——不仅对如何最好地组织一篇文章有不同的看法，而且对如何选择词语、段落结构和语气都有不同的意见。我甚至可以确信，他们都不会认为只有一种"正确"的写作方式。作家、编辑和其他每一个参与写作过程的人都会不断地对写作进行讨论和修改，没人有一个"正确"答案。然而，SAT的考试问题恰恰假设：只有一个正确答案。上述这道题的答案是（C）。下面是我家乡的化学实践文凭考试中的三道题。

符号"Ga"代表什么元素？

钒的符号是什么？

符号"Cm"代表什么元素？

虽然这三道题都有明确的答案，但对所有这些问题的回答应该为："谁在乎呢？"或者，如果你是化学家，你会说："你如果忘了，看看你桌子上的元素周期表就知道答案了。"这是标准化考试的另一个缺点：它们常常问一些没有明显用处的问题，仅仅因为这种题目很容易评分。这是为了记忆而记忆。

此类问题对理解或准备工作来说毫无价值。如果你的雇主问"钒的符号是什么"，然后因为你不知道答案而解雇你，那是多么可笑的事情啊！这些问题都不是在考核有用的知识。它们只是要求你记住元素周期表。除了能考你之外，我们完全不清楚为什么要问这些问题。

标准化考试也普遍对女性不公平。像 SAT 这样的考试往往有大量的选择题，而女性在这方面可能不如男性。爱尔兰的一项研究用选择题考试和自由回答考试比较了相似学科的结果。男性在选择题上表现更好，而女性在自由回答上表现更好。[10] 这是为什么？

首先，在回答选择题时，男性往往比女性使用更多的捷径和技巧，而女性在回答过程中往往更有条理。其次，更多的女性患有考试焦虑症，她们喜欢自由回答的问题，因为这样她们就可以充分表达对问题的理解。她们不愿意做选择题，因为在选择题中，她们更容易质疑自己，从而进一步加剧她们的焦虑。[11] 这种试题歪曲了教育评价，使聪明和有天赋的女性无法在学校取得成功，并使她们对教育系统更加失望。除了严重依赖选择题之外，学校中的几乎每一次标准化考试都是限时的。考试时间的倒计时也许是考试经历中最容易引发焦虑的一个因素。考生在一道题上多花一分钟，在别的题目上就要少花一分钟。随着时间一分一秒地过去，焦虑感会不断加剧。

考试不再是正确地回答问题，而是变成了快速回答的练习。计时考试假定知识和学习是关于记忆和快速回忆的。当今世界，许多人的手机都可以上网，更不用说电脑了，几乎任何信息都可以随时随地被获取，记忆的作用值得怀疑。即使无法访问信息丰富的网络资源，现实生活中也很少需要人们当场记住事实、公式或过程。除了创伤外科医生和运动员，有多少职业需要人们立即对问题做出反应？有多少工作场合不允许人们在制订行动计划之前对问题进行规划、制定策略？正如阿尔菲·科恩（Alfie Kohn）所问的："人们有多少次被禁止向同事寻求帮助？"[12] 同样，有多少工作阻止员工获得与其工作相关的信息？把说明书从工作场所移走的公司是愚蠢的公司。

标准化考试考的是选择题，因此这种考试很难为更高层次的思维设计问题。设计一个选择题考试来对学生的创造性思维和解决问题的能力进行分类是极其困难的。那会发生什么呢？考试考查的是学生对细枝末节和不相关事实的记忆。考试考查学生是否记得内维尔·张伯伦（Neville Chamberlain）名字的正确拼写，而不是丘吉尔继任的原因。复杂的概念被简化为简单的定义和分类。更高层次的学习被牺牲了，因为出题人渴望出一些孩子会答错的试题，而不管他们为什么会答错。正如阿尔菲·科恩所言："就分号是否使用正确达成一致意见，比就一篇文章是否代表清晰的思想达成一致意见要容易得多。"[13]

选择题和计时考试以客观和简单为目标。但学习很少是客观和简单的，至少重要的学习并不是客观和简单的。毫无疑问，学习中有客观或简单的要素，或者兼而有之；但这些要素并不构成我们学习的核心——理解。你记住一个公式并不意味着理解它。为了对学生进行分类，考试中的客观性被牺牲了，所以考题或者带有偏见，或者令人困惑，或者愚蠢至极。[14]

对于所有这些考试方式的缺陷，我们不禁要问：它们有什么好处？如果计时、选择题、常模参照测验对评估学生的创造性思维、批判性分析问题或深入理解所学材料的能力都没有帮助，那么它们还有什么用？考试尽管名为"考试"，但其实并不是为了评价学生对各学科教材的理解程度而设计的。它们真正的设计目的和潜在目的是对学生进行分类和排名。标准化考试如 SAT、GRE（美国研究生入学考试）、GMAT（经企管理研究生入学考试）、MCAT（美国医学研究生院入学考试）和LSAT（美国法学院入学考试）的主要目的是对学生进行排名，以决定哪些学生能被哪些计划录取。标准化考试几乎是每所大专院校的标准。学校每年只能录取这么多学生，所以需要一种筛选方法来方便这种排序。最具成本效益（换言之，最划算）的学生分类方法就是考试。考试不是真实评价学生能力和潜力的工具，而是"给孩子贴上标签；将他们分类，进而限定他们的未来"[15]。

即使让每个学生都对所学科目有出色的理解，让每个学生都取得 100 分的考试，对进入大学来说也不是一个很好的考试。（至于有多少人应该能够上大学，我们是否应该完全限制人们上大专院校的资格，应该为他们提供多少奖学金，以及这对我们的社会有什么影响，这些完全是另一回事。）如果每个人都在考试中得了 100 分，那么考试肯定不够难，也没有提供足够的分辨能力来淘汰不及格的学生。然而，难道我们不应该期望所有的学生每次考试都拿到 100 分吗？教育的目的不就是学好学科知识吗？学会 70% 似乎不太好。所以，考试就会变得更难，至少考试的创造者是这样告诉我们的。通常情况下，考试中多了很多考查记忆的内容和一些刻意模糊的问题，这就使考试本身变得更加武断。

从理论上讲，标准化入学考试的目的是确定哪些学生在学校表现最好。高校希望录取那些最有可能在班级中表现最好，并最有可能在未来的职业生涯中取得更大成功的学生。这个想法是说，我们投入高等教育的资源，应该用在那些能产生最大影响的学生身上。在我们这个喜欢考试的社会里，这些学生就是那些考试成绩最好的学生。这是考试机构、学校管理者和提倡标准化考试的政客们一再重申的信息。

可能会让人感到震惊的是，在控制其他因素的情况下，标准化考试与在大学里取得成功几乎没有关联。[16] 像 MCAT 这样的考试几乎不能预测学生在医学院实践方面的表现，如临床轮换和实习工作。[17] SAT 也好不到哪里去。有一所大学——贝茨学院——决定完全取消入学考试，因为入学考试几乎无法预测学生的大学表现。贝茨学院仍然允许学生自愿提交 SAT 成绩作为录取时的参考因素，而那些选择不提交 SAT 成绩的学生提交分数只是出于研究需要（SAT 成绩不用于评估他们的录取要求）。然后，研究人员比较了那些提交 SAT 成绩的人（成绩普遍较高）和不提交 SAT 成绩的人（成绩普遍较低）在大学的表现。他们发现，尽管不提交 SAT 成绩的学生成绩平均比提交 SAT 成绩的学生成绩低 160 分，但是这两类学生的大学成绩之间没有统计学意义上的差别。[18]

标准化考试成绩好的学生，在毕业后并没有更好的表现。考试成绩和职场成功之间没有多大关联。这并不奇怪，因为考试偏重于记忆和快速思考，而不是解决复杂问题和进行全面分析。考试也不能评估动机、社会技能和职业道德，而这些通常是职场中更重要的特征。在许多工作场所，最有价值的员工并不是那些能最快记住最多事实的人，而是那些能做出最佳决策的人。当人们很容易获得信息的时候，在规定的时间内记住某个事实是完全无用的。

那么，如果那些在 SAT、LSAT、MCAT、GRE 等标准化考试中成绩优异的人，在本科阶段、法学院阶段、医学院阶段或研究生阶段的成绩并不比其他人好，那么他们在什么方面表现更好呢？在这些考试中取得优异的成绩到底预示着什么？正如彼得·萨克斯（Peter Sacks）所说："在标准化考试中得高分是一个人在标准化考试中得高分能力的一个很好的预测因素。"[19]

在创建可以用来区分大学录取、奖学金资格或未来工作的"客观"标准的过程中，我们偏离了学习的真正目标。学校变成了备考中心，专注于教孩子如何做题，而不是真正理解他们所学的东西。标准化考试给学生传递了错误的信息。选择题和计时考试告诉学生，教育应该是记忆事实和数字的艰苦工作。它向学生传达了一个信息，即最重要的评价标准是谁能在考试前最努力地将尽可能多的无关信息塞进自己的脑袋里。它消除了人们在学习新思想、发现解决问题的方法、理解我们的世界如何运行和相互配合的过程中产生的所有惊奇、敬畏和好奇心。学习数学、科学、社会研究和语言的过程中应该充满着迷、惊奇、好奇心和求知欲。但现实正相反，这变成了一项艰苦的记忆工作。难怪大多数学生都讨厌学校。

这不仅是因为考试不能很好地评估学习情况，也不仅是因为考试关注的是无关的信息和被简化的教材。当考试的压力越来越大时，课堂就会发生变化。教师面临着让学生在标准化考试中取得更好成绩的压力，开始减少对学习的关注，而更多地关注如何应对考试。他们开始进行"应试教育"。

第一，教师开始减少对那些可能不在考试范围内的内容的关注。他们把更多的时间花在训练学生掌握他们认为（有时甚至已经知道）会出现在考试中的内容上，而不是花在课堂讨论上。[20] 一个特别热爱学习的学生如果想了解更多的知识，问了一个不在考试范围内的问题，教师会拒绝回答他，因为不想把时间花在不会被评估的东西上，尽管花些时间回答学生的问题会增强学生的求知欲。考试把课堂从探究和思考的地方变成了工作间，把教师从学习促进者变成了教官。受害的不仅仅是课堂。学校里其他让学习变得丰富和完整的部分——在运动队打球，参与学校演出，加入俱乐部——都是不断追求更高考试成绩的潜在受害者。有多少校队运动员被告知，除非提高考试成绩，否则不能加入校队？

第二，利益攸关的考试导致教师简化教材。专注于考试会使课堂的重点从理解概念转移到记忆事实和数字。这听起来可能不合常理，但学生想得越少，考试成绩就越好。那些抄袭答案、连蒙带猜、跳过难题的学生通常比那些复习自己不理解的部分、在阅读时间自己问题、试图将所学内容与正在做的事联系起来的学生成绩更好。那些好奇心旺盛的人在考试中会被那些对学习兴味索然的人打败。要知道，选择题、计时考试其实漏洞百出，这并不令人感到震惊。那些在尽可能短的时间内回答尽可能多的明确、简单问题的人，会比那些花更多时间深入思考模糊问题的人做得更好。但谁学得更多呢？考试让学生认为，学习不是为了寻找解决问题的方法，不是为了了解新概念，也不是为了发现我们生活的美好世界的另一面。考试告诉学生，学习就是要记住无用的事实，为考试死记硬背，努力不被令人困惑的问题欺骗。学习中所有的惊奇、尝试和发现都被压力之下的空洞和无用的记忆取代。

第三，应试型学校的教师更注重应试技巧，而不是学习本身。他们向学生传授考试的技巧和策略，特别是在短时间内应对选择题考试的技巧和策略。猜答案和答题前先看答案只是教师教授的两种策略，而这两种策略的传授是以牺牲真正的学习为代价的。托马斯·奥谢（Thomas O'Shea）和马文·维登（Marvin Wideen）在加拿大不列颠哥伦比亚省进行的一项研究发现，标准化考试导致教师在课堂上花更多的时间讲课，而花更少的时间来引导课堂讨论。[21] 相反，在日本，学校通常不太重视标准化考试。与美国同行相比，日本教师要求学生自己想出解决问题的方法，并把它们解决掉，而在美国，学生只是被告知解决问题的"正确"方法，然后付诸实践。[22] 他们不知道为什么这个方法是正确的，只是教师告诉他们这是正确的。

第四，教师开始操纵课堂由哪些学生组成，以确保得到较高的考试成绩。在学习教材方面有困难的学生被战略性地赶出课堂。有时他们被认为有学习障碍，或者干脆被排除在考试之外，以保证平均分不被拉低。为了不断提高平均考试成绩，那些考试成绩不好的学生会被安排到补习班，这样教师就可以把他们从分数计算中排除。有时，被排除在外的学生也会搞政治。2015 年，纽约教育官员面临着一个困境：很多学生决定不参加标准化考试。那一年，近 20% 的学生选择不参加标准化考试。[23]

这些学生的能力不一定比其他学生差，事实上，他们可能表现出更高的思维水平。但由于考试简化概念，惩罚创造性和细致入微的思考，奖励速度，所以那些更喜欢沉思默想、更细致缜密的学生实际上被告知，他们不如其他学生聪明。

标准化考试对学校有什么影响？首先，学校把课堂的重点从真正的学习转移到了死记硬背上。这样一来，学校疏远和排斥了那些比同龄人有更深层次思考的学生。标准化考试给学校带来了一个残酷无情的排名系统，确保只有少数精挑细选的人能够晋级。问题是，这少数人并不一定比其他人更聪明或更有能力。他们只是擅长考试而已。

在考试对学校造成的所有这些影响中，有一个共同的主题：考试损害了真正的学习。由于太过专注于对学生进行分类，我们的考试变成了一种反常的工具，它奖励简单化的思维方式，削弱真正的理解。考试已经成为学习的对立面。

在学校中使用选择题考试作为衡量指标是因为它容易使用和实施，而不是因为它准确反映了我们想衡量的能力。我们不应该因为某个衡量指标很简易就使用它。当然，通过做选择题来测试学生对基本事实和数字的记忆是很容易的，但这并不意味着我们应该这样做。衡量员工在工作中花了多少时间也很容易，但这并不意味着我们应该以此衡量他们的表现。易于测量并不能使测量变得相关、重要或有用。

标准化考试无法很好地衡量创造性地解决问题的能力。这并不意味着创造性地解决问题的能力不重要，也不意味着我们应该完全取消选择题、计时考试。这仅仅意味着我们需要确保标准化考试不会主导课堂，也不会成为我们认为重要的东西的替代品。考试改变了学校，这完全不应该。

标准化考试对学校的影响应该是一个警告，它告诉我们盲目遵守和遵从衡量指标会扭曲我们的努力，导致事与愿违。这种现象并不局限于学校。当我们盲目追随时，任何衡量指标都会使我们与我们所做的任何事情背后的最终目的和意义分离。就像追随信息素踪迹的蚂蚁一样，盲目地坚持标准化考试已经把我们的教育系统引向了一条不正常的道路，使我们为了考试成绩好而牺牲了学习能力。我们万万不可做"蚂蚁"。

"应试教育"可能是教育系统常用的一个说法，但"争分夺秒""看起来不错""得分很高"也同样耳熟能详。它们都指向一种情况，即某件事情可能测量结果很好，但实际上可能很失败。但是，对考试成绩的强调并不只是改变了教师在课堂中的工作方式，有时，在利益攸关的考试环境中，教师甚至会作假。

* * *

2008 年，希瑟·福格尔（Heather Vogell）和约翰·佩里

（John Perry）注意到佐治亚州迪卡尔布县的阿瑟顿小学有些异常。那年春天，该校32名五年级学生中有近一半没有通过每年一度的州教育考试。该校在该州的小学中仅仅排在第10百分位数，这意味着90%的学校在考试中表现更好。然而，当学生们在秋季重新参加考试时，联邦当局实施了一项规定，允许学校使用最新的考试成绩来申请联邦拨款，这次，全体学生都通过了考试。最重要的是，26名学生在考试中获得了最高的分数。该校在全州的排名从第10百分位数上升到第77百分位数。

考试成绩的提高意味着，学校达到了联邦教育计划《不让一个孩子掉队法案》所规定的"适当年度进步"。达到要求意味着学校将有资格获得更多的联邦拨款，更重要的是，这将避免学校因未达标而受到惩罚。该校校长将学生成绩的突飞猛进归于暑假期间的强化补习，以及教师更加重视考试。

佐治亚州的其他几所学校也有类似的异常结果。亚特兰大的亚当斯维尔小学和帕克莱恩小学，以及格林县和盖恩斯维尔的另外两所学校的成绩也出现了令人难以置信的提高。[24]《亚特兰大宪法报》的两名记者福格尔和佩里在报纸上发表了他们的调查发现。

一定是有什么事情发生了。

* * *

匹兹堡是亚特兰大南部一个以黑人居民为主的贫困工人阶级社区，距离市中心约 3 英里①。它毗邻亚特兰大的佩格勒姆铁路商店，它的名字表达了对宾夕法尼亚州匹兹堡钢铁厂的致敬。从 20 世纪 60 年代开始，较富裕的黑人家庭开始搬离这个社区，在城市中寻找更富裕的地区。1970—1990 年，这里的人口减少了一半。到 2014 年，匹兹堡社区有近一半的房屋空置，卖淫和盗窃行为在这一带很普遍。在匹兹堡所属的学区，3/4 的学生生活在贫困线附近或以下的水平，90% 的人是黑人或拉丁裔，只有不到 40% 的人从高中毕业了。[25] 匹兹堡是人们想要逃离的社区，许多人也确实逃离了。对那些生活在匹兹堡的人来说，生活没有希望。帕克斯中学正位于匹兹堡。

2005 年，克里斯托弗·沃勒（Christopher Waller）出任帕克斯中学的校长，他发现学校濒于倒闭。前任校长虽然通过翻新校舍和聘请辅导员改善了学校，但因被指控在之前的工作中存在性行为不端而引咎辞职。[26] 教师士气低落。学生则努力挣扎着想要达到为他们设定的越来越高的标准，但往往不能保持

---

① 1 英里≈1.609 3 千米。——编者注

他们在小学阶段取得的进步。沃勒是一位教师的儿子，在佐治亚州的一个乡村小镇长大。在孩提时代，他喜欢和兄弟姐妹玩过家家，他总是扮演教师和牧师。他大学毕业后获得了教育学学位，和他的母亲一样，他的教育经验主要来自与低收入家庭的孩子打交道。

曾经，在沃勒的第一份工作中，他不得不没收学生的武器。在来到帕克斯中学之前，沃勒曾在佐治亚州的多所乡村学校任教，担任科学教师、足球助理教练、行政助理和校长助理等，到了晚上和周末，他是教会的牧师。[27]

帕克斯中学的许多学生没有父亲，有些学生甚至无父无母。许多孩子是由祖父母抚养长大的，有一些孩子正处于被送进少年拘留所的边缘，还有一些孩子的父母吸毒，或因其他原因不在孩子身边。在帕克斯中学工作期间，沃勒经常在法庭上恳求法官不要把他的学生送进监狱。[28]教师和家长的汽车在学校里会被偷走。学校里，入室盗窃也很常见，有一次，失窃的设备在一名家长的家中被找到。一些学生甚至在放学回家的路上遭到性侵犯，沃勒甚至不得不作证指控一名男子对他的一名学生进行性侵犯和禁闭。[29]

沃勒面临着一项艰巨的任务。帕克斯中学在过去几年的考试中表现不佳，情况岌岌可危。沃勒必须扭转这所濒临绝境的学校的情况，以确保达到绩效目标，否则学校可能会失去拨款，甚至被关闭。这是一项令人难以置信的任务。32 岁的沃勒是整个亚特兰大公立学校系统中最年轻的校长。[30]

2001 年，乔治·沃克·布什总统签署了《不让一个孩子掉队法案》。该法案提出将大幅增加联邦政府对教育的拨款，但学校要达到一定的标准才有资格获得这笔拨款。2001—2004 年，联邦政府对教育的拨款增加了 25% 以上。该计划基于一种叫"基于标准的教育改革"的教育理念。这一教育理念认为，如果你为教育设定高标准，建立可衡量的绩效目标，并要求教师和行政人员对这些目标负责，那么学生的个人成绩就会提高。这套系统严重依赖于使用标准化考试确定学生的表现，跟踪学生的进步。

《不让一个孩子掉队法案》根据标准化考试的实施情况给州政府拨款。为了获得拨款资格，学校必须证明其成绩逐年提高。然而，绩效标准由各州自行制定。在佐治亚州，绩效标准是通过 CRCT（标准参照能力考试）实施的。考试的重点覆盖 5 个领域：阅读、数学、英语 / 语言艺术、科学和社会研究。[31] 学校被分为两类：一类是达到"适当年度进步"的学校，即学校的考试成绩正在提高；另一类是"需要改进"的学校，即学校的成绩不合格。对于达到"适当年度进步"的学校，联邦基金将提供额外的支持。那些没有达到"适当年度进步"要求的学校，将不得不制订计划来提高未来两年的表现。一旦一所学校被列为"需要改进"的学校，学生就可以选择转学（并获得相关资金）。如果学校的表现在两年计划后没有得到改善，学校将被迫向学生提供免费辅导，这会进一步加大资源压力。如果到了第 4 年还没有改善，学校可能要采取违背自身意愿的措施，包括大规模更换教职员工或引入新课程。如果到了第 6 年，学校的表现还没有改善，政府就会对学校采取严厉的措施，比如由州政府接管学校，或者完全关闭和解散学校。

这就是克里斯托弗·沃勒在 2006 学年陷入的困境。帕克斯中学之前几年的成绩很差，它被列为"需要改进"的学校。这一年，该校 58% 的学生需要通过数学 CRCT 考试，67% 的学生必须通过语言 CRCT 考试，否则学校可能面临停课。[32] 正如沃勒所说："不管孩子被教了多少或学了多少，如果不能达到目标，我们就不能帮助孩子继续学习。如果我们没有达到'适当年度进步'，学校就会被关闭。"[33]

* * *

1999 年，贝弗利·霍尔（Beverly Hall）成为亚特兰大公立学校的督学。霍尔在服务弱势学校和表现不佳的学校方面有丰富的经验。她出生于牙买加蒙特哥湾，毕业于布鲁克林学院，随后获得纽约市立大学硕士学位和福特汉姆大学博士学位。[34] 她曾在布鲁克林的格林堡和纽瓦克工作，自 1995 年起，她在那里担任督学。[35] 当她来到亚特兰大时，她不仅带来了教育弱势学生的热情，还带来了筹款的诀窍。但最重要的是，霍尔相信责任。[36]

除了联邦《不让一个孩子掉队法案》对学校实施的激励和惩罚措施之外，在贝弗利·霍尔的领导下，亚特兰大公立学校还设计了与考试成绩挂钩的附加措施。学校董事会有一个名为"研究、规划和责任部"的部门，为每所学校制定了要实现的年度目标。学校董事会的副督学会监督各个学校的表现，并要求校长承担责任。[37]

如果学校达到了绩效目标，霍尔就会用捐赠者担保的资金来奖励学校。如果学校达到目标，教师、校长、后勤人员，甚至校车司机将会获得高达 2 000 美元的现金奖励。相反，如果在 3 年内没有达到绩效目标，校长就会被解雇。[38] 没有例外，没有借口。[39] 霍尔说到做到。在她担任督学的 10 年里，90%的校长都被换掉了。[40]

在亚特兰大公立学校，考试成绩就是一切。每年秋季，该学区都会在佐治亚球馆（亚特兰大猎鹰队的主场）举行毕业典礼。成绩达标的学校将得到认可，坐在球场上，而成绩不佳的学校则被安排在看台上。座位安排非常重要，人们甚至为此创造了一个词："铺地板"[41]。

对沃勒来说，亚特兰大公立学校以 CRCT 成绩的形式关注考试，这与他以前经历的任何事情都不同。根据他在农村地区的工作经验，重点是教学或表现，在一个农村里，重点甚至只是让孩子们来上课，而不去打架。[42] 但在亚特兰大公立学校，重点是考试、考试、考试！学校要达到的标准不仅比《不让一个孩子掉队法案》规定的标准高，而且还在不断提高，因为霍尔认为进步应该是持续的。霍尔实施了一个制度，要求达标的学生人数必须每年增长 3%。[43] 正如沃勒所说："即使达标的孩子成功升入下一个年级，学校也为接下来的年级设定了标准。年复一年，要实现让孩子们达标的目标变得越来越困难。"[44]

在贝弗利·霍尔领导下的亚特兰大公立学校，你要么达到标准，要么承担后果，没有任何借口。霍尔向系统中包括沃勒在内的每一位校长明确表示了人们对校长的期望："在亚特兰大，人们保住工作的方法就是制定目标。"[45] 当校长们与霍尔会面时，她会以 10 人或 12 人为一组，把每所学校的分数用大图表的形式展示在房间里，并询问每位校长当年是否能实现目标。没人敢说不能。[46]

除了通过《不让一个孩子掉队法案》获得联邦政府的资助外，霍尔还为亚特兰大公立学校争取到了数百万美元的私人捐款，并在整个系统内进行分配。霍尔会利用慈善家提供的资金支付教师的工资，并帮助学校建立课外项目。霍尔认可教育在帮助人们摆脱贫困方面的作用，仅从通用电气基金会、比尔及梅琳达·盖茨基金会，她就为学区筹集了4 000多万美元。[47]

整个亚特兰大取得的成果简直令人震惊。当贝弗利·霍尔开始担任督学时，只有不到50%的八年级学生达到该州的语言艺术标准。到2009年，这个数字已经上升到了90%。学校发生了变化，学生们看到了希望。霍尔证明了教育改革运动和绩效目标是有效的。通过制定严格的目标，问责教师、校长和行政人员，霍尔为亚特兰大公立学校带来了转机。她在亚特兰大公立学校的工作引起了美国学校管理者协会的注意，2009年，该协会将她评为年度国家督学。贝弗利·霍尔在亚特兰大公立学校取得的成果令人难以置信，市议会宣布，将2009年9月8日定为"贝弗利·霍尔博士日"，还为她举行了一场仪式。[48]

　　　　　　　　＊　＊　＊

　　当沃勒开始在帕克斯中学担任校长时，他注意到了一些很不寻常的事情。从帕克斯中学周边的小学进入帕克斯中学的学生在 CRCT 语言艺术考试中的成绩很好。然而，当他们来到帕克斯中学上课时，他们甚至很难达到一年级的阅读水平。他无法解释为什么学生的综合阅读水平会在一个夏天的时间里从五年级水平跌到一年级水平。沃勒认为这种差异只有一个解释：小学在作假。[49]

　　沃勒试图向负责帕克斯中学所属地区的副督学迈克尔·皮茨（Michael Pitts）反映这一情况，但皮茨拒绝解决。相反，皮茨对沃勒的担忧做出了回应，他威胁说，如果沃勒继续喋喋不休，帕克斯中学将只会接收那些在小学里"表现最差"的学生，那样将进一步加重沃勒的任务。[50]

　　这种处境让沃勒不知所措，他向学校的几位教师提出了这个难题，以及考试结果让他们陷入的困境。一位教师告诉他，她听说有一所小学，教师会在学生写完试卷后涂改答案，以此篡改学生的考试成绩。副校长格雷戈里·里德（Gregory Reid）告诉沃勒，他听说有些学校的教师可以提前拿到试题。[51]

　　沃勒处境艰难。他所负责的学校濒临关闭，必须达到不切实际的标准。不仅仅沃勒自己会感受到没有达到这些目标的惩罚，而且教师会被调离，甚至有可能被解雇。更重要的是，学生可能会失学。对许多人来说，这是他们生活中唯一稳定的事情。因此，为了应对向帕克斯中学输送学生的小学所做的事情，并维持学校的运营，沃勒决定做亚特兰大公立学校系统的其他几十名校长正在做的事情：作假。[52]

沃勒知道，他必须与自己可以信任的教师合作。因此，他建立了专门的核心教师小圈子，帮助他确保学校达到年度绩效目标。在饱受了几个月的压力之后，他寻找到的第一位教师是该校的数学教师达马尼·刘易斯（Damany Lewis）。刘易斯当时还不到30岁，出生在东奥克兰，母亲是银行出纳员，父亲是瘾君子。他从2000年开始在帕克斯中学工作。他既是橄榄球教练，又是足球教练，还创办了国际象棋俱乐部。据大家所说，刘易斯简直是一个启明星一般的人。他知道很多学生没有钱洗衣服，就帮他们洗衣服。对其他学生来说，当他们的父母不在家或沉迷于毒品时，刘易斯会为他们提供一个睡觉的地方。[53] 沃勒劝说刘易斯，如果学生考试不及格，学校就会关闭，学生将被分开，帕克斯中学在社区中扮演的角色就会荡然无存，这才说服刘易斯帮助作假。刘易斯只好委曲求全。

帕克斯中学的作假系统主要围绕着沃勒之前了解到的两

种策略：在考试开始前先拿到试卷，然后把试卷分发给值得信任的教师；在交卷之后、评分之前篡改学生的考试答案。获取试卷并不难。刘易斯会潜入存放试卷的办公室，用剃刀打开试卷包装，复制出几份试卷的副本，然后用打火机加热的方式把包装上的塑料重新封好。然后，刘易斯将试题交给信得过的教师，他们会仔细思考这些试题，再把答案教给学生。为了操纵考试，沃勒会在考试日带着考试协调员阿尔弗雷德·基尔（Alfred Kiel）去市中心吃长时间的午餐，从而分散他的注意力。在他们离开后，一群教师就会走进基尔的办公室，篡改试卷。[54]教师们会复核学生的答案，以确保答案正确。

在学生答错的地方，教师会把错误答案擦掉，写上正确答案。不过，沃勒很谨慎，他要求教师们改动的题目不超过1/5，而且只改动一定数量的答案，使得学生成绩最终只超过及格线几分。[55]

沃勒领导下的帕克斯中学的考试成绩显著提高。2005年，86%的八年级学生数学成绩达到优秀水平。而在2004年，这个数字是24%。阅读成绩优秀水平从35%提高到了78%。[56]贝弗利·霍尔和亚特兰大公立学校从未容许作假，但每个人都知道发生了什么。沃勒在数年后讲述了这桩丑闻，他说，霍尔用各种方式明确表示，作假即使不被鼓励，也是可以接受的，但她从来没有直接这样说过。霍尔会用"高层改革"这样的暗语来描述学校为取得成果而采取的措施，而不直接指示任何人采取不当行为。[57] 然而，霍尔会确保她所在系统内的校长清楚地知道对他们的要求。她让工作人员向校长展示到底有多少学生需要通过考试，以及需要多少正确答案才能达到标准。[58] 霍尔还保护作假的教师和校长。当帕克斯中学的教师塔梅卡·格兰特（Tameka Grant）写信给霍尔，称沃勒劝说教师在考试中作假时，霍尔答复说："沃勒没干什么。"在格兰特提出申诉后不久，她就被调到了该区最"危险"的学校之一。[59] 霍尔说得很清楚，举报者会受到惩罚。这就是系统。校长会组建他们可以信任的核心教师小圈子，帮助学校在考试中作假。亚特兰大公立学校的督学和高层人员会保护这些校长，并给他们发奖金。如果有人抱怨，他们会被拒之门外，重新安置，或者被排斥。组织内外任何人对作假的指控都会被立即驳回或忽略。

　　几年之后，帕克斯中学的作假系统几乎变成了自动作假。沃勒相信他的核心教师小圈子会负责操纵考试结果，并在考试前拿到试卷。他从来没有直接指示教师操纵考试成绩，但大家都心照不宣。被信任的教师会参与其中，要么自己直接操纵学生的考试成绩，把错误的答案抹掉，换成正确的答案；要么提前拿到 CRCT 考试的试卷并做一遍，确保学生知道答案。没有人公开谈论学校发生的作假行为，但很多人都知道。正如沃勒所描述的那样，作假在帕克斯中学已经成为一台"运转良好的机器"[60]。

到了 2009 年，一切分崩离析。

* * *

希瑟·福格尔和约翰·佩里发表了一篇关于阿瑟顿小学和其他三所小学考试成绩大幅提高的问题的文章。两人使用了一种叫回归分析的统计方法，比较了几所选定的每年都会考试的学校的成绩。[61] 两人在 2008 年 12 月发表了一篇文章之后，又在 2009 年 10 月发表了另一篇文章，也就是在该市庆祝"贝弗利·霍尔博士日"一个月之后。[62] 这一次，两人考察了 2008—2009 年的 CRCT 成绩，并将每年的结果进行了比较。两人再次指出了全州各学校的一些令人难以置信的不正常的考试结果。韦斯特庄园小学和佩顿小学从前一年的成绩最差的学校一跃成为后一年成绩最好的学校之一。福格尔和佩里发现了许多一年之间成绩大幅提高的案例，但也有成绩急剧下滑的案例。[63] 鉴于作假在亚特兰大公立学校和整个州是如此普遍，这就说得通了。学生在教师作假的情况下考试，成绩就会虚高，如果他们转到教师没有作假的班级，那么他们的成绩就会大幅下降，反之亦然。

有些结果着实令人难以置信。2008年，韦斯特庄园小学四年级学生的成绩排在全州第830名，但在2009年，这些上了五年级的学生的成绩在全州名列前茅。佩顿小学是2008年全州数学成绩最差的学校之一，但在2009年排名第四，尽管在模拟考试中，94%的学生的数学成绩是四个等级中最差的一等。

结果不容忽视。佐治亚州的学校发生了一件非常奇怪的事情，可能涉及不得体的行为，甚至可能涉及犯罪。记者们确信，必须做点儿什么。文章明确指出："从统计学角度看，更多的班级出现了不太可能出现的考试成绩，这表明已经涉及4所学校的作假调查可能即将扩大。"[64] 他们说的没错。这些文章不仅引起了亚特兰大公立学校董事会的注意，也引起了州长桑尼·珀杜（Sonny Perdue）办公室的注意。州长办公室迅速进行了调查，发现该地区约1/5的学校出现了异常结果。帕克斯中学也被发现有75%的班级在考试中有可疑迹象。[65]

亚特兰大公立学校承诺对可疑的结果进行调查，并成立了蓝带委员会①。该委员会由亚特兰大公立学校组织并配备工作人员，他们得出的结论是，不存在共同谋划操纵考试成绩的行为。[66] 珀杜州长却并不信服。因此，2010 年 8 月，他批准了一项行政命令，授权前州检察长迈克尔·鲍尔斯（Michael Bowers）、前地区检察官罗伯特·E. 威尔逊（Robert E. Wilson）和特别调查员理查德·海德（Richard Hyde）彻底调查可疑的考试结果。珀杜州长赋予了他们传唤权，以及雇用 50 多名调查人员的预算。[67]

调查人员最初遭到了学校董事会和教师的强烈反对，似乎没有人愿意配合。但调查人员还是坚持了下来。当年秋天，佐治亚州调查局的 50 多名调查员花了一个月的时间走访了全州的各个学校，包括帕克斯中学。[68] 调查人员坐在食堂、教师休息室、走廊和教室里，与教师接触，让教师协助调查。最终，他们成功了。调查人员说服了众多教师成为本案的证人，有的教师同意戴上窃听器，记录与其他教师的对话。[69] 完整的调查持续了两年半的时间。贝弗利·霍尔和其他许多人在调查期间退休，还有许多人在调查期间被解雇或被吊销

---

① 蓝带委员会是指由一些专业人士组成的、目的在于对某项社会事务进行调查研究的组织。这种组织一般不受政府和其他权力机关的影响，但自身也不具备强制力。——译者注

教师执照。

　　除了面谈之外，州长学生成绩办公室还与"麦格劳-希尔教育测评中心"（CTB McGraw Hill）签约，调查考试中由错到对的答案改动。麦格劳-希尔教育测评中心进行的分析包括找出选择题考试中哪些地方的答案被擦掉了，他们会统计这些答案由错到对的改动数量。通过将这些变化的数量与典型考试进行比较，研究人员能够确定考试成绩是否被篡改。麦格劳-希尔教育测评中心发现，在亚特兰大和其他 34 个学区，"相当数量的班级中由错到对的涂改次数大大高于全州平均水平，令人震惊"。帕克斯中学的改动发生率最高。[70] 调查人员聘请的教育测量学教授格雷戈里·奇泽克（Gregory Cizek）这样描述随机涂改出现的概率：这种事出现的概率就像用人把佐治亚球馆填满的概率一样，而且"球馆里的每个人都要超过 7 英尺高"[71]。

　　这项调查涉及对全州各类教育工作人员的 2 000 多次采访。仅在亚特兰大就有 44 所学校存在作假现象，作假风气盛行，据估计，83% 的亚特兰大公立学校都存在作假现象。[72] 特别调查开始后仅 10 个月，2011 年 6 月 20 日，调查人员就发布了一份报告，178 名教师和校长卷入丑闻，其中 82 人已经认罪。[73]

该案的初步指控导致 110 名教师在承认作假或被怀疑作假后停职。[74] 达马尼·刘易斯是第一批同意合作以换取指控豁免的教师之一。[75] 事情败露了。调查人员还对亚特兰大公立学校和贝弗利·霍尔提出了严厉的指控，称"忧惧、恐吓和报复的文化充斥着整个学区，各级作假行为多年来一直得不到遏制"。他们还表示，学校系统内的考试成绩"被用作羞辱和惩罚学生的残忍武器"[76]。

调查人员得出结论：正是达到目标的巨大压力导致教师作假。亚特兰大公立学校达到目标的方式使教师和行政人员认为，他们必须在"为达到目标而作假"和"达不到目标而失去工作"之间做出选择。[77]

随着时间的推移，标准不断提高，学生每一年的成绩都要不断提高，再加上作假现象已经很普遍，这意味着教师如果不作假就几乎不可能达到预期的标准。调查人员提供的报告称："该地区多年的考试不端行为加深了作假的程度，教职人员每年不仅要让学生成绩达到上一年的虚假分数，而且要超过这一虚假分数。学生的学业水平与他们所要达到的目标之间的差距越来越大。"[78]

对亚特兰大地区的校长和教师来说，作假不是一种选择，而是唯一的生存之道。

对帕克斯中学的许多教师来说，考试作假只是达到目的的一种手段。对他们来说，学生才是最重要的。对达马尼·刘易斯来说，重要的是让帕克斯中学的学生相信自己可以逃离这片社区。刘易斯在自己的脑海中为作假辩护，因为对他来说，如果学校关闭，如果学生被重新分配，这就像是社区失去了主心骨。学生在帕克斯中学得到的引领和指导，以及相信自己能有所成就的信念，足以让他们有充分的理由去篡改一些答案。学生相信自己可以做得比预期中更好，这就足够了。刘易斯说："我会尽我所能来阻止那种'为什么要努力学习'的情绪出现。"[79]对沃勒来说，学校的变化对学生产生了积极的影响。他们"开始以不同的方式看待事物。他们看到了出路"[80]。

总之，亚特兰大和佐治亚州其他地区的170多名教师、校长和高级管理人员被指控犯有各种罪行，其中许多校长和高级管理人员是根据《反敲诈勒索及腐败组织法案》（Racketeer Influenced and Corrupt Organizations，RICO）受审的，该法案与起诉有组织犯罪成员的法律条款相同。达马尼·刘易斯是第一名因该丑闻而被解雇的教师，此前他拒绝辞职。他在2012年3月的解聘听证会上宣读的声明中只是说："我认为证据将证明亚特兰大公立学校存在系统性问题。这就是我的声明。"[81]

2013 年 3 月 22 日，克里斯托弗·沃勒、贝弗利·霍尔和其他 33 名行政人员被大陪审团根据《反敲诈勒索及腐败组织法案》起诉。贝弗利·霍尔的罪名包括敲诈勒索、虚假陈述、盗窃、影响证人和共谋犯罪。直到 2015 年 4 月 1 日，亚特兰大地区的 11 名教育工作者才被判犯有敲诈勒索罪和其他几项与标准化考试作假有关的罪行。霍尔不在其中，她在此之前一个月死于癌症，但起诉书没有回避将丑闻的大部分责任归于霍尔。

> 久而久之，达到亚特兰大公立学校年度目标的过重压力导致一些员工作假。贝弗利·霍尔和其他高层管理人员拒绝接受任何未达成目标的行为，这创造了一种环境，在这种环境中，达到预期结果比学生的教育更重要。[82]

沃勒被判处 5 年缓刑，并处罚金 4 万美元。[83] 帕克斯中学于 2014 年关闭，并与林荫山中学合并。

这一切都是因为考试。

＊　＊　＊

发生在亚特兰大公立学校的事情并不是异常现象。据报道，费城、托莱多、埃尔帕索、巴尔的摩、辛辛那提、休斯敦和圣路易斯等城市也普遍存在作假现象。[84] 在某些情况下，作假会导致悲剧性的后果。尽管我们永远不知道珍妮·沃雷尔-布里登（本章开头提到的纽约一所学校的校长，被举报在三年级的考试中作假，之后跳到地铁列车前自杀）在 4 月的那个悲惨的日子里经历了什么——她的祖母去世了，据报道，她还遇到了婚姻问题——我们只能推测，三年级考试的压力，以及对她涉嫌考试作假的调查，是她决定自杀的原因。

人们对绩效指标做出的反应出人意料、不合常理，有时甚至是不诚实的，但这并不仅仅发生在学校。事实上，在生活的方方面面，人们的反应几乎都像亚特兰大公立学校的教师那样。虽然这种反应可能不涉及作假或其他不道德或非法的行为，但人们会想方设法达到目标。这种现象非常普遍，甚至有一个名词来描述：古德哈特定律（Goodhart's Law）。[85]

查尔斯·古德哈特（Charles Goodhart）是一位研究货币政策的经济学家。他发现，当政府试图监管金融体系时，投资者将预见监管产生的影响，并从中获利。古德哈特的结论是，一且任何测量结果与激励挂钩，人们就会想方设法最大限度地提高这一测量结果，无论他们的行为是否有助于实现该测量的初衷。对这一定律最好的诠释是："当一项测量成为目标时，它就不再是一项好的测量。"这就是在亚特兰大发生的事情。考试不仅是评估学生进步的方法，而且成了与其相关的激励本身——巨大的奖励。如果考试成绩没有达到目标，校长和教师可能会失去工作。不仅如此，学校还可能被迫关闭或者被接管和重组。如果考试成绩达标，教师会获得奖金。因此，获得高分的动机非常强大。

人们以反常的方式回应衡量指标和激励的例子比比皆是。19世纪，在中国工作的古生物学家对搜集恐龙骨骼化石来研究史前动物很感兴趣。完整的化石很罕见，因为数千万年的地质力量会分解骨骼和其他遗留物，古生物学家通常不得不处理骨骼碎片或其他不完整的化石。于是，古生物学家向当地农民寻求帮助，提出每上交一块恐龙骨骼化石碎片，就付给农民一笔钱。农民很快就学会了如何玩弄这个系统：因为古生物学家是按"碎片"付费的，所以农民开始砸碎他们找到的恐龙骨骼化石，这样他们就可以上交更多的"碎片"。[86] 1992年，西尔斯公司开始向机械师支付维修设备的费用，这导致机械师为了赚钱而进行不必要的维修。[87]

在澳大利亚，列车员会因晚点而受到处罚。因此，他们开始进站不停车，这让站台上候车的乘客感到很疑惑：为什么火车就这样呼啸而过？在英国，急诊科开始测量病人到达急诊室后看病所花的时间。于是，在医生准备好给病人看病之前，接诊人员拒绝让救护车里的病人下车。其结果是，救护车要一直等到医生准备好，这占用了宝贵的辅助医疗资源，减少了对紧急情况的响应时间。[88] 20世纪90年代，纽约州和宾夕法尼亚州开始公布医院和外科医生的患者死亡率数据，目的是在医疗保健领域实施问责制度。这个想法的初衷是，患者能够选择表现更好的医院或外科医生，医生和医疗管理人员能有动力去改善医疗服务。但结果相反，外科医生为了提高治愈成功率，开始拒绝收治病情复杂的患者。[89]

英国殖民印度时在印度首都德里遇上了一个麻烦：眼镜蛇。这座城市里栖息着大量的毒蛇，给殖民政府和当地居民造成了危险。殖民政府想出了一个主意：悬赏捕蛇。当地居民每交出一条死眼镜蛇就会得到一笔奖金。这个计划似乎相当成功，许多蛇被杀死，政府也给了奖金。但很快，殖民政府发现了为什么这么多蛇能够被捕获并杀死：因为当地居民开始饲养蛇，再把死蛇卖给政府！英国人意识到印度人在玩弄这套系统，于是取消了捕蛇奖金。既然眼镜蛇已经没有价值了，那些养蛇的人就把蛇放生了。结果，城市里的眼镜蛇数量增加了一个数量级。英国人控制城市里眼镜蛇数量的计划反而让情况变得更糟糕。研究这种现象的德国经济学家霍斯特·西伯特（Horst Siebert）称之为"眼镜蛇效应"。[90]

人们以不正当的、适得其反的方式对衡量指标做出反应的现象，无论被称为"眼镜蛇效应"还是"古德哈特定律"，都将贯穿本书。我们将看到，当一个衡量指标被使用时，人们会想方设法去实现它，而不管他们的行为是否实现了衡量指标背后的目标。

亚特兰大公立学校丑闻可能是古德哈特定律的一个极端例子，但也是一个有用的例子。达到标准的压力越大，情况就越危急，人们就越有可能突破可接受的极限来达到标准，并为此想尽办法、不择手段。不过，他们不会以你预期的方式来做。

在亚特兰大公立学校的丑闻中，我们还看到了一个重要的区别，这个区别也将贯穿本书始终。为了应对考试成绩的压力，教师们以两种截然不同的方式做出了回应。第一种反应是，教师改变他们的教学方式。他们把更多的教学精力放在他们认为会考的材料上，把更多的时间花在备考和教授考试技巧上，他们在课堂上取消了那些不会出现在考试中的内容，无论这些内容是不是课程的一部分。这就是"应试教育"。第二种反应是，他们决定作假。

　　这两种反应之间的重要区别在于，第一种反应涉及对正在发生的事情的真正改变。应试教育意味着以牺牲学习的其他方面为代价教会学生如何考试。不在考试范围内的科目被忽略了，更深入的理解被牺牲了，重点变成了更容易应对考试的简单思维方式，而选择题考试中无法体现的学习内容，如创造性和探究性，也被遗忘了。作假虽然是不道德的，也是违法的，但并不一定会改变课堂本身。学生们仍然可以学习创造性，学习考试内容之外的科目，并探索教材中更深入、更持久的内容。作假只涉及对测量本身的操纵。

　　古德哈特定律没有做出这种区分，但这种区分很重要，贯穿本书。古德哈特只是说，任何测量，当被做成衡量指标时，都将不再有用，因为人们最终将学会玩弄这个系统。但古德哈特从未详述人们将如何玩弄这个系统。人们可以从根本上改变自己的行为（通常是以反常的方式），以此最大限度地提高他们被衡量的表现，或者他们可以简单地找到改变衡量结果的方法，而根本不改变他们的行为。这两种策略通常会同时出现，我们必须明白它们是不同的，但不一定是分开的。那些在考试中作假的教师可能也改变了他们在课堂上的教学内容，但他们不一定要这样做。

本章在讨论标准化考试时总结的另一个教训是，人们选择某些衡量指标，往往不是因为它们是需要测量的良好指标，而是因为它们容易测量。当简单的测量与按特定标准执行的激励措施结合在一起时，这些测量会扭曲人们的行为，让人们把注意力放在容易和可测量的事情上，而不是放在难而重要的事情上。

＊　＊　＊

衡量指标会影响我们的工作、行为，以及我们最终选择的价值。豪泽和卡茨说过："你测量什么，你就是什么。"[91] 丹·艾瑞里（Dan Ariely）则有不同的说法："你测量什么，你就得到什么。"[92] 这句话里有一个警告：一旦你开始测量某件事情，并且强调它的重要性，就会有更多的人想方设法地去做这件事。他们会找到各种各样的方法来达到你测量的目标。如果你选择了错误的东西去测量，人们就会开始做错误的事情。你测量的是什么，你可能就会得到什么，但这就是你得到的全部。

过分重视考试对我们的学校造成的影响可以作为一个警示：任何衡量指标都可能扭曲我们的社会。很少有衡量指标设计得很好，或至少有相关性，有用的衡量指标更少，没有一个衡量指标是完美的。如果我们让一个衡量指标主导我们生活中一切事物的运行方式，从我们的学校到工作，再到社会，那么我们就会对衡量指标不能代表的一切事物视而不见。把一个衡量指标视为万无一失、无可争议或出圣入神的标准，永远不会有好的结果。如果我们不了解衡量指标背后强大的激励机制如何导致适得其反的行为，情况就会变得更糟糕。

任何衡量指标所带来的危害都不在于衡量指标本身，而在于如何使用和奖励。测量本身并不能改变我们的思想、行为或环境。然而，衡量指标的目的正是做这些事情：我们为事情设立衡量指标，是为了改变。如果一件事不会改变你看待、完成或影响它的方式，那么你为什么要去测量它呢？衡量指标的使用方式决定了它们带来的利与弊。它们可以有各种不同的使用方式。在本书中，我们会出于各种原因批评很多衡量指标。归根结底，我们批评的不是衡量指标，而是使用衡量指标的方式。应试教育就是一个过于强调衡量指标的案例。盲目相信任何衡量指标，并将强大的激励机制与之捆绑在一起，只会导致失败。任何衡量指标都不应阻止我们质疑我们要实现的目标以及测量它的方式。测量并不能代替理解，任何衡量指标都不能代替我们思考最终要实现什么目标。

衡量指标在很多方面都是不完美的，我们将在本书中探讨其中的许多方面。当我们把所有的努力都放在衡量指标上，而不是放在我们真正想达到的目标上时，我们就会采取适得其反的措施，扭曲我们的努力，或者效率低下地做事。本书将探讨衡量指标失效的许多原因。但是，我们可以从"投入和产出"开始，看看我们是如何混淆资源、努力、产出和结果的。

第二章

投入和产出：逻辑模型与程序评估

　　在当了 7 年家庭医生后，玛格丽特·奥弗里希特医生感到心灰意冷。"这似乎很……"奥弗里希特医生停顿了一下，寻找合适的词来形容，"愚蠢。"她身体微微前倾，说："这真是效率低下。"[1]

　　在这 7 年里，奥弗里希特医生作为合伙人在社区的一家诊所工作。在加拿大的公共卫生系统中，许多医生独立工作，经营自己的诊所，有时是独自一人经营，有时则是和几个同事一起经营。在加拿大，这个系统是由政府资助的：虽然医疗系统的许多组成部分由私人运营，但（大部分）账单是由政府支付的。这些私人诊所向政府收取服务费。向政府收费的一种方法是使用医疗服务费模式，这是艾伯塔省的主要做法。（加拿大的卫生保健由省政府负责，因此在如何提供卫生保健方面，各省之间略有差异。）这就是奥弗里希特医生工作的系统。

医疗服务费的运作方式正如其名。医生进行的每一个"医疗服务单元"都会收取一笔固定的费用，比如看病、诊断、提供咨询和实施治疗。外科医生是按每台手术收费的（手术类型和时间长短不同，收费价格也不同），精神科医生是按每次治疗收费的，皮肤科医生是按治疗一次皮疹收费的，你的家庭医生是按用那个奇怪的锤子敲你的膝盖来测试你的反射能力收费的。许多在医院和私人诊所工作的医生都是通过类似的制度收取报酬。二者都负责支付支持费用。在私人诊所里，医生把钱集中起来，支付他们的辅助人员工资和管理费用。在加拿大，许多医生都是独立的承包商。

在每个结算期，医生会向政府提交账单申请，然后政府对提交的账单进行评估，并向医生支付工作费用。医疗服务费模式的一个特点是，它几乎只适用于医生。护理人员、行政人员、保健专家和其他人员不一定能在医疗服务费模式下获得报酬。如果他们在医院工作，政府会给他们发工资。在私人初级卫生诊所（由政府资助，但由私人经营），辅助人员的报酬通常来自医生的收费。这个系统（特别是私人诊所）的问题是，其唯一的收入是医生可以开账单收费的医疗服务。对奥弗里希特医生来说，这导致她对账单非常重视，而对她所做事情的有效性缺乏洞察。"为了付房租，你得在半天的时间里诊治很多人，"她说，"有些日子，你半天里遇到的全都是超级容易诊治的病人，根本用不上你的真本事。而有些时候，你会遇到非常棘手的病人，却没有足够的时间诊治。"诊所的重点是让医生尽可能多地开账单。

"病人只要有问题，我们就会要求病人来诊所。如果病人想要检测结果，在医疗服务费模式下，他们就要来诊所。我们通过电话提供检测结果得不到报酬。为什么要提供电话咨询？我们得不到任何报酬，后续电话咨询也不会有报酬。你只要让每个人都来诊所就行了。"奥弗里希特医生叹息道。这就是她的诊所和其他许多医疗服务费制度诊所的做法。这些诊所将重点转移到最大限度地多做可以收费的事情，尽量少做不能收费的事情。"有各种各样的人为阻碍。"奥弗里希特医生说。在医疗服务费制度下，她没有理由和动机去提供她所说的"全面服务"。她说："你身边没有人帮助你为病人提供支持。"因为医疗服务费模式使得我们唯一的收入来自医生看病，护士或其他医疗专家所做的工作被低估了。如果护士的服务只是消耗资源，那为什么要让执业护士提供支持服务？因此，许多医疗服务费制度诊所只能做一些简单的手术。奥弗里希特医生决定做一些不同的事情。

*　*　*

希瑟·怀特在卡尔加里市为FCSS（家庭和儿童支持服务部门）工作时遇到了非常类似的问题，该部门为力图促进社区积极变化的非政府机构提供资金。她发现，在如何以服务衡量他们的表现方面也存在类似的缺点。

"几年前，FCSS报告说，我们的项目和服务覆盖了400万名卡尔加里人，"她笑道，"而当时住在卡尔加里的人还不到100万人，我们是怎么做到的？"

"机构往往认为数量越多越好。其工作人员认为，只要他们与一个人接触，这个人就会被计算在内。一个机构送出了3万份简报，就会说，'哦，是3万人'。如果去参加一个活动并发表演讲，他们就会多算上200人。"希瑟笑道。

推动组织以这种方式进行报告的很大一部分动力来自捐助者，他们希望报告中的数字看起来相当不错。让这些硬性数字看起来相当不错的最简单的方法就是列举组织所做的所有事情。能计算的数目越多越好。这样，捐助者就可以指着这些数字说："这就是我们触达的人数。"

但几年前，当希瑟在一家提供过渡性住房的组织工作时，有些事情让她大为震撼。客户进入程序，获得他们需要的服务和住房，然后，如果一切顺利，就会自行离开，退出程序。"如果在线人数下降了，这会被视为好事。这意味着更多人进入程序后很快就离开了。"希瑟说。

"但有一年，我们这里发生了3起自杀事件……"希瑟摇摇头，"但这对账面来说是好事。"对希瑟来说，这样一种测量方法是一记警钟。"对我来说，"她说，"我们必须改进这个东西。"如果自杀在账面上看起来竟然是好事，那么测量方法就存在严重的问题。纠正测量方法成为希瑟工作的重中之重。希瑟想要做出这样的改变。

* * *

奥弗里希特医生和希瑟·怀特都在同一个常见的衡量指标错误做斗争：产出。在医疗服务费制度下的诊所，评价奥弗里希特医生产出的是她诊断的病人数量。而在希瑟·怀特所在的组织，产出则是以接触的人数来衡量的，而不管这种互动如何改变了目标人群，甚至根本没有带来变化。在这两种情况下，重点是做了什么，而不是完成了什么。这些错误并不罕见。许多组织把它们所做的事情和它们想要达到的目标混为一谈。慈善机构把它们所筹集的资金与它们想要做出的改变混为一谈。公司把工作时间和价值混为一谈。商业网站将点击率和页面浏览量与有效的营销和销售混为一谈。努力与效果相混淆，投资与回报相混淆，手段与目的相混淆。

这些问题长期困扰着非营利组织，而正是在非营利组织中，我们可以找到一些解决方案。几十年来，许多非营利组织中都存在着同样的问题：关注投入和产出。慈善机构、援助组织和类似的团体倾向于把精力花在衡量它们为解决一个问题付出了多少努力上，而不是花在衡量和理解它们所带来的变化上。许多组织现在仍然存在这种倾向。

自 20 世纪 70 年代以来，越来越多的非营利组织开始采用项目评估方法来改变他们的工作方式，其中一种流行的方法叫作逻辑模型。其最早的一些模型是由卡罗尔·韦斯（Carol Weiss）、迈克尔·富兰（Michael Fullan）和休伊·陈（Huey Chen）在 20 世纪 70 年代开发的，但这套流程直到 20 世纪 90 年代中期才引起人们的注意，当时，美国联合之路（一个非营利公募慈善组织）发表了报告《衡量项目成果》。[2]

逻辑模型把所有项目都分为四大部分：投入（或资源）、

活动、产出和结果（及影响）。投入是指花费在一个项目中的东西，可以是资金（金钱），也可以是志愿者的时间、设备、土地和其他硬性资源。活动（有时也被归为产出）是一个项目所做的事情，可以是印制了多少本小册子，发表了多少次演讲，或者医生收费的小时数。产出是指其开展的活动产生的东西，可以是参加课程的人数或接受治疗的病人数量。最后，结果是意识、技能、知识、情况、条件或行为的改变，而影响是指这些改变的长期变化。[3]

结果是逻辑模型的最终和最重要的部分，是所有项目都要实现的东西。结果是这项工作的全部要点。它们是最难定义、理解和测量的，这就是在测量时它们经常被忽视的原因。许多组织在处理这种复杂的目标时犹豫不决，于是又回到了使用投入和产出方法的老路上，结果往往适得其反。

我们可以借助一个例子来理解逻辑模型。假设你是一名高速公路巡警队长，你的管辖范围包括一段特别危险的路段。这条高速公路每年的死亡事故数量是该州其他公路的 3 倍，平均每年发生 20 起死亡事故（这显然是夸大其词，请原谅我）。你的任务是改善道路安全。高速公路部门每年给你 200 万美元的预算，用于改善公路、减少死亡事故的数量。你开始工作，采取了很多方法。你增强巡逻，并在公路沿线的重点位置安装了超速监测器，以抓捕超速者，同时还开展多媒体宣传活动，警告超速的危险。你雇用 5 名新警官在高速公路上巡逻，专门负责抓捕超速驾驶者。你花钱在电视、广播广告和电子标志上警告超速行驶的危险。

在项目的第一年，你投放了 200 多个电视和广播广告，覆盖了 600 多万名观众和听众。你安装了 4 块高速公路标志牌，200 多万名司机可以看到信息。5 名警官进行了 5 000 多个小时的巡逻，开出了 8 000 多张罚单和违章通知书。这是一项艰巨的任务。年底时，你要准备一份关于这个项目的报告。你能报告什么？

如果你把重点放在投入上，你就会报告花费了 400 万美元，新雇用了 5 名警官。如果你注重活动，你就会关注 5 名警官在公路上巡逻的小时数，电视和广播广告的播放量，以及安装的公路标志牌的数量。如果你注重产出，你就会考察被抓获或被开罚单的超速人数，观看电视和广播广告的人数，以及有多少人经过了高速公路上的警示标志牌。

然而，这些测量都不能告诉我们最重要的信息：高速公路变得更安全了吗？死亡事故数量减少了吗？如果没有这个关键的信息，你报告的其他所有数据都毫无意义。当然，如果雇用了 5 名警官，他们平均每人每周开出 100 张罚单，那么这可能是一个相当高效的团队。但如果在那段时间里，高速公路上的死亡事故数量增加了，那就不能证明开超速罚单有效。

高速公路项目的测量结果应该与任务的初衷目标一致：让高速公路变得更安全。但是，更安全是什么意思，是否意味着汽车以较慢的速度行驶？在这种情况下，我们应该看平均速度，还是看以"危险速度"驾驶的人的比例？我们是否应该根据对平均车速产生的影响来评估警方的工作？也许是的。但速度慢不一定意味着道路更安全。即使开得很慢的司机也可能很危险。也许道路本身就很危险，能见度低、急转弯多、路面差。在这种情况下，能见度分析和路面质量评估是不是衡量道路安全性的更好的指标？

最终的结果应该关乎安全，而衡量安全并不那么容易。它是否意味着更少的致命事故或者一般事故？我们是衡量对人们健康和死亡率的影响，还是也衡量财产损失？所有这些都有不同的含义，而且都可以说是很好的测量结果。最难的是，没有一种正确的测量方法。这本书将讨论关于什么是好的衡量指标的几点经验。测量结果仅仅是个开始。

尽管在前面的例子中，测量结果很难得出，也很复杂，但是高速公路的安全性比较容易测量。想象一下，确定一个教育系统的结果应该是什么，有多难（希望上一章让你相信，教育系统的结果不应该只是优秀的考试成绩，仅仅一个产出是不够的）。那么医疗系统呢？我们知道医生看病的次数（另一种产出）也不是一个好的衡量指标，但是我们用什么来代替呢？我们如何衡量人们的健康程度？我们的经济呢，结果应该是什么？我们应该如何衡量它？结果是复杂的、模糊的、难以定义和衡量的，而且会经常变化。难怪它们常常被低估，得不到足够的衡量，也常常被忽视。但就像高速公路的例子一样，这并不意味着它们不重要。事实上，它们往往是唯一重要的东西。一名高速公路巡警队长吹嘘其部门开出了多少张罚单，而致命事故却增加为原来的三倍，这并不比提高了学生考试成绩却让学生理解力下降的教师好到哪里去。治疗了很多病人而病人的健康水平却直线下降的医院并不是榜样，尽管它报告的数字很多。

投入、产出和结果经常被滥用和误解。经营得很糟糕的组织会强调那些让它们看起来不错的衡量指标。而那些经营得很好的组织可能对如何证明自己不错了解甚少。当评估者、管理者和公众对投入、产出和结果之间的差异缺乏理解时，低效率就会得到奖励，适得其反的工作就会得到赞扬，而无效的项目就会显得不错。了解投入、产出和结果是什么，它们有什么作用，以及何时应该使用它们，将会大大提高我们对自己工作的理解。

希瑟·怀特和奥弗里希特医生的案例都涉及产出问题。但被误用的不仅仅是产出，投入也可能被误解，导致类似的结果。误解投入有两种方式：一是"投入膨胀谬误"，二是"投入减少谬误"。投入膨胀是指一个组织强调、增加或关注某项投入，目的是证明某项事业或工作得到了重视。慈善机构因此而臭名昭著。有多少慈善机构在网站、小册子等媒介上宣传的第一件事就是筹到了多少钱？有多少"筹款表"被展示在大厅、启动仪式和晚会上？有多少政客、慈善组织者的演讲突出了筹款总额？这并不是说增加筹款额不是一个值得称赞的目标，也不是说不应该庆祝，但我们绝不能把它和实际完成的任务混为一谈。政府在投入膨胀方面也是如此。政客会强调在某项基础设施、政府项目或创造更多就业机会方面投入了多少钱。然而，在这种对话中，缺乏的是对该投资将达到什么效果的评估。如果不把投入膨胀与对所取得成果的理解相平衡，我们就只会鼓励低效率。如果你的车轮在原地空转，那么踩油门并不是一件好事。政府经常强调投入，因为公民混淆了努力和结果。基础设施项目因强调项目创造了多少就业机会而臭名昭著。"这座桥梁的建设将创造 200 个就业机会"或"这座大楼的建设将雇用 500 名技工"，这些都是政客最喜欢的那类陈词滥调。但是，等等，如果这座桥只创造了 100 个就业机会，或者这座大楼只由 200 名技工建造，这不是更高效吗？这难道不意味着桥梁和建筑的建造效率更高吗？用同样多的钱创造更多的工作岗位，难道不意味着工资更低吗？当然，项目评估没有这么简单，但仅仅说一个项目比另一个项目创造了更多的工作岗位，并不能告诉我们工作效率如何，工作岗位是高薪还是低薪，也不能告诉我们这个项目或计划最终的效果如何。我们的想法是，人们喜欢就业机会，就业机会越多越好。

另一种投入谬误的作用则与此相反。当强调减少投入，却很少或根本不考虑对结果产生的影响时，就会出现投入减少谬误。当企业以节约成本的名义削减成本、降低工资或削减福利时，这一点很明显。政府也会减少投入，所谓的财政保守主义者会以同样的方式削减预算。但是，你如果不了解结果是什么，就不能简单地通过减少投入来提高效率。在某些情况下，减少投入会降低效率，因为其对结果产生的影响大于投入的减少。做某件事情更便宜，并不意味着做这件事情更有成本效益。

＊　＊　＊

希瑟·怀特开始实施一项方案，在该方案中，她所在的组织资助的所有社会机构都将使用标准化的测量系统。当然，不同的机构有不同的目标和任务，但测量方法是完全相同的。致力于减少家庭暴力的两个不同的组织将不再自行确定目标并建立自己的评估，而是必须采用标准的评估标准。最重要的是，这些衡量指标旨在通过各种方式衡量客户生活的变化，而不是看组织为了实现这个目标做了多少工作。

用于测量的标准是一长串调查问题，这些问题分为不同的主题领域，参与者必须在项目开始之前和之后完成。希瑟很难相信地说，在她参与进来之前，"几乎没有预先测试发生"。奇怪的是，许多组织在其项目中并没有对客户的生活做一个清晰的了解。你如果不了解客户最初的状况，就很难理解客户的生活发生了怎样的变化。为了衡量结果，希瑟知道必须进行基准评估。

构成基准评估的问题不仅在 FCSS 中被标准化，而且来自全国长期人口普查：这是每个加拿大人每 5 年必须完成的强制性人口普查的一个更长、更详细的版本，但只对较小的随机人口进行抽样。使用来自人口普查的问题意味着这些组织不仅可以评估参与者生活的变化，而且可以将其与全国平均水平进行比较，并根据有效的基准评估其项目进展如何。更重要的是，这些测量关注的是项目的结果。

"我们不认为机构想欺骗我们，"希瑟说，"但我们有义务提高机构的业务能力。现在，每个人都在使用我们的工具，他们无法选择使用什么样的调查问题。"但调查不仅可以与既定的基准进行比较，还能让希瑟知道他们的资助产生了多大影响。这是希瑟做出的最大变化：希瑟不再关注组织做了多少事，或者接触了多少客户，而是把重点转移到工作产生了多大的影响。

＊　＊　＊

奥弗里希特医生和她的合作伙伴决定重新考虑他们的资助模式。"我们所要求的只是改变资助模式。新的资助模式不同于医疗服务费制度，我们会因为一年来对病人的照顾而获得报酬。"奥弗里希特医生和她的伙伴们想换一种方式。

幸运的是，时机正好，因为联邦政府正在资助初级医疗试点项目，卡尔加里卫生局（当地的资助机构）正在寻找新方法在该省提供初级医疗保健，希望将更多的医疗服务纳入初级医疗保健。因此，当奥弗里希特医生和她的同事们向卡尔加里卫生局提出一种资助诊所的新方法时，卫生局欣然接受。经过两年的详细研究，他们在克罗福特村家庭诊所（后简称 CVFP）

实践了新的资助模式。

奥弗里希特医生和她的同事们并非每看一次病人就能拿到一份报酬，而是执行所谓的按人头收费制度，从在诊所登记的每个病人那里获得每年的津贴（每两周发放一次）。他们与政府谈判达成的安排是，每个病人都必须正式列入名册，并且每个病人都必须签署一份协议，保证病人会尽量去诊所就医。如果病人去了其他地方，CVFP 就要为此买单，以避免双重补贴（这种情况叫作"病人否定诊所"）。在他们现有的 10 500 个病人中，除了 6 个病人之外，其他病人都签约了这种新模式。

CVFP 获得报酬的方式意味着他们可以以不同的方式做事。与艾伯塔省典型的初级医疗诊所不同，CVFP 整合了一个强大的医疗保健专业人员名册，专业人员数量比一般的诊所要多得多。除了医生之外，CVFP 现在还有药剂师、糖尿病教育工作者、呼吸治疗师、慢性病护士、注册护士、心理学家、社会工作者、营养师和执业护士，此外还有初级医疗诊所的家庭医生。除了配备这些医疗专业人员之外，他们还为每位医生配备了平均两个半辅助人员。2011 年，他们聘请肖娜·托梅（Shauna Thome）担任执行董事，负责管理诊所的运营，并向政府（以及几乎所有愿意倾听的人）宣传他们所推行的模式。

CVFP 之所以能添加这些服务，很大程度上是因为他们获取收入方式的改变。

随即，医疗服务费制度的反常和低效就显现出来了。肖娜·托梅称之为"翻白眼"计费。在医疗服务费制度下，医生必须亲自为病人看病，才能收取服务费。医生不能将服务委托给其他医护人员，不能使用电子邮件，甚至不能与病人通电话（现在这种情况已经改变）。这就导致了各种奇怪的做法。病人不得不到诊所来做一些常规的事情，比如更新处方或获得正常的检测结果。[4]

医疗服务费制度的另一个问题是，它只允许医生在每次看病时为一项服务收费。因此，医疗服务费制度下的诊所里经常挂着"每次诊治一个问题"的牌子，这意味着医生要求病人多次回到诊所来讨论各种问题。鉴于医生每次看病都是有报酬的，所以让病人尽可能多地回来看病对他们最有利。这就意味着，有些问题要等到医生再次出诊时才能解决，这就耽误了病人的就医时间。有时，这意味着病人会等太久，可能会去价格昂贵得多的紧急护理中心或急诊室，而这些问题本来可以由家庭医生轻松处理。

医疗服务费制度只允许医生对服务收费；它不承认其他医疗服务提供者的服务，比如执业护士、呼吸治疗师、营养师或糖尿病专家，他们都无法收费。肖娜·托梅称之为"门把手医疗"。医生打开病房的门，只是为了给病人介绍另一名保健专业人员。护士本可以提供这项服务，但由于医生需要见到病人才能对这项服务收费，所以医生必须在场，至少是就诊过程的一部分。有时候，医生甚至仅仅开了个门就可以离开了。

1999年，当诊所开始采用新的资助模式时，CVFP平均每年因每名患者得到200美元的资助。病人按照性别和5年的年龄段被划分为不同的组，各个组的费用差别很大，这些费用是根据各省提供医疗服务的平均水平确定的。

"让你得到报酬最多的是健康的老年人。想想那种每年来体检的90岁老人，你就笑了，"奥弗里希特医生说，"你很难从十几岁的小伙子身上得到多少报酬，大概一年50美元而已。"对以病人为基础的资助模式的担忧是可以理解的。这可能会产生所谓的"病人歧视"，即诊所只选择接待健康的人，而诊所却能因此得到很多钱，这是需要防止的现象。按照以病人为基础的资助模式（如CVFP）运营的诊所不应该对病人进行面试或进行其他筛选。正如奥弗里希特医生解释的那样："诊所要么对新病人'开放'，要么就'关闭'。"诊所没有机会只选择接待某些类型的病人。诊所决定，凡是联系诊所但决定不列入名册的病人，都会由CVFP自愿向省卫生当局报告，以便充分披露。这种情况出现的原因往往只是诊所的位置对那个病人来说不方便。

这一简单的收费方式的改变，却改变了 CVFP 的一切。"我们最后做的很多事情都是我们一开始没有预料到的。"奥弗里希特医生说。他们开始审视诊所的每一个流程，检查每个人的工作，始终以提高效率和以最有效的方式促进患者健康为目标。

在奥弗里希特医生的诊所摆脱了医疗服务费模式后，她很快就看到了诊所的变化。收费方式的改变使 CVFP 能够更有效地分配资源。在 CVFP，诊所与许多病人的互动都是从一个电话开始的。当一个病人打电话来时，文职人员会把电话转给分诊护士，以处理几个问题。分诊护士会与病人交谈，确定病人需要什么资源。"感冒第一天的人不需要来诊所，"奥弗里希特医生解释道，"但如果是按照医疗服务费模式，这个人就可能要来诊所看医生。"

CVFP 发现了更有效的方法来处理通常会上门求诊的情况，或是让注册护士通过电话联系病人，或是将任务委托给其他工作人员，或是干脆确定病人根本不需要来诊所。"比如，遇到一个喉咙痛了一两天的病人，"奥弗里希特医生解释说，"现在，护士会按照规定记录病史，如果有什么问题，医生会给病人看病，否则就会辅导他们在家里控制症状，如果几天后情况还没有稳定下来，病人就会来做咽拭子。"医生仍然知道病人的情况，因为护士会随时向他们通报情况，但现在医生的时间可以更多地用于处理更能发挥他们医术的任务。在医疗服务费模式下，诊所这样做不会得到任何报酬。旧制度奖励的是低效率。

这个系统也使得诊所的办事速度比普通诊所快得多。因为CVFP不是每次病人来诊所就诊才能得到报酬，所以他们没有动机要求病人每次都来就诊。例如，一个成年女性患者怀疑自己患有尿路感染。通常，这需要一个多天、多步骤的过程才能确诊。病人会先跟医生预约，然后亲自去看医生，这中间可能要等上几天。医生会给她开一份检查申请书，然后病人会去检查室，做检查，拿结果，然后再去找医生，医生会开一个处方。最后，病人会去药房拿药。这整个过程可能需要几天的时间，耗费病人大量时间。

而在 CVFP，这个过程只需要很短的时间。如果一个成年女性患者因怀疑尿路感染而给诊所打电话，护士会复核症状，并询问标准化的问题以排除重病特征。然后，护士会将一份申请单传真到检查室。病人仍然必须亲自去检查室，但检查室可以将结果以电子版形式发送到诊所，之后护士可以根据医生协议将处方发给药房。病人根本不用去诊所。通常，整个过程可以在一天内完成。

CVFP 开始通过电话为病人提供更多的沟通和服务，比如提供女性尿路感染或酵母菌感染的治疗方案。"这确实改变了护理模式，"奥弗里希特医生说，"我们让护士做了更多的工作：记录病史，教授家庭血压监测，等等。"他们还开始着手最大限度地提高病人的就诊效率。如果一个病人患了感冒来到诊所，而且两年没有看过医生，护士就会记录病人的血压。与医疗服务费模式下的诊所每次只治疗一个问题的做法不同，CVFP 会采取相反的做法。CVFP 执行的是"最大限度打包"的预约。他们知道病人的时间很宝贵，因此试图在一次预约中提供尽可能多的医疗服务。甚至有一个被称为"主动协调人"的工作人员负责为每一个病人提供最大限度的服务。主动协调人提前一周查看并主动预约病人即将接受的检查和服务，比如乳房 X 光检查、巴氏涂片检查、结肠镜检查或糖尿病筛查。因此，病人必须去诊所就诊的次数比正常情况下减少了约 25%，从而节省了时间。

CVFP 运行的模式还让医生比普通医生多管理了 30% 的病人，因为他们能够更好地利用与他们一起工作的专业医疗人员的资源，而且他们的预约也更有效率。CVFP 的座右铭是"在正确的时间，由正确的提供者提供正确的护理"。另一个重要的部分是关注病人的自我教育。"如果一位母亲有一个发烧的孩子，护士会花时间仔细教授这位母亲必须知道的事情。护士给她打四五个电话后，她就很擅长自我管理了。"

CVFP 的做法不仅仅是更有效地利用资源和降低成本，奥弗里希特医生还想改善病人的整体健康状况，而这不仅仅是因为她是一位富有爱心的医生。她的一些病人将成为诊所超过15 年的客户，让病人保持健康是一门好生意。正如肖娜·托梅所说："病人越健康，他们来诊所的次数越少，我们能服务的病人就越多。"

假设 CVFP 对 60 多岁的病人收取相同的报酬，无论他们是一年来 10 次，有许多并发症，还是每年来一次例行检查，CVFP 都要尽可能地让病人保持健康，这符合诊所的利益。不合常理的是，在医疗服务费模式下，病人越不健康，他们需要的医疗护理越多，医生得到的报酬就越多。健康的人不需要那么多次就诊，所以医生可以收费的服务也就少了。CVFP 颠覆了这种模式。

这种对预防、监测和健康教育的重视，从长远来看，不仅意味着病人在诊所的花费会减少，也意味着整个医疗系统的负担会大大降低。艾伯塔省卫生质量委员会针对 CVFP 开展的一项研究发现，与同类病人相比，CVFP 病人的住院和急诊次数明显减少。与标准情况相比，病人最终被告知回家的急诊就诊次数下降了 13%，最终住院的就诊次数下降了 17%。CVFP 病人的平均住院时间比同类病人短 45%，这着实令人震惊。CVFP 病人因上呼吸道感染而到急诊就诊的比例从 1997—1998 年的 14.3% 下降到 2001—2002 年的 7.5%，其下降速度比整体公民在该比例方面的下降速度（从 19.3% 下降到 16.3%）快得多。[5] 据计算，仅诊所原有的 1.05 万名病人每年在急诊方面节省的费用就达 500 万 ~ 600 万美元，几乎相当于诊所一年获得的按人头支付的费用。

更重要的是，在 CVFP，病人看家庭医生的次数减少了 28%。[6] 这并不一定意味着病人接受的医疗服务没有减少，只是意味着 CVFP 已经找到了为病人提供同样水平的医疗服务的方法，而不需要他们经常来诊所。摆脱了只有直接为病人看病才能得到报酬的荒谬要求，奥弗里希特医生和她的同事开始更有效地经营他们的诊所。日常工作，甚至一些复杂的工作，都交给了诊所里的其他医务人员。护士们被赋予了运用自身技能的权力，而不必总是听从医生。因此，医生可以更有效地利用他们的时间。医生不再花时间告诉病人常规检查结果，而是花时间处理更复杂的病例，评估和治疗那些最能发挥他们医术的病例。

奥弗里希特医生在 CVFP 做的事情很刻意地把投入、产出和结果的关系反过来。在医疗服务费模式中，系统的激励目标是产出（医生承担各种任务和程序）。投入（医生获得多少报酬）则受制于这些产出。奇怪的是，结果被排除在方程式之外，或者至少没有受到太多关注。在这种模式中，医疗费用轻易攀升也就不足为奇了：当你仅为医生做的每一项任务付费时，你就会激励医生去寻找尽可能多的任务来做，无论这些任务是否对病人的健康产生有益的影响。不合常理的是，不健康的人非常适合医疗服务费模式；他们病得越重，越需要来就诊，医生收取的服务费也就越多。

但是，CVFP扭转了这一局面。它不是为产出付费，而是固定投入（每个病人的成本），让诊所在这些固定成本内找出提供医疗服务的最佳方式。为了诊所的利益考虑，诊所不仅要尽可能地消除冗余、提高效率，还要尽可能地提供最有效的医疗保健。由于病人会在他们这里待很长时间（每次病人去其他地方看病时，诊所都会被扣钱），诊所被激励去实现产出的最大化：让病人变得健康。病人越不健康，诊所在他们身上花费的资源就越多，赚的钱就越少。因此，CVFP不仅消除了诸如叫病人来看常规检查结果这些冗余的工作，还将更多的资源投入预防性保健、病人教育和培养客户健康的生活方式上。

然而，按人头收费也有缺点。按人头收费的项目需要减少所谓的"病人歧视"现象。因为诊所按人头收取每个病人每年的费用，无论病人需要什么样的医疗保健水平，找到比平均水平更健康的病人都符合诊所的利益。健康的最佳决定因素是财富和教育。病人的受教育程度越高，生活越富裕，他们的医疗成本就越低。因此，成本应该考虑年龄、性别、复杂性和收入（CVFP 使用的模型只包括年龄和性别）。支付给城市高收入地区诊所和低收入地区诊所的人均费用不应该相同。不考虑这一点的按人头收费模式会造成自身的不正当激励。例如，安大略省有一种奖励措施，奖励医生为病人取得积极的健康成果，但这只会造成诊所之间相互竞争，以吸引高收入病人，而不愿接受最需要护理的低收入病人。

此外，如果诊所是按名册上的每个病人得到报酬的，那么无论它是否为这些病人看病，都意味着诊所可以减少服务，以实现利润最大化。这就是为什么"病人否定诊所"（如果病人到别处寻求医疗服务，诊所会被扣钱）是重要的；这能激励诊所确保提供适量的护理，使病人感到自己的需求得到了满足。事实上，病人也可能会与他们的家庭医生保持多年的合作关系，这会促使诊所注重长期预防和宣传健康的生活方式。如果一个病人会和你在一起 10 年，那么向病人传播健康的生活方式和习惯才是有意义的，因为从长远来看，这样可以节省诊所的开支。

这就引出了医疗保健支付模式之外的另一个重要方面。在医疗保健领域，最重要的似乎不是医生使用的技术或设备（尽管这些也很重要），而是一些不那么有形的东西：信任。当病人信任医生时，他们就会听从医生的建议，按照医生的指示去做。当病人信任医生时，他们会去医生那里寻求他们需要的治疗，而不是去紧急护理中心或急诊室（尽管有时他们确实需要去急诊室）。缺乏信任会给医疗系统带来令人难以置信的巨额成本。

以不必要的检查现象为例。当医生觉得某项检查（CT 扫描、乳房 X 光检查等）在医学上并无必要，但还是要求进行检查时，就会出现不必要的检查。这可能是因为医生并不完全了解病人的全部病史（与流行的观点相反，医生不可能简单地通过点击按钮调出你的全部病史），但更多的时候是因为病人坚持这样做。这是一个巨大的问题。[7] 2014 年，73% 的医生表示，大量不必要的检查是一个非常严重或比较严重的问题。据估计，在美国，不必要的检查每年花费超过 2 000 亿美元（没错，2 000 亿！），加拿大则是 600 亿美元。[8]

这既是医生的问题，也是病人的问题。正如肖娜·托梅所说："对大多数病人来说，只有当他们带着一张纸离开时，看病才算成功。"许多病人认为自己的医疗护理应该有一个明确的结果：一项检查，一个处方，一张 X 光片。但这些检查往往只是安慰剂，并不能告诉医生更多他们已经知道的东西。然而，医生很难告诉病人，他们只需要耐心等待，或者自己无能为力，或者检查不能告诉他们任何新的东西。有时，当病人去看医生时，他们是在寻找某种结果，但更多的时候，他们只是想被倾听，感觉有人在听他们说话。虽然有各种各样的因素导致了不必要的检查问题，例如对医疗事故保险的恐惧，肖娜·托梅所说的"谷歌医生"的崛起，或者制药公司的积极营销，但是主要因素之一还是信任。不完全信任医生的病人会坚持以检查或处方的形式进行某种确认。

我们每个人都会遇到同样的信任问题，在工作中也是如此。

* * *

"我为什么要参加这个会议？""我在工作，但我并没有真正做什么，我应该回家，但如果我回家，别人会认为我没有表现出努力。""约翰总是第一个到办公室，也总是最后一个离开，但他真的没有做出什么贡献。"

毫无疑问，在你职业生涯的某个阶段，你在工作中肯定也曾产生类似的想法。这种效率低下的感觉，浪费时间的感觉，面对人为阻碍的感觉，是我们很多人在工作中都曾产生的感觉。

把太多时间花在"计酬时间"上，而不是关注你工作的实际目标，这可能是你曾经对工作的感觉（如果你没有，那说明你的雇主做得很对）。你之所以会有这种感觉，是因为几乎我们所有人在工作中都主要由一种东西来评价：时间。时间是我们每天都在被测量的东西。如果你不这么认为，试着在没有事先批准的情况下迟到三个小时，或者未经管理层同意就休假一天，或者想想办公室里有多少闲言碎语集中在大家的工作时长上。你在工作中花费的时间——不是你做了多少有效的工作，不是你在工作中付出了多少努力，而是你在工作中花费的实际时间——决定了现代企业对你的看法。凯丽·雷斯勒和朱迪·汤姆森也有同感。

2001 年，两人在百思买公司一起工作时相识。百思买当时开始了一项任务，要成为美国最好的雇主之一，雷斯勒和汤姆森是负责实现这一目标的团队成员。该团队对员工进行了内部调查，询问他们最想从工作中得到什么。如果想成为最好的雇主之一，你最好从询问员工真正关心的事情开始。

调查中绝大多数人的回答是"请相信我的时间"[9]。许多雇主根本不相信员工的时间。他们要求员工每天工作一定的时间，要求员工请假必须得到允许，当员工迟到时会给他们一顿训话，经常根据他们工作的时长来支付工资和评估他们。员工们希望这种情况能得到改变，而百思买将率先做出这一改变。

在雷斯勒和汤姆森看来，现代工作文化认为，身体在场与工作时长的乘积等于工作。这导致了各种各样的问题。正如他们所说的那样："我们上班的时候，总会看到一些工作做得不好的人升职，那只是因为他们比别人早到晚走。"[10]

这个想法类似于高中生受到的待遇，而不是大学生受到的待遇。高中实施考勤制度，缺课、迟到、早退都会被老师怒目而视，老师会电话通知家长或把学生训斥一顿。在大学里，大多数教授都不在乎你是否听课。这并不是因为教授不关心你是否学习了教材，而是因为他们把你当作一个成年人来对待，相信你能决定如何管理自己的时间。如果你不来上课，那是你的决定，如果你因此成绩不好，承担后果的是你。然而，当你离开大学进入职场时，你又回到了被当作青少年对待的状态。你的时间被严格控制，你在工作中花费多少时间也被监控。

在现代知识经济中，生产力根本不是这样的。如果你的工作是为了解决问题，创造一些东西，或者想出一种新的做事方法，那么你的工作时间就不如你的工作效率重要。思想是流动的，它们并不是只有在工作时间才会出现。创造力需要你的大脑将不同的想法组合在一起，建立不明显的联系，并以新颖的方式理解问题。仅仅坐在办公桌前并不能保证你的大脑完成这些。想法需要创造力，而不仅仅是身体在场。[11]

如果你从梦中醒来，发现自己一直在努力解决的问题已经有了解决方案，这难道不是工作？如果你在跑步的时候，正在思考如何解决工作上的问题，这难道不是工作？如果你正坐在办公桌前看着屏幕，心里想着冲浪，或者想看正在追的最新一集电视剧，这难道是在工作？

雷斯勒和汤姆森在百思买工作期间发现，时间已经主导了工作文化的方方面面。他们的计划是创造一个反感以时间为中心的工作环境。这个计划被称为 ROWE（Results-Only Work Environment，只注重结果的工作环境），也是他们出版的《简约工作》（*Why Work Sucks and How to Fix It: The Results-Only Revolution*）一书背后的灵感来源。

ROWE 所做的就是颠覆工作场所。时间并不是工作文化的焦点，我们要把时间从工作的各个方面完全消除。公司不应再要求员工在一天中的特定时间上班。员工甚至不需要在一周中的任何一天出现。假期实际上是无限的。所有会议都是非强制性会议。员工可以随时下班，事实上，如果员工愿意，他们完全可以在家工作。公司对员工的期望是他们完成工作。

这不是实行弹性工作时间，而是完全消除了时间。这种转变并不容易。许多员工不习惯只注重结果的工作文化。雷斯勒和汤姆森在工作场所发现，ROWE所要解决的第一件事就是他们所说的负面情绪。负面情绪是所有因旧有的时间观念而产生的闲言碎语、判断和批评。茱莉亚迟到了一个小时，关于她缺少工作动力的评论就会出现。菲尔离开工位去带生病的孩子回家，关于他的工作态度的不言而喻的判断就会出现。弗雷德是最好的员工之一，因为他是第一个到公司、最后一个离开的，尽管他的工作质量和数量并没有反映出这一点。员工要想有效率，就必须坐在工位上。一名员工会对另一名没有像他那样花更多时间工作的人产生厌恶。负面情绪在所有的工作场所都很明显，而且在公司过渡到ROWE时变得更加明显。但要让ROWE发挥作用，公司就必须清除负面情绪。

雷斯勒和汤姆森迎头痛击负面情绪。他们首先要让员工了解什么是负面情绪，并让他们知道负面情绪普遍存在，而且会产生适得其反的效果。就像一切问题一样，你需要先承认它，然后才能解决它。然后，他们着手帮助员工消除负面情绪。接下来，他们必须改变员工对时间的看法。他们必须教会员工在工作中彻底消除时间的概念，把重点转移到生产力上。这意味着，员工下午两点才出现在工作岗位上是可以接受的。考勤表已经过时了，带薪假期没有限制，没有会议是强制参加的。所有人都不允许谈论他们工作了多长时间。但更重要的是，这意味着管理者必须更清楚地了解角色、期望和最后期限；项目中没有人可以要求任何人在最后一刻提出请求；员工必须学会有效利用时间，为此，他们必须消除不必要的工作。最后，转型完成了，员工学会了互相信任。如果一个员工下午请假去照顾生病的孩子，或者一个员工休了长假去滑雪，其他员工就要支持他们的同事。

更重要的是，他们学会了如何有效地利用时间。员工不再担心不能在正确的时间出现，不用再等其他人都下班回家了才能离开自己的工位，也不用再去参加没有理由参加的会议，他们可以专注于自己需要做的事情。由于消除了所有浪费的时间，员工不仅获得了更多自由，而且在工作中变得更高效。

特雷是百思买在线课程团队的一员，他开始在 ROWE 环境中工作。很快，特雷注意到，自己上午在看动画片《南方公园》，下午一边工作一边看 ESPN（娱乐与体育电视网）。[12] 在其他任何工作环境中，如果你在看《南方公园》的同时还在看 ESPN 的节目，即使不被解雇，你也很快会被排挤。人们很难不对特雷的行为做出评判，或产生憎恶的反应。从表面上看，特雷似乎在偷懒，不关心工作。然而，他的团队从每月制作 10~12 门课程发展到近 40 门课程。当你只关心结果的时候，员工在各自的时间里做了什么就不重要了，你只需要关心员工完成了什么。将工作效率提高为原来的近 4 倍是任何一位经理都希望看到的。

雷斯勒和汤姆森完全摒弃了在工作场所投入的时间的概念，迫使人们在工作场所关注真正重要的东西：结果。他们两人负责的项目提高了工作效率，员工在工作中感到更受信任和重视。此外，员工还享受了很多美妙的假期。

ROWE 并不适用于所有类型的工作。一些行业依赖于员工在整个轮班期间都在场，例如零售人员、护理人员、急救室工作人员、救生员、保安，以及其他类似工作。在这些行业中，告诉员工他们想什么时候来就什么时候来只会导致灾难。然而，这些行业都可以从 ROWE 背后的理念得到启发。虽然销售人员需要在整个轮班期间都待在店里，但他们的工作不仅仅是在店里待着。一个目睹抢劫发生却无动于衷的保安不应该仅仅因为当天来上班就得到奖励。在这些情况下，时间是工作的必要组成部分，但不是目标。

雷斯勒和汤姆森发现，时间正被用作衡量生产性工作的替代品。百思买和其他许多公司一样，没有衡量实际生产率，而是衡量时间。其背后的想法是，如果一个人工作的时间更长，就意味着此人的工作效率更高。

＊　＊　＊

CVFP 已经运作了近 20 年。在这段时间里，它始终是一个试点项目。尽管 CVFP 采用的模式有很多好处，但在艾伯塔省仍然很少见。不过，该省的另一家诊所也开始采用这种模式。该诊所病人的住院率和急诊率比该地区类似病人更低。据肖娜·托梅说，如果省内所有的诊所都采用这种模式，每年将节省近 30 亿美元。该模式在系统中仍然微不足道。

然而，政府审查这种模式时，会比较 CVFP 在医疗服务费模式下的表现。CVFP 虽然采用了不同的付费模式，但仍然要"记录账单"，以便与其他诊所进行比较。这看起来很糟糕。因为 CVFP 只能对通常按医疗服务费模式提供的服务"记录账单"，所以诊所提供的所有额外服务——呼吸治疗师、营养师、糖尿病教育工作者等——都不计算在内。不仅如此，医生也不要求不必要的就诊，比如尿路感染患者可以不看医生就拿到处方，这意味着诊所记录的服务比他们提供的服务少。所有这些都意味着，和诊所获得的报酬相比，诊所提供的可记录的"服务"是很少的。但这就是整个问题的关键所在。诊所实际上提供了更多的医疗服务，只是这些医疗服务通常是不被计入的类型，但这些医疗服务使患者的治疗和诊所本身的工作更有效率。这简直让人抓狂。

当肖娜·托梅谈到 CVFP 被按照医疗服务费模式的诊所评估时，你可以感受到她的沮丧。但当你看到衡量指标是多么容易把衡量的内容和重要的东西混淆时，你就很容易理解了。托梅很好地总结道："在一个以活动为中心的世界里，我们是一个以结果为中心的实体。"

* * *

理解投入、活动、产出和结果，并不意味着我们应该放弃任何衡量投入或产出的衡量指标，而急不可耐地将结果作为衡量的万能目标和终极目标。投入和产出的衡量指标将会而且应该继续使用。在某些情况下，正如我们在本书后面将看到的那样，它们实际上更可取。但是，它们不应该与结果的衡量指标相混淆，也不应该被用作任何工作的默认评估方法。我们应该意识到每一种衡量指标会如何误导我们，以及滥用衡量指标的常见方式有哪些。

投入的衡量指标可能会因为强调投入有多么大而被滥用，

比如为每个病人所花的钱。当强调投入有多么小时，它们也可能被滥用，比如公司或政府在不了解削减预算可能产生的影响的情况下削减预算。这两种错误的发生都是因为对活动的影响或结果缺乏了解。投入错误导致效率低下，要么是因为人们试图增加投入（效率方程式中的分子）而不考虑结果的增加，要么是因为减少了投入而不考虑结果的减少。产出的衡量指标通常会因反生产力而导致效率低下。如果与期望的结果没有明确的联系，使产出最大化要么会导致徒劳的努力，要么会导致破坏目标的努力。

第三章

长期主义和短期主义：跨期问题和被低估的时间

在美国，几乎每一家上市公司都会被一位"暴君"恐吓，这位"暴君"就是所谓的季度收益报告，它主导并扭曲了高管、分析师和审计师的决策。然而，它几乎不能说明一家企业的健康状况。一个数字怎么会显得如此重要？

——《收益游戏：人人都参加，无人是赢家》，

哈里斯·科林伍德（Harris Collingwood）

20世纪80年代，美国企业界普遍存在一个问题，至少美国企业界人士如此认为。

这个问题是，公司的业绩和高管的薪酬之间没有联系。

CEO 和其他高管的薪酬基本上按工资制度支付，有时还加上各种奖金。无论公司是赚取了创纪录的利润，还是完全陷入困境，CEO 都会得到自己的薪水。虽然奖金确实能在一定程度上激励高管追求公司的最大利益，但许多人认为，高管的薪酬与他们的业绩之间存在脱节。

股东、经济学家、董事会、学者以及其他人都在思考这个问题，它被称为"代理问题"。简而言之，公司有两个组成部分：委托人（股东）和代理人（管理层）。委托人关心的是如何从投资中获得利润，他们把职责委托给代理人，让代理人依照他们的最大利益行事，让他们的投资获得最大的回报。这就是高管应该做的事情：通过管理公司为股东赚钱。问题在于，代理人是自利的，也就是说，他们可能会为了自己的利益而采取损害股东利益的行动。[1]

由于经理人比股东更了解他们所经营的公司，这个问题就更严重了。这不像基金经理或个人股东审查周报，参加战略会议，或在董事会上做决定。管理层和股东之间存在信息鸿沟。CEO 的日常行为是无法监控的。那么，董事会或股东如何确保他们雇用来管理公司的高管不只是打打高尔夫球，坐在那里吃 3 个小时的午餐，而是努力使公司的股票价值最大化？代理问题的焦点在于为代理人找到符合委托人利益的工作方式。我们如何确保管理层的行为符合股东的利益？

正如许多学者、董事会、商人和高管自己得出的答案一样，这个问题的答案很简单：将高管薪酬与公司的业绩挂钩。这一理念被称为"股东价值"[2]。如果高管的薪酬是基于公司业绩的，他们将尽最大努力确保公司业绩良好，让投资者赚钱。关于如何做到这一点，这个问题从过去到现在一直是激烈辩论的主题，但人们大体上达成了一个共识：每股收益。有几种方式可以将高管薪酬与投资者收益挂钩：一种方式是在达到一定收益目标的情况下发放奖金；另一种方式是股票期权，这种方式后来成为高管薪酬计划的主流。

20世纪90年代，公司董事会对股东价值的关注都围绕着一个观点：股票期权应该是高管薪酬的重要组成部分。到1998年，股票期权占CEO薪酬比重中位数的45%。[3]标准的期权计划给予高管在10年内的任意时间以股票当前的市场价格购买规定数量的公司股票的选择权。因此，如果股价上涨，CEO可以以较低的价格买入股票，然后卖出获利（或持有这些股票）。20世纪八九十年代，每股收益及其对应的股票期权开始主导高管的薪酬方式。到2012年，每股收益成为公司业绩最常用的衡量指标，被半数公司采用。[4]

与此同时，每股收益和股价几乎成了同义词。每股收益越高，股价就越高。更准确地讲，每股收益越符合或超出股东的预期，股价就越高。每当实现的收益没有达到市场预期时，股价就会下跌。也许最重要的是，公司的收益会推动股价上涨。[5] 因此，赢利与股价之间的共生关系成为高管行动的驱动因素。为了获得更高的回报，高管必须提高公司的收益，从而提高股价，随后在兑现股票期权的时候为自己赢得更大的利润。

但收益方面存在一个问题：收益是短视的。在理想情况下，一家公司的价值基于其长期前景。公司不仅在今天，而且在未来都能够产生利润，这才是公司真正的价值所在。[6] 每季度产生的每股收益与一家公司的长期价值创造之间的联系微乎其微。

理想的投资者会对一家公司进行复杂的分析，即所谓的折现现金流，以确定其真实价值。这种分析会考虑市场份额、利润增长、竞争优势、研发、营销潜力、高管团队的素质，以及各种风险因素，如竞争、资源供应和市场的政治波动等。但计算折现现金流的成本高、耗时长，而且投机性极强。做这种类型的分析需要对未来的生产率、市场份额、竞争优势、管理能力、资本配置、劳动力资源等做出许多假设。现金流分析烦琐复杂，通常让人感觉更像是占卜而不是科学。因此，许多投资者并不进行必要的基础研究来评估公司的前景，而是简单地使用收益作为评估公司的基准。[7]

以收益作为评价公司的短期重点，更加剧了股市本身的短视。目前，股东平均持有股票的时间不到一年。这种短线投资意味着股民希望在短期内实现收益，没有耐心等待可能需要几年甚至几十年才能实现的商业决策。[8]这些目光短浅的股东会向高管施加压力，迫使董事会奖励短期表现良好的经理人，惩罚表现不佳的经理人，以实现这些收益。正如约翰·科菲（John Coffee）所描述的那样，投资者"本质上是沉迷于在最短时间内获得最大利润的金融工程师"，他们"像激光一样聚焦于季度收益"[9]。

此外，由于投资时间短，许多股东根据他人的看法和意见做决策，往往没有时间和耐心去好好研究一家公司的状况，所以往往只是随大流。因此，一份未能兑现的收益报告可能会在投资界产生连锁反应，形成撤资和价值下降的恶性循环。

很多人用收益来评估股票价值，基金经理如果偏离大部队，以不同的方式评估公司，逆着收益潮流投资客户的资金，客户就可能越来越少，他甚至会因为投资者的压力而面临解雇。许多基金经理都是根据某个基准（标准普尔 500 指数）或同行指数进行评估的。由于这些股票指数的表现是由短期赢利表现驱动的，如果基金经理偏离传统观点太远，投资那些长期前景广阔但目前短期表现不佳的公司，他可能很快就会发现自己要被炒鱿鱼了。从众的力量是强大的，但也是短视的。[10]

对收益的强调、收益在决定股票价格方面的作用、投资经理对产生收益的压力、利用收益发放高管奖金，更重要的是，收益如何间接决定高管股票期权的价值，这是一个自我强化的循环。投资经理不想脱离群体太远，就会放弃通过基本面研究来做投资决策，而是把赢利作为评价公司的基准；高管反过来又用投资者的这种强调来证明他们对收益的痴迷是合理的。其结果是，高管关注的是收益，而且非常关注，但这种对收益的关注会让 CEO 做一些滑稽的事情，有时甚至做一些违法的事情。

高管有几种方法来应对短期收益的压力。第一种是，他们想方设法操纵数字，使情况在短期内看起来很不错，所以不必从根本上改变企业的任何情况。这种做法被称为"赢利管理"。赢利管理是一个含义广泛的短语。一方面，赢利管理是一种"强调"公司的积极属性并淡化其缺点的无害方法。另一方面，赢利管理还有另一个名字：欺诈。

在会计学中，有一些方法可以强调任意给定时期的利润或亏损，这取决于你如何提供信息，改变你可以报告的收益。在最基本的情况下，赢利管理包括提前报告收入，推迟到以后报告支出。在会计学中，收益是已实现的现金流（在某一特定时期收到和支出的实际资金）和对未来收入和支出（称为应计项目）的假设的组合。像资产、机器或建筑物的折旧、费用的摊销、应收账款、长期合同、员工养老金计划、管理层和员工的股票期权、保证金、应付供应商的款项、税款和环境义务等都是应计项目。它们会影响公司的收益，但只是在未来产生影响。因此，会计人员必须对如何计算这些未来成本和收入做出各种假设，而经理人则可以通过调整养老金、股票期权，甚至收入，来操纵这些应计项目的实现方式。[11]

毫无疑问，很多公司都会进行赢利管理。研究表明，公司更有可能发布与分析师预测完全吻合的和略高于或略低于分析师预测的赢利报告，而不是通常被认为正确的报告。[12]考虑到赢利预期对股价的影响，以及经理人为达到某些股价目标而采取的激励措施，这些报告恰好符合分析师预测也就不足为奇了！事实上，CEO的薪酬中股票期权的比例越大，或者与股票价格挂钩的奖金比例越大，他们就越有可能进行赢利管理，夸大报告中的赢利。[13]这也是古德哈特定律的体现。

应计利润是公司价值的重要组成部分。平均而言，一家公司的现有销售额仅占其股票价值的 5% 左右。因此，操纵应计利润的报告方式会对公司的股价产生重大影响。[14] 当这些假设被夸大时，赢利管理就会发生。如果你签订了一份合同，将你的产品卖给一个买家，6 个月后交货，但你现在欠了一个供应商的钱，从技术上讲，你是在当期亏损的情况下经营的。但是，你如果现在就报告该采购订单，并推迟到几个月后再报告成本，你就会让公司看起来像是一台创造利润的机器！赢利管理的问题在于，关于公司的很多业务，以及如何报告其资产、收入和成本，投资者都无从了解。

当然，有一些规定可以防止最严重的滥用赢利管理。财务会计准则委员会（FASB）等机构和公认会计原则（GAAP）等制度都对如何报告赢利进行了规范。虽然较小规模的操纵赢利核算是普遍现象，但当这些标准被推高或超过时，公司就会陷入麻烦。你只能把支出推掉，提前计算利润，直到核算追上你。最终，你没有利润可核算了，只剩下费用可报。当核算游戏最终追上公司的时候，结果就是股价暴跌，有时还有牢狱之灾。安然（Enron）、世通（Worldcom）、北电（Nortel）和在线玩具零售商 eToys 等公司的丑闻，都是企业将会计实践的极限推向可接受极限的例子。[15]

然而，高管操纵收益的另一种方式可能并不像直接的会计欺诈那样令人震惊，但它的破坏性同样巨大。为了让收益增加，管理者可以采取一些行动，增加公司的短期赢利能力，同时牺牲公司的长期价值。在学术界，这被称为"短期主义"。简而言之，短期主义是指企业做出的决策在短期内对公司有利，但在长期内对公司不利。[16] 短期主义也被称为"跨期问题"。当决策的成本和收益随着时间的推移而分散开来时，跨期问题就会出现。如果你借钱给别人，而对方承诺几个月后还你钱，你就面临着跨期问题。当你现在确定借钱给别人的时候，你永远不能确定你会得到偿还，因为未来永远是不确定的。贷款人之所以要收取利息（除了想从投资中获利外），是因为他们无法预测未来，所以希望未来的未知事件有一定的保障。正如普雷莱茨（Prelec）和洛温斯坦（Lowenstein）所说："从定义上讲，任何被推迟的事情几乎都是不确定的。"[17] 人类天生偏好眼前确定的事物，即使另一种更遥远、更不确定的选择可能更好。[18]

这是所有高管在做出影响公司长期生存能力的决策时面临的困境。他们可以选择投资开发新产品，但不能确定研究会有结果。到新产品推出时，市场也不一定会发生变化。商业历史上这样的例子不计其数：一些公司开发出产品后，要么发现消费者不再需要他们销售的产品，要么发现竞争对手开发出了更好的产品。然而，可能有更多公司因为忽视风险和对新产品、服务或市场加大投资而倒闭。

大多数高管只是被短期聘用，这进一步加剧了跨期问题。未来是不确定的，经理人可能无法获得项目或投资的收益，而且这些收益可能需要数年甚至数十年才能实现。[19] 对一家公司来说，长期决策的跨期问题所产生的不确定性影响由于奖金和股票期权的薪酬结构而进一步加剧，而这种薪酬结构奖励的是高管的短期收益。公司短期聘用高管，薪酬与短期业绩挂钩，这激励他们从事高风险和高回报的项目，而公司的债权人则认为这种高风险的项目最终违背了他们的利益，即公司的长期赢利能力，两者之间存在着根本性的冲突。[20]

与赢利管理一样，高管可以通过多种方式调整他们管理公司的方式，以增加短期收益，同时牺牲长期价值和竞争优势。高管可能会选择回报更快的项目，或者选择短期成功但长期效果不佳的项目，以此进行收益游戏。有些高管可能会选择出售高价值资产，以增加短期收益，但这会对公司的长期生存能力产生不利影响。格雷厄姆（Graham）、哈维（Harvey）和雷戈帕尔（Raigopal）的一项研究发现，大多数公司愿意牺牲长期经济价值来获得短期收益。[21]

短期主义普遍存在，尤其是在美国和英国。与德国和日本公司相比，美国和英国公司更注重短期收益，这是因为德国和日本公司的股东往往是银行，而不是私人或投资基金，银行往往更重视长期前景。[22] 这与激励机制有关。大多数高管认为，对公司进行长期投资并不会得到较高的股价回报。与赢利管理一样，高管们之所以能够推行短期主义，主要是因为企业运营有很大一部分是股东不容易观察到的。要了解原因，我们需要了解"次品问题"。

1970 年，乔治·阿克洛夫（George Akerlof）发表了一篇文章，阐述了他对商品价格如何反映商品质量的看法。我们大多数人都有充分的理由相信，某种东西的价格反映了它的质量。质量越好的东西越值钱。质量好的刀比质量差的刀更贵，一台性能优越的电脑比一台只能勉强运行 Word 的电脑更贵。这听起来很简单，但是其中存在问题。

阿克洛夫发现，重要的不是单个产品的质量，而是任意类型产品的平均质量。这就是所谓的"次品定律"。[23] 阿克洛夫以二手车为例进行了说明。每个人都知道这种体验。有些销售人员会试图向顾客推销价值远低于标价的汽车。当你去买二手车的时候，你和二手车中介之间存在着信息不对等，你对你要买的车知之甚少，而二手车中介则知道得更多。你不知道你要买的马自达二手车过去是否多次出现发动机问题，你也不知道你看中的福特二手车的交流发电机是否有问题。更重要的是，你不知道你要购买的本田二手车是否真的是一辆无可挑剔的汽车，完全没有问题，在未来的很多年里只需要很少的维护。在不知道这些信息的情况下，你和大多数人一样，认为你要看的大多数汽车可能或多或少会存在一些问题。你假设大多数二手车是次品，或者至少介于次品和良品之间。

但是汽车销售人员知道这一点。他们知道你会觉得他们卖给你的车都有一点儿可疑。因此，他们专注于向你销售实际上是次品的汽车，这样做至少可以从中获利。他们断然不会试图卖给你一辆好车，因为即使车况很好，他们也知道你会怀疑它不是好车，所以他们无法卖出高价。次品问题并不是销售人员会卖给你次品，而是因为信息不对等，他们永远不可能卖给你良品。这意味着，好车如果能卖出去的话，实际上必须打折出售，这样才能与其他二手车的假定质量"匹配"。这就是为什么即使把好车卖给二手车行，你也不会卖出合适的价格；销售人员知道，没有人会相信这辆车质量好，所以他们只能按照与车况差得多的车大致相同的价格出售。

次品问题影响着各类市场，由于信息不对等，消费者无法信任产品的质量。如果没有办法准确区分高质量和低质量的产品，消费者就会简单地认为所有产品都是低质量的。发展中国家的市场就在为这种信息不对等而苦恼。在消费者无法分辨的情况下，吃亏的是高质量产品的卖家。他们无法卖出更高的价格，因为人们不相信产品真的像他们声称的那样好。次品问题意味着产品质量会保持在很低的水平。

这就是高管业绩的问题所在。许多股东对高管管理的公司并没有掌握太多的信息。高管本可以尝试通过各种投资和行动来关注长期赢利能力，从而达到目的，但股东很可能不会意识到这一点。大多数投资者只关注收益，这进一步加剧了这种情况。对公司长期赢利能力的投资就像二手车行里的高质量汽车。投资者无法判断它是次品还是良品，他们看到的是收益。股市中的许多人都非常关注收益，因此高管很难将公司当作良品来销售。相反，他们会满足于卖次品。

例如，美国企业很少进入机床、消费电子、复印机和半导体市场，因为这些行业的利润率相当低，它们不会展现出强劲的赢利财报。但这些行业具有非常高的增长潜力。其中一个例子是辛辛那提米拉克龙公司（Cincinnati Milacron），这是一家工业机器人制造商。在设计和制造了几年机器人之后，该公司不得不离开这个行业。因为对短期收益的关注，公司无法再证明其对先进技术的投资是合理的。[24] 对短期收益的关注意味着美国公司在利润丰厚的行业中失去了竞争力，因为这些行业需要长期投资。

正如著名管理学专家彼得·德鲁克（Peter Drucker）曾经评论的那样："对每个季度更高收益的追求，迫使经理人做出了他们知道即使不算自杀，也代价高昂的错误决定。"[25] 由提高季度收益的压力而产生的短期主义，往往表现为过度冒险和忽视产生长期结果的投资。以牺牲长期增长为代价来提高短期利润的两种流行选择是削减研发和削减营销。

研发和营销是企业成功的基础。对研发和广告营销的投资可以说是企业增长的两大主要驱动力，它们对企业的业绩和价值产生令人难以置信的影响。[26] 然而，营销往往被高管视为一项可自由支配的开支。当需要削减开支时，营销往往是第一个被砍掉的项目，尽管营销对公司有着巨大的价值。[27] 营销有助于创造品牌资产，加强客户忠诚度，并帮助公司进入新市场和销售新产品，这对公司的长期增长和生存能力是至关重要的。但营销是软性的，它的好处在很大程度上是无形的，而且往往是长期的。

研发和广告营销的问题都是典型的跨期问题。对它们的投资是公司立即要承担的成本，但其收益要在投资支出后很久才能实现，而且这些收益永远得不到保证。事实上，会计实务要求研发成本在当期计入费用，而其收益则要到未来才能计入。正如约翰逊（Johnson）和卡普兰（Kaplan）所言，会计衡量的是"在短期决策导致的长期后果变得明显之前的一段很短的时间内的业绩"[28]。这是会计模式的一个根本问题——短视。

高管面临着展示短期收益的压力，再加上研发和广告营销在当期是一定的成本，而其收益在未来是不确定的，在这种情况下，他们就会做唯一看起来合理的事情：削减对其业务来说最重要的东西。[29]他们想卖良品，但他们知道自己只能卖次品。他们中的许多人也承认这一点。研究人员格雷厄姆、哈维和雷戈帕尔对近 4 000 名企业经理人进行的调查发现，近 80% 的经理人为了达到短期赢利目标，会减少研发、广告、维护或招聘方面的支出。[30]库里姆（Currim）、利姆（Lim）和金（Kim）的研究发现，更强调长期薪酬（而不是短期赢利奖金或短期行使的股票期权）会导致研发支出和广告支出增加。[31]对于那些拥有更多机构投资者（如银行）的公司，情况也是如此。它们不太可能削减研发支出，因为它们的投资者更多地参与监督和研究企业的决策。布希（Bushee）的一项研究表明，拥有大型机构投资者的公司削减研发支出的可能性较低。[32]

经理人知道研发和营销是有价值的，他们的薪酬越是与长期业绩挂钩，他们对研发和营销的投资就越多。当我们研究经理人何时会削减研发支出时，这一点尤其明显。正如娜塔莉·米兹克（Natalie Mizik）所言，经理人越接近退休，就越希望以牺牲长期赢利能力为代价，采取行动，提振股价。她引用了德肖（Dechow）和斯隆（Sloan）所做的一项研究，该研究发现，高管往往会在退休前的最后一年削减研发支出。[33] 另一位研究者也有同样的发现：CEO 临近退休，或者当公司出现短期赢利下滑时，CEO 就有可能削减研发支出。[34] 经理人会在他们任期的早期投资于研发和营销，因为他们了解这些投资的长期价值，但他们也会意识到，临近任期结束时，他们就可以削减这些投资，因为他们不会在任期内经历这些决策带来的负面影响。

这些着眼于收益的短期决策产生的影响是，企业最终丧失长期竞争优势。1986 年，对 100 位大公司的 CEO 进行的一项调查显示，有 82 位 CEO 表示，对季度收益的关注导致了长期投资的减少。[35] 拉尼（Larney）等人的一项研究表明，在经济衰退期间，全国性品牌往往会因为削减营销而失去市场份额，当经济回暖时，原有的市场份额却再也无法恢复。[36] 为了在困难时期保持低成本，企业牺牲了长期生存能力。

赢利管理和短期主义这两种策略与教师应对考试成绩压力

的方式非常相似：你可以操纵数据，也可以以牺牲学生的学习为代价来达到指标。实行赢利管理的经理人就像在学生考试中作假的教师，他们更关心的是表面上发生的事情，并操纵信息以符合叙述。实行短期主义管理决策的经理人就像应试教育背景下的教师；他们把重点转移到被衡量的东西上（考试成绩或收益），并在这个过程中改变公司或学生学习的基本原则。但第二种策略似乎更具破坏性。米兹克指出，削减营销和研发的公司未来股市估值较低，这些公司的业绩也不如那些实行赢利管理的公司。[37]

有一些方法可以缓和公司强调短期收益所产生的影响。在薪酬方案方面，董事会、股东和其他投资人可以倡导一些改变。高管薪酬由基本工资、取得一定成果的现金奖金、股票期权、限制性股票奖励、激励计划，以及其他形式的年度薪酬组合而成。[38]虽然工资并不对高管的业绩进行奖励，但现金奖金通常是对短期成果的奖励，而股票期权如果低于市值，可能就会变得毫无用处。限制性股票，尤其是那些具有较长行权期（股票行权前必须经过的期限）的股票，可以激励高管做出更好的长期决策。把这些放到更遥远的未来可能能够阻止高管们做出降低公司未来价值的决策，例如削减研发。

另一种选择是构建股票期权结构，使之与公司的各个竞争对手的情况挂钩。由于市场的变化，向高管提供定期股票期权会产生两个问题。第一个问题是，这会在高管无须负责的行为上奖励他们。尽管 CEO 不愿意承认，但公司的很多成功与高管自己的行为关系不大，而与他们无法控制的市场因素有很大关系。在 2005 年前后，当油价超过每桶 100 美元时，一家石油天然气公司不需要做很多事情就能赚钱。同样的道理，当油价跌破底线时，同行业的高管也不应该受到指责。

第二个问题发生在股票"探底"的情况下。当股票当前的价格远低于股票期权的行权价格时，就会发生这种情况。当股价跌到谷底时，经理人面临着两难的境地：他们要么采取激烈的、冒险的行动来使股价回升，使他们的期权至少有一定的价值；要么完全放弃。希望提高股价的经理人可以做高风险的项目，如收购（这往往会损害公司的长期赢利能力）或剥离资产。出售资产是短期内增加收益的好办法，但可能会产生严重的长期影响。这两种选择都有很大的风险，而且往往对公司来说风险极大。不过，当高管在这种冒险中没有任何损失，却能获得收益时，这两种选择之一就必然会发生。

股票期权指数化背后的想法是，将高管的薪酬与公司的相对业绩而不是绝对业绩挂钩。当 CEO 的相对业绩在同行业中表现最差时，他们是否真的应该因公司的高收益绝对业绩而获得奖励？他们得到奖励只是因为他们是浪潮中的一员。同样的道理，如果一位高管在一个遭受重大亏损的行业里成功地让公司生存下来，难道这位高管不应该因为自己的行为而得到奖励吗？

公司还应该警惕短期聘用高管，警惕提供针对快速补救方案的激励措施。一家努力提高收益的公司可能会雇用任期仅为几年的 CEO 来扭转局面，但这种策略可能是破坏性的。新高管可能会削减基本的创造价值的服务（如研发和营销），或者出售有价值的资产，以在短期内增加收益，并因此获得丰厚的奖金。但在 CEO 带着可观的奖金离开后，公司可能会发现自己元气大伤，无法保持竞争力。受聘时间较长的经理人追求短期利润的可能性相对较低。[39]

公司也可以改善会计实务，以减轻对短期收益的过分强调。阿尔弗雷德·拉帕波特（Alfred Rappaport）建议，公司应将短期现金流与长期应计项目分开，根据不确定程度对应计项目进行分类，为每一类应计项目提供一个范围和可能的估计，排除一切与价值无关的应计项目，并详细说明每项应计项目的假设和风险。[40] 简而言之，通过披露更多的假设，公司更难向股东隐瞒其决策的影响。

公司应该采取的另一个策略是衡量和监测其他非财务业绩，

如产品质量、工作场所安全、客户忠诚度和客户满意度。[41] 了解决策如何影响公司核心服务的各个方面，可以减缓以牺牲长期价值为代价来增加收益的趋势。伊特纳（Ittner）和拉克尔（Larcker）的一项研究发现，衡量这些非财务方面并验证这些方面是否对公司价值产生影响的公司，其回报率平均是那些不这么做的公司的 1.5 倍。[42]

改变投资人的性质也可以改变对短期决策和长期决策的重视程度。如前所述，投资者是银行等大型机构的公司不太可能追求损害公司长期赢利能力的高风险短期投资。对个人投资者来说，一个好的策略是远离短视群体，与行动缓慢但厌恶风险的机构投资者（如银行）一起寻找更稳定的投资。

最后，股东、董事会等可以不再给 CEO 支付那么高的薪酬。CEO 的薪酬之所以高，部分原因是董事会通常由高薪人士组成，他们只是估计 CEO 应该享受高薪。正如爱德华·拉齐尔（Edward Lazear）所言，许多经济学文献表明 CEO 的薪酬高得不合理。并没有什么证据表明高薪酬的 CEO 确实提高了他们所管理的公司的业绩。与我们的直觉相反，与一家公司的前 5 名高管相比，CEO 所占的薪酬份额越大，公司的利润和效率就越低。简而言之，CEO 薪酬过高会导致低效。[43]

* * *

2013 年，兰迪·谢克曼（Randy Schekman）在英国《卫报》上发表了一篇文章，抨击了科研领域的三种期刊：《自然》《细胞》和《科学》。[44] 这三种期刊不是普通的期刊。几乎每个科学家都渴望在这些刊物上发表论文。《自然》是世界上最古老的科学期刊之一，它于 1869 年创刊。《科学》于 1880 年创刊，目前有 13 万个订阅者，其中包括众多学术机构，估计读者有 57 万人。《自然》和《科学》发表的论文来自最广泛的科学研究。如果一个科学家想接触广泛的受众，并被广泛了解和尊重，那么在《自然》或《科学》上发表论文是个很好的方法。

因此，2013 年兰迪·谢克曼批评这些期刊的文章引起了轩然大波。这不仅仅是因为有人在批评世界上最受尊敬、最负盛名、阅读量最广、影响力最大的期刊，也是因为发出批评的人的身份。那一年的早些时候，兰迪·谢克曼获得了诺贝尔生理学或医学奖。

研究型大学是 20 世纪最伟大的成就之一。研究型大学背后的基本理念是，科学发现是一种公共产品，这些大学提供的培训、发现和创新将使整个社会受益。[45] 大学水平的研究是最好的长期投资之一。[46] 由公共资金资助的研究为社会带来了各种发现带来的益处，如盲文、RNA（核糖核酸）拼接、阿司匹林、细胞分裂、气候变化科学、磁共振成像（MRI）、维生素、电子、核反应堆、放射性碳定年、化学键、雷达、GPS（全球定位系统）、青霉素、DNA（脱氧核糖核酸）、互联网和计算机等，这些只是其中很小的一部分。[47] 甚至许多我们认为是由私营部门做出的创新，事实上也是公共研究的结果，谷歌的算法最早就是由斯坦福大学开发的。

第二次世界大战后，在罗斯福和杜鲁门两任美国总统在任期间担任首席科学家的政策制定者范内瓦·布什（Vannevar Bush）的热情推动下，公共研究大规模扩展。范内瓦·布什鼓励科学研究和发展，认为它的好处在第二次世界大战期间得到了证实，大量的军事和通信进步帮助同盟国赢得了战争。[48] 他还认为，由于益处广泛，几乎没有必要对研究进行系统评估。[49] 然而，随着时间的推移，人们逐渐产生了一种需求（或至少是对需求的认识）——对如何资助和激励正确的研究类型进行严格的评估。在研究经费有限的情况下，政府部门、非营利性资助机构和其他组织必须找到一种评估科学研究的方法。

关于建立科学研究评价标准的争论最终确定了一个观点：一篇科研论文的影响范围越大，被其他研究人员引用的次数越多，它的影响力就越大。[50] 这种对学术出版物进行评级的系统称为"文献计量学"。

首先，因为不是每个人都熟悉学术研究的运作方式，所以我有必要在此快速说明一下什么是期刊、论文和引文，以及它们的作用。当学者或研究人员想要分享自己的研究成果时，他们通常会在学术期刊上发表自己的研究。每个期刊都有一个委员会（或几个委员会）负责审核研究人员提交的论文，并选择在最新一期期刊上发表哪些论文。期刊涵盖了各种主题，各个期刊的发行量、读者群和声望都大不相同。期刊的内容范围可以很广，如《科学》几乎涵盖了所有的科学领域；又如《美国马铃薯研究期刊》（*American Journal of Potato Research*），顾名思义，它所发表的内容范围相当狭窄，因此，它的读者范围也非常有限。目前流通的学术期刊有近 5 万种。[《蒙昧学术》（*Academia Obscura*）列出了"5 种超级特殊的学术期刊"，《美国马铃薯研究期刊》位居榜首。其他期刊包括：《驯鹿：驯鹿和其他北方有蹄动物的研究、管理和饲养》（*Rangifer: Research, Management and Husbandry of Reindeer and Other Northern Ungulates*），它只发表关于驯鹿的论文；《濒死研究期刊》（*Journal of Near-Death Studies*），内容如其名；《答案研究期刊》（*Answers Research Journal*），它只发表证明地球比科学界普遍认为的更年轻的论文；以及《生物医学负面结果期刊》（*Journal of Negative Results in BioMedicine*），它发表的研究发现了各类假说的负面结果。稍后再详细介绍。[51]]

科学家在撰写研究论文时，除了解释其研究方法和结果外，还经常引用前人的工作成果，这些工作为他们的研究提供了信息、启发或有其他帮助。这些引文在新的论文发表时都会被跟踪和记录。

在文献计量学中，主要的衡量指标有两个：影响因子和H指数。简单地说，期刊影响因子就是过去两年内一篇论文在任意特定期刊上被引用的平均次数。自 1975 年以来，影响因子一直在"科学期刊引用报告网"（Web of Science Journal Citation Reports）中被计算。报告对大量期刊进行了评估，评估了期刊的影响范围和影响力。《科学》和《自然》的影响因子非常高，因为在这些期刊上发表的论文通常会在进一步的研究中被引用，而一些期刊，特别是那些涵盖非常小众的科学领域的期刊，通常影响因子较低。例如，2018 年《自然》的影响因子为 41.577，而《罗马尼亚科技信息期刊》（*Romanian Journal of Information of Science and Technology*）的影响因子仅为 0.288。[52]

H指数是衡量研究人员影响力的标准，同样也是使用引用次数。H指数被描述为"量化个人科研成果的指数"，它是通过确定研究人员发表的被引用相同次数的论文的最低数量来计算的。[53] 因此，如果一名研究人员发表了 15 篇论文，这些文章都至少被引用了 15 次，那么此人的 H 指数就是 15。如果一名研究人员发表了 1 000 篇论文，但其中只有 20 篇至少被引用了 20 次，那么他的 H 指数就是 20。这在科学学科中是一个相当普遍的衡量指标，H 指数高的研究人员可以获得晋升、经济奖励和其他福利。[54]

人们将这两个指标结合在一起，用于评估、奖励和激励学者。资助评审人员会查看申请资助的研究人员的 H 指数，以便在做出奖励资金的决策时参考。如果研究人员的研究达到一定的影响因子，研究人员就会得到经济奖励。[55] 除了影响因子和 H 指数，教授们还会因为给机构带来研究经费而获得奖金、更可观的薪水、晋升和其他各种奖励。同样发表在《自然》杂志上的一项调查发现，大多数科学家认为，文献计量学应该广泛用于招聘决策、任期决策，以及晋升、工资、奖金和绩效的评估。[56]

文献计量学也不能幸免于古德哈特定律。对发表和引用的强调在学术和研究人员中创造了一种"超级竞争"环境。[57] 对定量文献计量学和研究经费的关注，将研究的目标从与社会相关的结果和质量转移到了仅仅为了获得引用。把耗资不菲的研究结果发表在被广泛阅读的期刊上比其他任何事情都要受重视。[58] 研究人员知道如何操纵统计数据。在《自然》杂志的调查中，71% 的受访者认为，他们有可能通过"计谋"或"欺骗"获得更好的评价。[59]

研究人员和大学想方设法以各种方式增加论文的引用次数。有些大学会联系某一领域的研究人员，并为这些研究人员提供报酬，让他们在发表研究报告时将该大学列为"附属机构"，人为增加该机构的研究成果。这种做法让那些没有足够资源为自己的研究提供足够资金的小机构看起来像是具备这样的能力，从而提高了它们的声望。[60] 审稿人有时甚至会要求在审阅的论文中加入他们自己的工作成果，作为论文的一部分而被引用。[61]

对文献计量学的强调，就像本书中讨论的其他几乎所有衡量指标一样，创造了一个由期刊、研究人员和出版实践组成的完整的生态系统，它们的存在仅仅是为了"提高"一篇论文的引用次数。自第二次世界大战以来，学术界论文被引用的数量每 9 年就翻番，导致"学术界更忙，论文更短、更不全面"[62]。为了证明引文指标很荒谬且易受到浮夸的影响，计算机科学家西里尔·拉贝（Cyril Labb）创造了一个名叫艾克·安特卡尔（Ike Antkare）的虚构人物，它发表了 102 篇计算机生成的假论文，并在谷歌学术上取得了比爱因斯坦更高的H指数。[63]

对引用的强调导致了爱德华兹（Edwards）和罗伊（Roy）所说的"大量不合格的凑数论文"[64]。研究人员为了应对增加引用和论文数量的要求，大量制造微不足道的、不可信的或根本没有影响力的研究，而不是发表重要的、有用的或可复制的研究。期刊的数量也急剧增加，许多期刊发表不可信的研究，只是为了增加研究人员的引用次数。2004年，捷克共和国政府对研究成果实行了基于分数的资助制度，导致短期内在低影响力期刊上发表的论文数量增加，其目的只是获得更高的分数。[65]澳大利亚也出现了类似的情况，对研究人员发表论文数量的激励措施导致了更多论文的发表，但在同一时期，研究的整体影响力实际上反倒有所下降。[66]这种以数量取代质量的研究导致期刊大量撤稿。自1975年以来，生命科学和生物医学研究中被撤稿的比例增加为之前的10倍，其中2/3的撤稿是由研究人员的不当行为造成的。对这种学术不端行为的调查费用已经上升到每年近1亿美元。[67]

影响因子的另一个缺点是，有些科学领域比其他领域发表的论文更多，被阅读的次数更多，被引用的次数也更多。有时，这只是一个在某领域工作的人数的函数。医学是一个有成千上万名研究人员、医生和其他从业者不断研究、发表和阅读彼此工作成果的领域。将医学与理论物理学这样的领域相比较，结果可想而知。[68] 你认识多少医生？你又认识多少理论物理学家？

文献计量学也倾向于强调学术和发表产出。它没有考虑到的是所开展的研究是否具有社会影响力或相关性。正如雷西（Rekhi）和莱恩（Lane）所言，科学研究的真正价值"不能被货币化，不能被包装，也不能用金钱来衡量"。你能赋予生物多样性什么货币价值？你如何用工作或收入来描述洁净的海洋？[69]

论文、引文和不可信期刊的激增损害了科学的声誉。随着越来越多的不可信研究被发表，越来越多的论文被撤回，越来越多的结果被篡改，公众对研究机构越来越不信任。[70] 强调增加拨款资金本身就会产生许多不正当的结果。研究人员花更多的时间写拨款提案，花更少的时间做研究，花在教学上的时间则少上加少。在荷兰的一个例子中，申请 4 000 万欧元的拨款需要研究人员花费 930 万欧元。2012 年，澳大利亚科学家仅在撰写拨款申请上就花费了相当于 550 个工作年的时间。[71]

这导致非终身教授或兼职教授不得不承担教学的工作，而更多的资深学者花更多的时间搞研究，更确切地说是写作、获得拨款。[72] 大学转变成专注于创造新产品或专利的"利润中心"，而不是将科学作为公共产品来提供，也做不出可能没有商业应用但对公众有益的成果。[73]

这就是谢克曼的批评：科学界对科学研究的看法和奖励方式已经变得扭曲。研究界有一个完整的生态系统，而它围绕着一件事展开：你在什么期刊上发表论文，你得到了多少引用。在《自然》或《科学》等期刊上发表一篇论文比在《生物化学期刊》（*Journal of Biological Chemistry*）上发表论文更有分量，更有威望。毕竟《自然》和《科学》有更重要的读者群，接触的人也更多。对研究成果发表在哪本期刊上的迷恋会对整个科研系统产生影响。决定基金资助去向的小组会看研究者以前在哪里发表过作品，以此来判断研究的重要性。教授职位的授予是根据候选人在哪里发表作品来决定的。

关于文献计量学，除了引文数量虚高、期刊不可信、撤稿率越来越高，以及学术界强调发表、经常发表和大量发表背后的激励因素等问题外，它还有一个更深层次的缺陷。那就是，人们认为一篇文章的阅读量越大、被引用的次数越多，对推动科学发展就越重要，而这根本就不是科学运作的方式。

对于科学研究，人们有两种观点。一种观点认为，研究是渐进的、可预测的、低风险的和持续的。进步是循序渐进的，每一步都是前一步的逻辑延伸。人们可以指望研究会产生结果，并在特定的时间内产生结果。iPhone 5（系列苹果手机）之后是 iPhone 6，然后是 iPhone 7，以此类推，每一款都比上一款略有改进。

另一种观点认为，研究是间歇性的、不可预测的、高风险的、零星的。研究不会以可预测的速度进行，而是跳跃式地前进，也可能长期停滞不前。研究所遵循的道路是不可预测的，可能会朝着完全出乎意料的方向发展。通常，研究的道路都是死胡同，但也能带来突破性的发现。这更像是从书本到广播再到互联网的过程。

这两种观点都是正确的。科学发现可以是缓慢的、渐进的，但可以预测。它也可以是不可预测的，往往没有结果，但有可能是开创性的。正是由于科学的这两种进步方式的不同，文献计量学才会产生如此大的影响，因为它善于评价第一种科学发现，却非常不善于评价第二种。

真正的、突破性的科学研究的特点不是持续、定期和频繁地发表结果。在新领域的基础研究中，最初成果的典型特点往往是反复的失败、意想不到的结果、无数的挫折和障碍、方向的改变和普遍的不确定性。正如霍尔姆斯特罗姆（Holmstrom）所言，最具创新性的项目都具有风险性、不可预知性、长期性、劳动密集性和特殊性等特点。[74] 然而，文献计量学要求研究人员提供可预测的成果发表。基础研究本质上是一种长期现象，研究成果可能需要很多年才能发表，而文献计量学却要求研究人员不断地发表成果。[75]

文献计量学的另一个缺陷在于它通常奖励一项研究的主要作者或其中几个作者。正如埃德·杨（Ed Yong）所说，现代科学是"最依赖团队的团队运动"[76]。研究很少由个人进行。相反，由研究人员、博士后、学生、技术人员和其他合作者组成的整个团队承担的项目跨度可长达数年。近年来开展的最大的研究项目之一是希格斯玻色子的发现（希格斯玻色子是解释物质为何有质量的基本粒子），据说这项研究有 5 000 多名作者！[77] 说到基础研究，也就是那种能带来全新的技术、过程或看待世界的方法的突破性研究，其最初的提案并没有一个井然有序的、持续不断的预期成果时间表，甚至没有一个明确的研究方向。基础研究更可能被描述为："让我们看看，当我们做 ×× 时会发生什么"。即使那些有商业应用潜力的发现，也可能需要几十年的时间才能在市场上实现。[78]

此外，开创性的科学往往不受欢迎。这很奇怪，当最初的发现发表时，可能只有少数人能理解。获得诺贝尔奖的研究很少发表在像《自然》或《科学》这样的大型期刊上，而是发表在一些不知名的期刊上，这些期刊的读者群可能只有几十人，而不是几百人或成千上万人。很多后来获得诺贝尔奖的研究论文，第一次被阅读时的平均阅读人数可能不到 100 人。理解弦理论或基因定点突变等思想的复杂细节和最初意义的人，往往十根手指就能数过来。现代科学中的许多突破，都是在最初研究的几年甚至几十年后才被充分理解的。

最后，基础研究终究是一项有风险的工作。并非每个项目都能取得成果。强调结果的确定性意味着不会进行有风险的研究。正如诺贝尔奖得主罗杰·科恩伯格（Roger Kornberg）所言："如果你提议开展的工作实际上不一定会成功，那么它就得不到资助。"[79]

传统上，政府承担基础研究的责任，鉴于这项任务的高风险性和长期性，这是很自然的。[80] 由于缺乏明显和确定的短期成果，私营企业不敢进行这种高风险、高回报的研究。但随着文献计量学的出现和普及，基础研究的基本要求正在被削弱。发表论文的激励机制将重点转移到了增量研究上，在这种情况下，结果有保证，但产生的影响很小。既然可以在别人的工作基础上进行改进，那么为什么还要尝试未经测试的方法呢？[81] 不仅研究的重点被转移到影响较小的增量研究上，而且自 20 世纪 60 年代以来，投入研发的资金量总体上一直在下降，当时美国联邦资金占 GDP 总量的 2%，而 2014 年这一比例约为 0.78%。[82]

资助和评估科学的方式会影响科学产生的结果。皮埃尔·阿祖莱（Pierre Azoulay）、约书亚·S. 格拉夫（Joshua S. Graff）和古斯塔沃·曼索（Gustavo Manso）比较了两家以不同方式资助科研的机构——NIH（美国国立卫生研究院）和 HHMI（霍华德·休斯医学研究所）。[83] 这两个机构都资助医学研究，但它们的资助方式大不相同。NIH 提供的资助期限为 3 年，而 HHMI 提供的资助期限为 5 年。众所周知，NIH 厌恶风险，不原谅失败，当结果不乐观时，资助申请很少会被续期。NIH 还要求申请者为他们的项目提供明确定义的可交付成果，申请者通常必须在获得项目资助之前提供初步证据。实验必须有计划，项目的进程不能轻易改变。[84]

相反，HHMI 具有很强的适应性，对变化持开放态度。该研究所鼓励其资助的研究人员"冒险，探索未经证实的途径，拥抱未知，即使这意味着不确定性或失败的可能性"[85]。HHMI 资助的"是人，而不是项目"，因此，如果最初的研究没有获得成果，那么研究人员可以改变方向，将资源分配到另一个方向。HHMI 还向研究人员提供更深入和有用的反馈，通常由其他科学家组成的小组就拨款过程提供反馈。[86] HHMI

的研究人员发表的论文并不比 NIH 的研究人员发表的论文多。事实上，HHMI 的研究人员往往在研究中经历更多的失败，更多地走进死胡同，但他们也产生了更多的创新突破。[87]

与其为研究人员提供强大的激励，不如为他们的研究成果提供微小的激励，比如基本工资，而不是奖金。提供过于强大的激励只会将研究人员的关注点从长期的、有风险的项目转移到那些容易衡量的项目上。[88] 在基础研究中，与其为产生成果创造激励，不如确保研究的投入得到优化。（我在第二章中表达过，有时衡量投入更可取。正是此时。）因为基础研究是长期的、高风险的，所以试图保证成果恰恰违背了研究发展的需要。为取得探索性、突破性研究的"成果"向学者支付费用，就像你因为房子目前没有着火而不支付火灾保险一样。基础研究是一种概率性方法——不是所有的研究都会有成果，但有些研究会是突破性的。

资助机构应该知道，它们无法预测基础研究的结果和时间。它们不可能知道它们资助的研究是否会带来改变世界的发现，或者陷入死胡同。但是，机构能做的是确保开展研究的环境是有利的。资助机构需要做的是确保研究人员有合适的人手、充足的资源、确定目标的适当方法、适当的时间分配，以及鼓励研究和培养合作文化的正确程序。[89]

对于基础研究，目标不应该是每一个项目都能产生成果，而是总体上取得最有影响力的成果。如果只有 80% 的研究项目产生了成果，甚至只有 5% 的项目产生了成果，只要产生的成果是重大的，那么付出的代价就是值得的。这就像买彩票一样，你不需要你买的每张彩票都中奖，只要有一张中大奖就行了。（友情提醒：不要买彩票，除非是为了慈善事业，否则你会赔钱。）评价科研的简单量化指标也可以被更有力的定量和定性评价取代。例如，2008 年，澳大利亚用"研究质量框架"取代了评价科研的定量指标，其中包括评估科研在商业应用之外的社会、经济和环境效益方面产生的影响的事务委员会。[90]

在科研界，反对文献计量学的运动愈演愈烈。兰迪·谢克曼在《卫报》上发表的文章只是越来越多的"学术退圈"文章中的一篇，这些文章是由正在离开学术界或拒绝接受引用指标评估的研究人员撰写的。一组研究人员发起了《研究评估宣言》（DORA），该宣言认为，对科学研究的评估方式需要改变。截至 2016 年 8 月，它已经获得了 871 个组织和 12 788 个人的签名。[91] 兰迪·谢克曼本人一直倡导开放获取期刊，注重研究质量，而不仅仅是增加引用，他目前是期刊 *eLife* 的编辑，该期刊故意不宣传其影响因子（尽管它还是被赋予了影响因子）。除非我们的政府、研究机构和其他研究资助者认识到基础研究的发展需要什么，否则就会有更多的谢克曼站出来。

　　文献计量学试图用一个单一的数字来描述基础研究的复杂现象，这样做扭曲和破坏了科学研究的根本目标：发现思考和理解世界的新方法。科学研究需要能够失败，也需要能够追求长期目标。要求研究在每一步都要提供结果，并在提供结果的同时流行起来，这是完全错误的。

＊　＊　＊

　　不只是高管薪酬和学术研究容易受到短期主义偏见的影响，短期主义思维是我们每个人都根深蒂固的想法，为了获得短期的满足感而牺牲长期的满足感是一个普遍的特征。约翰·穆勒（John Stuart Mill）、戴维·休谟（David Hume）和杰里米·边沁（Jeremy Bentham）等哲学家都评论说，我们倾向于低估未来，专注于现在。这种斗争随处可见。许多接受高等教育的人不得不为了未来更高的收入而决定放弃目前的收入，但这个决定并不总是确定的。那些吸毒成瘾的人很清楚这种决定的短期满足感和长期影响之间的斗争。在商业中，当一个公司决定投资技术、培训更多的员工、进入新市场或开发新产品时，它就会遇到这些冲突。[92]

衡量指标，就其本质而言，是跨期问题。我们可以知道和衡量现在或最近发生的事情，但无法知道和衡量未来的事情。我们可以衡量季度利润和学术论文数量，以及考试成绩、短期生产率目标、完成的活动或医生看病数量等，但是未来终究是未知的。我们无法获得未来会发生的事情的详细测量数据。我们不知道对研发的投资是否会带来未来利润的增加，也不知道研究人员所做的工作是否会带来突破性的发现。专业医疗人员无法确定他们灌输给病人的习惯和认知是否会在 10 年或 50 年后带来更健康的生活方式。教师无法确定他用来帮助学生发展创造性思维的课程是否会让这些学生在几十年后的工作中解决复杂的问题。因此，我们衡量高管的标准是上个季度的收益；我们衡量学者的标准是他们上一年发表的论文数量；我们衡量医生的标准是他们看了多少个病人，做了多少台手术；我们衡量教师的标准是他们的学生的考试成绩，而这些成绩三个月后就会被忘记。

我们越是强调衡量指标，越是只计算可以计算的东西，就越是忽略了对未来的考虑和规划。跨期问题归根结底是关于信息和确定性的问题。我们有关于今天的信息，但我们没有关于未来的信息，所以我们的决策只基于我们现在知道的，而不基于我们只能猜测的未来。这让我们痛苦不堪。

第四章

分母错误："每"的问题

　　温哥华的交通拥堵程度是加拿大最严重的，或许也是北美最严重的。这是 2016 年 3 月初温哥华当地媒体头条报道的信息。《赫芬顿邮报》的标题是《温哥华的交通拥堵程度是全国最严重的》，[1] 第二年也是如此。加拿大电视网（CTV）在 2017 年发表了一篇文章，展示了温哥华的交通拥堵情况在 100 多个城市中排名第 71 位。[2] 2018 年，也有类似的报道。2018 年 2 月 6 日，《城市新闻》（*CityNews*）的头条是《温哥华在全球交通堵塞排名中无缘榜首》，[3] 意思你懂的。

　　多年来都是同样的故事。2013 年，温哥华每天平均通勤 30 分钟的市民一年在交通上要多浪费 93 个小时。据称，温哥华的通勤时间在高峰时段比交通畅通时平均要长 36%。显然，这意味着温哥华是北美交通拥堵"最严重"的城市。

类似的故事每年都会刊登在加拿大和美国的几十家报纸上，每一家报纸都有自己的解读。每隔几个月，实时车辆交通数据公司 INRIX、导航与定位科技公司 TomTom 和得克萨斯交通研究所（Texas A&M Transport Institute）这三家发表此类研究的大型机构就会发布一份新的交通拥堵报告。随后，当地媒体就会报道这些研究的结果，并经常利用这些结果来抨击政府在交通问题上的不作为或赞扬政府的政策，而交通问题是我们的市政府花费大量时间关注的问题。

然后，这些文章会被分享到推特和脸书等社交平台上。人们一遍又一遍地评论、讨论、辩论、争论。一些人会借此机会诋毁政客和他们各自的交通政策，另一些人会站出来为他们辩护。一些人会借此机会抨击其他城市，说它们的交通堵塞有多严重。

很少有人真正了解发生了什么事情。在过去的几十年里，温哥华是北美少数几个成功缩短了市民平均通勤时间的大城市之一。这是通过鼓励市中心向周边发展，允许人们住在离工作地点更近的地方，以及投资方便高效的交通系统实现的。但报道不断称温哥华是北美最拥堵的城市之一。一座缩短了平均通勤时间的城市，怎么可能成为北美拥堵最严重的城市？

在这些文章的噪声数据背后，城市之间的比较、通勤小时数、延误百分比、市民在交通中浪费了多少时间，这些情况都是用一个相当简单的指标衡量的，而这个指标完全是误导性的。

自 1982 年以来，得克萨斯交通研究所每年都会对全美交通拥堵情况进行测量，其报告称："得克萨斯交通研究所被认为是提供交通拥堵和交通信息的全国领导者。《城市交通报告》是美国最被广泛引用的关于城市拥堵及其相关成本的报告。"该研究所制定的衡量指标是 TTI（行程时间指数）。

TTI 是一个非常复杂的数据搜集指标，但是这个指标本身非常简单。TTI 是一个简单的比值，即在高峰时段的出行时间与在无拥堵条件下的出行时间之比。如果在交通通畅的条件下，通勤需要 1 个小时，而在高峰时间需要 1.5 个小时，TTI 就是 1.5。在这种情况下，每天"损失的时间"是 1 个小时（单程半小时）。TomTom 和 INRIX 在发布类似的报告时，也使用了同样的公式。这些报告使用的是配备了导航系统的车辆的数据，或者其他组织发布的类似的拥堵排名。数据的搜集方式不同，但概念是一样的。

TTI 公式乍一看似乎是合理的。通常需要 1 个小时，但在高峰时间需要 1.5 个小时的旅程，比在高峰时间只需要 1 个小时 10 分钟的旅程要糟糕。但仔细观察后，我们就会发现有些不对劲。为什么温哥华缩短了人们花在交通上的时间，却被评估为交通更糟糕的城市？原因在于，由于测量方式的原因，TTI 有可能会展示出不可思议的反常现象。否则，一个在过去 10 年里平均通勤时间都在缩短的城市，怎么会得到如此糟糕的评分？

想象一下，莫妮卡和理查德是两个上班族，他们二人住在同一座城市，在市中心的同一间办公室工作。莫妮卡住在离市中心很近的地方，而理查德住在较远的地方。莫妮卡的住处离理查德上班的必经之路只有一个街区的距离，所以他们二人从市中心到莫妮卡家经过的道路完全相同。理查德在经过莫妮卡家后，还要开车走很远一段路才能到家。

在不堵车的情况下，从莫妮卡家到市中心需要 10 分钟（反之亦然），而从理查德家到市中心则需要 40 分钟。然而，在普通工作日，交通状况非常糟糕，使得从莫妮卡家到市中心的路程大约需要 20 分钟，这是不堵车情况下花费时间的 2 倍。所以，理查德和莫妮卡在下班后的前 20 分钟都是从办公室去莫妮卡家。一旦经过莫尼卡的家，交通会变得稍微顺畅一些，但是理查德原本预计的另外 30 分钟通勤时间变成了 40 分钟。于是，理查德总共需要花费 1 个小时才能到家，而莫妮卡需要花费 20 分钟。然而，根据 TTI 的算法，莫妮卡的通勤情况更糟糕。

通过计算可知，莫妮卡的 TTI 是 2.0，她的通勤时间是不堵车情况下的 2 倍。理查德的 TTI 是 1.5，他正常情况下 40 分钟的通勤时间变成了堵车情况下的 1 个小时，但理查德的总通勤时间是莫妮卡的 3 倍。在 TTI 的反常世界里，理查德的通勤情况要好于莫妮卡。

我们把这个思路扩展到整个城市。想象一下，数以百万计的通勤者的总出行时间要如何用这样一个指标来评估。有没有可能，TTI 让平均通勤时间较长的城市看起来很好，而让那些通勤时间短但拥堵的城市看起来很糟糕？ TTI 为 1.2 的 A 市是否比 TTI 为 1.3 的 B 市交通状况更好？如果答案是肯定的，那是否仅仅因为住在 A 市的人每天开车上班的时间更长？是否只是因为 A 市市民的通勤时间普遍较长，所以他们花费在交通拥堵上的时间比例比 B 市少？要想找到答案，人们就必须深入研究这些报告中提供的数字，倒推计算出每个城市的平均通勤时间是多少。这正是乔·科特赖特（Joe Cortright）所做的工作。

科特赖特在非营利组织"城市 CEO"（CEOs for Cities）

工作，他于 2010 年发表了对 TTI 和《城市交通报告》（公布 TTI 结果的年度报告）的严厉批评。这一批评说明了 TTI 在搜集数据、确定平均车速和油耗的模型方面存在诸多缺陷。但最重要的是，科特赖特的批评揭示了 TTI 的反常本质。（我忽略了科特赖特在方法论中指出的诸多缺陷，并假设 TTI 使用的车速数据是准确的，为了简单起见，我只关注对衡量指标本身的批评。你如果对科特赖特的其他评论感兴趣，可以在书末注释中找到他的报告。）[4]

科特赖特指出了许多 TTI 扭曲现实通勤情况的例子。和温哥华一样，俄勒冈州的波特兰按照 TTI 衡量也显得很糟糕。1982—2007 年，它的 TTI 从 1.07 上升到 1.29（拥堵排名显示，它的拥堵率从 7% 上升到 29%）。然而，由于城市规划和交通政策的改善，波特兰的平均通勤时间在同一时期从每天 54 分钟下降到 43 分钟。其主要原因是平均通勤距离从 19.6 英里降至 16 英里（越来越多的人开始住在离工作地点更近的地方，从而缩短了平均通勤距离）。[5]

TTI 强调每个城市的延误时间，重点是每年延误时间较多的城市比那些延误时间较少的城市"更糟糕"。但这也完全扭曲了现实通勤。科特赖特将旧金山和堪萨斯城进行比较，以说明这种荒谬。旧金山每个通勤者每年有 55 个小时的延误，而堪萨斯城只有 15 个小时。然而，在总通勤时间方面，旧金山的通勤情况更好，通勤时间只有 186 个小时，而堪萨斯城是 229 个小时。[6]

事实上，当考察 TTI 得分最低和最高的城市，并比较它们的平均通勤时间时，我们就会发现 TTI 似乎完全颠倒了城市通勤状况的好坏。让我们来看看 TTI 排名表现最差的城市：纽约市的 TTI 为 1.37，每年延迟 44 个小时；芝加哥的 TTI 为 1.43，每年延迟 41 个小时；旧金山的 TTI 为 1.42，每年延迟 55 个小时。我们再来看一些 TTI 排名表现最好的城市：布法罗每年只有 11 个小时的延误（TTI 得分 1.07），克利夫兰每年只有 12 个小时的延误（TTI 得分 1.08），堪萨斯城每年只有 15 个小时的延误（TTI 得分 1.07），罗切斯特每年只有 10 个小时的延误（TTI 为 1.06）。

现在事情变得有趣了：布法罗、克利夫兰、堪萨斯城和罗切斯特的平均通勤时间分别为每年 168 个小时、162 个小时、229 个小时和 177 个小时。纽约、芝加哥和旧金山这些被认为"拥堵"的城市的平均通勤时间分别为 163 个小时、136 个小时和 186 个小时。芝加哥的 TTI 得分在全美最低，与堪萨斯城（得分在全美最高）的通勤者相比，芝加哥的通勤者不仅平均通勤时间更短，而且短得多，每年少了近 100 个小时。然而，根据 TTI 的数据，芝加哥的通勤情况比堪萨斯城差很多。考虑到芝加哥有 840 万人口，而堪萨斯城有 150 万人口，这就更荒谬了。一座城市几乎是另一座城市的 5 倍大，人们花在通勤上的时间却只有另一座城市的 60%，但是这座城市的 TTI 分数不仅更低，而且还低很多。

　　TTI 扭曲了通勤三个方面的关系：速度、距离和时间。TTI 忽略了方程式中的距离因素，完全以速度的差异作为衡量指标。这种衡量是不考虑距离的。那些出行距离低于和高于平均水平的城市在衡量指标中都被扭曲了。正如科特赖特指出的，"一些城市已经设法缩短了出行时间，实际上减少了高峰时段的出行时间。关键是一些大都市地区的土地使用模式和交通系统使其居民能够缩短出行时间"[7]，最大限度地减轻高峰时段的出行负担。

*　*　*

　　作为一个衡量指标，TTI 是失败的，因为它误用了分母。说到上班，我们的目标应该是让通勤花费更少的时间，而不是比一些抽象的（非标准化的）理想情况花费更少的时间。根据一些理论上的（并且有缺陷的）非拥挤的通勤来衡量额外的时间，这种做法忽略了人们花在通勤上的大部分时间。对TTI来说，只有特定类型的时间是重要的，而其他时间并不重要。这样的测量方式让长途通勤看起来比短途通勤更好。

TTI让通勤问题的真正解决方案看起来像是适得其反。TTI关注的是快速移动，但它并不真正关心你要走多远或多久。这种测量追求的是达到最大速度，而不是减少通勤总时间。平均通勤距离缩短的城市（更多的人选择住在离工作场所更近的地方，或者他们的工作场所搬迁到离他们的住处更近的地方）被认为会使交通拥堵恶化。但这是愚蠢的。开车2英里去上班的人比开车20英里去上班的人对交通堵塞的影响要小得多，然而对TTI来说，前者被认为更糟糕。

错误之处在于，TTI使用一个比率来计算它的价值：在高峰时段的通勤时间与在通畅交通中的通勤时间之比。其假设是，减少拥堵（高峰期通勤时间）会改善测量结果，也就是说，从分子上降低比率。它忽略了另一种降低比率的方法——增大分母，即增加通畅条件下的出行时间（本质上等于增加出行距离）。然而，正如科特赖特指出的，在许多情况下，正在发生的事情就是这样。通勤距离（和通勤时间）在增加，但根据TTI，这看起来像是一种改善。似乎"减少拥堵"的最好方法就是让人们每天开几个小时的车。

＊　＊　＊

TTI 的问题是，在拥挤的通勤路况中，它只计算时间，而不计算理想的时间。它在不应该使用分母的时候使用了分母，它把"每"弄错了。如果一座城市的平均通勤时间是每天 2 个小时，那么这个通勤时间是否都是由拥堵造成的其实并不重要。2 个小时的驾驶时间很长，不管这段时间是花在快速行驶上，还是停在红灯前（尽管司机认为等待的时间比行驶的时间长得多）。更好的衡量指标是只报告每座城市的平均通勤时间，或许还有标准差，或者其他一些方差。（我相信许多人会认为，从住房质量、成本或面积来看，通勤时间延长是合理的。如果是这样的话，我们难道不应该单独衡量住房满意度吗？为什么要假设通勤时间更长意味着对住房的满意度更高？）

类似 TTI 的指标可能并不多，因为没有多少例子可以与高峰时段和非高峰时段的通勤相比。但是，在对 TTI 的批评中，有一个教训几乎可以用于任何衡量指标，这也是衡量指标的另一个教训：你在衡量指标中正确使用"每"了吗？

如果你使用了"每"，那么你就可能使用了错误的衡量指标，在这种情况下，提高"分数"实际上会恶化你所测量的情况。TTI 向我们介绍了使用比率的衡量指标。虽然这种类型的比率是独一无二的，但衡量指标中的比率并不独一无二。事实上，它们很常见，而且经常被误解。这就是本章的主题。

＊　＊　＊

请思考两个问题。千禧一代比上一代人开车少吗？汽车拥有量在下降吗？现在，想想你会如何衡量这些问题。

根据 2015 年在《彭博商业》（*Bloomberg Business*）[8] 和《大西洋月刊》（*Atlantic*）[9] 上发表的几篇文章，这两个问题的答案都是响亮的"否"。根据这些文章，汽车拥有量在年青一代中其实是在增加的。两家杂志都表示，2014 年，千禧一代购买了 370 万辆汽车，而 X 一代只购买了 330 万辆汽车。很明显，千禧一代比他们的老一辈购买了更多的汽车，对吧？

这种比较的问题很简单。千禧一代比 X 一代人口多得多：7 800 万比 4 900 万。这主要取决于划分这些群体的方法。文章中定义的千禧一代出生于 1977—1994 年，X 一代出生于 1965—1976 年。千禧一代有 17 年，X 一代有 11 年，所以千禧一代群体更大只是因为它包括了更大的年龄段。根据数据，千禧一代每千人购买 47.5 辆汽车，而 X 一代每千人购买 67.1 辆汽车。[10] 关注城市和城市问题的杂志《城市观察》（*City*

Observatory）发现了这个明显的错误，并发表了一篇反驳文章。他们的回应是，《彭博商业》和《大西洋月刊》的那些撰稿人完全忘记了除法。

这个问题与 TTI 相反。在这种情况下，人们忘记了在衡量指标中使用分母。人们试图回答的问题不是千禧一代购买的汽车总数是否超过 X 一代，而是他们每人购买的汽车是否更多。如果有人忘记了除法，那看起来很傻，你会惊讶于你会遇到多少个犯同样错误的衡量指标。简单地忽略用"每"来衡量的情况比比皆是，不足为奇。

虽然这个故事可能有点儿离谱，但它提出了一个关于测量的重要问题：测量想要表达什么，是强度问题还是原始规模问题？这些概念经常会被混淆。我们经常看到一些测量方法，它们声称说的是一件事，但实际上说的是另一件事。这里的例子是想用一个衡量指标来表明千禧一代比上一代人购买的汽车数量更少。但事实上，它表明千禧一代人口比上一代人口更多。

这似乎是一个简单的问题，而且很少出现，但是如果仔细观察，你会发现这个错误翻来覆去地出现，而且这种情况随处可见。人们经常会选择一些指标来代表特定的事实，而实际上它们说的是完全不同的东西。这些问题类似于科学研究中所谓的"分析单位错误"——分母忽略或分母膨胀。我喜欢称它们为"每"的问题。这些错误之所以出现，往往是因为分母（或"每"）被忽视、选择不当或被操纵，其他时候分母则干脆被遗忘。这有时是为了强调衡量指标的重要性，有时是为了扭曲公平的比较，有时是由于懒惰（就像彭博社发表的关于千禧一代买车的文章一样），但大多数情况下，分母被省略是因为人们根本没有考虑它们。当人们提出一个衡量指标时，人们通常不会问一个重要的问题："每什么？"

我喜欢称之为"中国谬误"。这是政治评论家、记者和其他普通人经常进行的比较：把任何你想比较的东西和中国比较。你想证明你的国家污染不严重吗？把你的国家的排放总量和中国比一比，中国的排放总量可能更大。你想证明你的国家没有建设足够的公路、铁路或建筑物吗？或者你的国家在你所倡导的领域没有足够的投资？或许你想比较手机的销量。显然，中国在这些数量上可能更多。在许多这样的比较中，倡导者忽略了比较每个国家人均拥有多少东西。他们只会提总数，而不提中国有10多亿人口。他们忘记了除法。

衡量强度或效率的指标应该使用分母。在许多情况下，最好的分母是人数，即人均，连这个简单的工具也经常被忽视。城市之间的比较通常基于总体衡量，无论是暴力犯罪的数量（许多新闻文章比较的是一个城市与另一个城市的谋杀总数，而不是每千人的谋杀率），总部的数量，还是公园的数量之类的东西。我们都经常通过经济的原始规模、诺贝尔奖得主的数量或"名人"的数量来比较国家。如果衡量的目的只是说明哪个国家拥有这些东西最多，那么这种衡量是可以的，但如果想要判断哪个国家的人最富有、最聪明或最出名，就需要看人均水平。但是，不只是忽略分母会导致问题，使用错误的分母同样会产生误导。

* * *

对行人来说，纽约似乎是个危险的地方。在纽约，平均每三天就有一名行人丧命。美国国家公路交通安全管理局的数据显示，2012 年，在美国 50 万人口以上的城市中，纽约的行人死亡人数排名靠前。当年纽约有 127 名行人死亡，超过了洛杉矶（99 人）、芝加哥（47 人）、旧金山（14 人）等城市，以及休斯敦（46 人）或凤凰城（39 人）等更依赖汽车的城市。但纽约不仅在每个城市的行人死亡总数这项统计中排名靠前，在所有交通死亡事故中，纽约的行人死亡比例也很高。从所有交通死亡事故来看，纽约的行人成为碰撞事故受害者的概率比其他城市高得多。在全美所有交通死亡事故中，14% 的受害者是行人，而在纽约，这一比例是 47%。

等一下。我们知道，将 2012 年人口超过 830 万的纽约与人口为 150 万的凤凰城相比是不公平的。衡量行人安全是一个强度问题，我们应该用人均衡量指标来反映这个问题。人们不应该因为自己走在一个行人死亡总数全美最低，而行人死亡人数与总人口的比例全美最高的城市而感到欣慰。如果在一个 1 000 人的小镇上，每年有 5 个行人被杀，那么这里无疑是一个可怕的地方。既然我们是在衡量强度，我们至少应该看看每座城市的行人人均死亡率。

考虑到这一点，纽约的情况看起来好了一些，但仍然不是很好。在纽约，每年每 10 万人中就有 1.52 名行人丧生。虽然像波士顿（0.79）、华盛顿（1.11）、圣何塞（1.22）和巴尔的摩（0.97）这样的地方表现更好，但纽约对行人的影响并不像洛杉矶（2.57）、达拉斯（3.22）、俄克拉何马城（3.34）和榜单上最差的底特律（3.99）这样的地方那样糟糕。纽约比全美平均水平（包括所有城市、小镇和人口 50 万以下的农村地区），即每 10 万人中有 1.51 名行人死亡的情况稍差。

但事实上，纽约是美国行人最安全的地方之一。为什么这么说呢？很简单，因为纽约有很多行人。

使用人均指标有时不能正确反映我们试图衡量的强度，行人死亡人数就是一个很好的例子。虽然纽约的行人死亡人数约为每10万人中的平均水平，但纽约的步行（或骑自行车）人数要远远超过美国大多数城市。事实上，纽约的步行人数多得令人难以置信。

纽约约有10%的人步行上班，是美国步行比例最高的城市之一（波士顿为14%，华盛顿特区为11%，它们是仅有的两个比例更高的地方）。[11]如果我们加上乘坐公交车的人的数量（因为在大多数公交车的起点和终点都有很多人步行），纽约以65%的步行或乘公交车综合比例跃居第一（波士顿为49%，华盛顿为48%）。

因此，虽然你可能会因为自己所在的城市每10万人中只有0.5名行人死亡而感到欣慰，但如果并没有多少人步行，你就不应该感到如此安全。要分析行人安全，关注的不应是总人口的平均死亡人数，而应是行人的平均死亡人数。

事实上，温哥华确实进行了这项分析。温哥华的人们认识到，要想在2020年前成为世界上最环保的城市（这是他们在2009年制定的目标），他们必须增加步行、骑自行车和乘坐公交车上班的人数。为了鼓励更多人步行，他们必须让步行变得更安全。因此，他们进行了一项详尽的研究来了解让行人不安全的地点、原因和方式。更重要的是，他们知道不能用总人口的比例来衡量安全，而是必须用步行人数的比例来衡量。

虽然他们报告说，温哥华的行人碰撞事故总数自 1996 年以来一直在下降，但他们也指出，温哥华是每百万次步行上班出行中死亡率最低的地区之一。纽约也是如此。在温哥华，每百万次步行上班出行，只有 1 名行人死于交通事故。这个数据在纽约是 1.5 人，而在洛杉矶是 5.2 人。

这并不是要给人一种印象，即认为每百万次步行上班的旅途中，有 1 名行人死亡是可以接受的，更不用说 1.5 名了。任何行人的死亡都是不能接受的。但是，如果要关注行人的安全，衡量的就应该是行人，不应该包括开车上班的人和待在家里的人。家里的人没有被车撞死，不应该让我们有太多的安慰。换句话说，如果明天有 100 多万名纽约人开始步行上班，但行人死亡人数略有增加，这并不意味着行人安全程度降低了。

那么，纽约是一个危险的步行场所吗？在深入研究数据后，答案与只看原始死亡人数得出的答案截然不同。事实上，如果考虑到城市内有多少行人出行，那么纽约就是美国行人最安全的地方之一。纽约人死于车祸的概率比全美国人低 75%。[12] 平均而言，在纽约，你成为交通事故受害者的可能性要比在达拉斯小得多。这并不是说纽约的行人安全无法得到改善（这应该改善），而是说纽约的行人比达拉斯的行人更危险是错误的。

＊　＊　＊

另一个由于计算方式而被误解的指标与疾病有关。但这次导致扭曲的不是分母，而是分子。衡量一种疾病对人群的影响有三种方法：流行率、发病率和死亡率。流行率是指特定人群中患某种疾病的人数。例如，每 10 万人中有 50 人患鼠疫（希望不会这样），每 10 万人中有 10 人患梅毒，或每 10 万人中有 120 人患青光眼。（这些数字都是编造的。请不要认为每 10 万人中就有 50 人患鼠疫）。发病率是指在给定的时间段内，特定人群中有多少人患这种疾病，如一年内每 10 万人中有 10 人患禽流感，每 10 万人中有 65 人患疟疾。死亡率是特定人群中死于该疾病的人数，如每 10 万人中有 100 人死于癌症。显然，降低这些数字是可取的。我们希望患病的人少一些，带病生活的人少一些，死于疾病的人少一些。但这些测量的有趣之处在于，其中一项测量的积极变化实际上会使另一项测量恶化。

比方说，人们发现了一种可以延长疟疾患者寿命的疗法。如果发病率保持不变，这种改善可能会提高疟疾的流行率。如果人们没有死于疟疾，这意味着他们活得更长。如果他们活得更长，每年将有更多的人被视为患有疟疾。因此，疟疾的流行率将会上升。事实上，疾病负担正在减少，但这种测量告诉我们一个糟糕的事实。相反，一种很快致死的疾病的流行率会很低，因为患有这种疾病的人很少能活得很久，从而被算作常年患有这种疾病。有时，一种疾病流行率的下降并不是因为感染这种疾病的人减少了，而是因为人们死于这种疾病的速度加快了。一篇文章庆祝某种疾病的患者比以前少了，其实未必是好消息，这可能是因为有许多人病逝。

＊　＊　＊

分母不仅要针对被测量的特定目的或目标，还要有意义。它必须与某一事物的目的、影响或作用有合理的联系。如果我们通过计算教育系统中每本教科书的成本来衡量教育成本，那就会显得很愚蠢。或者，如果我们要评估一家公司每间员工卫生间的人工成本，那就太荒谬了。这些当然是荒唐的例子，但它们说明了"每"要有意义。不幸的是，在很多情况下，"每"都没有意义。

巴里·戈尔茨坦（Barrie Goldstein）于 2015 年 6 月 3 日在《多伦多太阳报》（*Toronto Sun*）上发表的一篇文章总结了几个教训。[13] 在文章中，戈尔茨坦为加拿大的温室气体排放进行了辩护。戈尔茨坦的主要论点是，对加拿大"人均"排放量世界最高的批评是不公平的。戈尔茨坦称，加拿大是世界上温室气体排放量最低的国家之一。为什么这么说？因为加拿大的每平方千米排放量最低。戈尔茨坦认为，基于面积而非人均的排放量是衡量排放强度更有效的方法。我们将会看到为什么这是错误的，以及如何从中吸取教训，不过，我们很容易看到戈尔茨坦是如何陷入这个错误的，就像许多人在处理"每"的问题时所做的那样。

加拿大确实是世界上人均排放量最高的国家。戈尔茨坦提到，加拿大的人均年碳排放量为 17.91 吨，高居世界第二，仅低于美国的 19.74 吨。相比之下，日本是 10.23 吨，德国是 10.22 吨，巴西是 1.94 吨，印度尼西亚是 1.77 吨，印度是 1.38 吨。但在戈尔茨坦看来，加拿大的高排放量是合理的，因为加拿大幅员辽阔，非常寒冷。（别忘了，和加拿大一样幅员辽阔、一样寒冷的俄罗斯人均年碳排放量是 11.13 吨。）

戈尔茨坦的主要论点是，土地面积越大，温室气体排放量就越高，这主要是因为交通工具使用量增加。他指出，德国的人均排放量较低，因为它的人口是加拿大的 2.3 倍，但土地面积只有加拿大安大略省（一个较大的省份）的 1/3。戈尔茨坦认为，通过使用较少的能源来运输货物和人员，德国在所需的能源量方面比加拿大有明显的优势。

戈尔茨坦的说法或许有道理。人口密度较低的国家确实需要花费更多的能源来运输货物。但要了解运输是不是温室气体排放差异的原因，我们应该调查几件事。第一，一个国家的排放量有多少是由运输，特别是长途货运造成的？货运将受到低人口密度的影响，或者至少受到人口密度分散的影响。如果一个国家因运输而产生的排放量比例较高，这可能表明长途运输货物会造成较高的排放量。

第二，我们应该看看各个国家的人均运行吨千米数（如果一个较大的国家确实需要将货物运到更远的地方，那么我们就应该衡量每人有多少货物运输到多远）。交通运输排放的增加也可能是由于员工选择开车而不是使用公共交通工具进行长距离通勤，而不是由于在城市之间运输货物。

第三，要看各国货物运输每吨千米的平均排放量。也许，更多的排放量既不是因为人均货物运输距离远，也不是因为人们在城市内移动的距离远，而只是因为使用了效率较低的货物运输方式。用轮船或火车运输货物比用卡车运输效率高。下面我们一起来看看。

首先，让我们看看碳排放总量的情况。根据加拿大环境署的数据，2014 年加拿大的人均排放量为 20.6 吨。[14] 其中，交通运输占 23%。客车和卡车在运输部分的占比高达 50.1%，而货运占 39.6%。[15] 至于德国，普华永道的一份报告显示，运输业占德国能源消耗的 28% 左右，货运占其中的 28% 左右。[16] 相比之下，在美国，运输业的排放量占 26%。[17]

加拿大绝对是一个大国，但它的人口集中在几个相当密集的地区，比如安大略省南部，并没有太多的货物运输到遥远的北方，导致温室气体的排放量增加。很可能的情况是，虽然加拿大非常大，但其人均货运量并不比其他国家的人均货运量大多少。如果戈尔茨坦想说加拿大是一个幅员辽阔的国家，因此需要更多的能源来运输货物，他应该像我们在上面所做的那样，比较每个国家因运输而产生的相对排放量，然后说明这归因于人均吨千米的排放量，而不是每吨千米的排放量。

同样，这里有一些数据可以提供帮助。根据加拿大铁路协会的数据，2013 年加拿大铁路运输量为 4 251 亿吨千米，[18] 卡车运输量为 2 514 亿吨千米。在德国，铁路运输量为 1 130 亿吨千米（公路 3 100 亿吨千米，水路 59 亿吨千米）。[19] 总体而言，德国的货物运输总量为每人 5 951 吨千米，加拿大为每人 10 517 吨千米。因此，加拿大的人均货运距离确实比德国远，几乎是德国的两倍。

如果不对两国的温室气体排放进行详细的比较分析，只看交通运输业的排放量，你就会发现，虽然运输业确实影响了加拿大的整体温室气体排放，但很显然，尽管加拿大运输货物的距离更远，但运输业并不能解释加拿大的温室气体排放总量几乎是德国的二倍。那么，加拿大的人均排放量比德国大，是因为它运输货物的距离更远，还是另有原因？

通过深入研究这些数据，我们可以看到，虽然加拿大运输业的人均排放量比德国高，但这并不是全部。然而，我们从这篇文章中学到最多的是戈尔茨坦关于我们使用什么来代替人均排放量的建议："还有另一种方法来衡量一个国家的温室气体排放量，这种方法和基于人口的方法一样合理……这就是基于国家的大小。"[20]

戈尔茨坦继续解释说，联合国统计司实际上计算了单位土地面积的排放量。毫不奇怪，加拿大是世界上单位面积排放量最低的国家，每平方千米 59.11 吨。中国更高，为 681.3 吨，美国为 632.91 吨，印度为 489.77 吨，俄罗斯为 92.40 吨，印度尼西亚为 213.4 吨。但人口密集的德国和日本分别为每平方千米 3 449.80 吨和 2 355.42 吨。

人们很容易陷入这样的思维陷阱，即戈尔茨坦偶然发现了一个"顿悟"时刻。从这些数字来看，德国和日本是排放量表现最糟糕的国家。它们每平方千米的排放量高得令人难以置信。但是，德国和日本的人均排放量是全世界最低的。这是怎么回事？

戈尔茨坦文章中的逻辑是有缺陷的，但原因并不明显。通过深入研究，我们不仅可以理解戈尔茨坦论点的谬误，还可以发现理解衡量指标的一个重要工具。仔细审视每一个衡量指标，你会发现其中隐含着这样一些假设：世界如何运行，因果关系在哪里，以及最重要的——如何最好地实施变革和改进。在戈尔茨坦的例子中，假设按土地面积计算的排放强度是衡量碳排放的最佳方式，那么减少单位土地面积的碳排放，我们就能改善情况。但这是否正确呢？

有两种方法可以检测一个衡量指标是否合理。第一种方法是分析可以改进衡量指标的方法，并批判性地检查这些方法是否合理、可实现，或者实际上适得其反。第二种方法是找出测量结果有所改进但实际效果不佳的例子。让我们先看看哪些方法可以改善戈尔茨坦的单位土地面积排放量。

我们可以通过三种基本方法来改善一个国家的单位土地面积排放量。首先，我们可以减少每个人的平均排放量。如果我们减少每个人的排放量，而土地面积保持不变，这个指标表现就会得到改善，这没有问题。其次，我们可以减少国家的人口数量。同一土地面积上的人口更少意味着单位面积的排放量更少。最后，我们可以增加国家的土地面积，更大的土地面积意味着更少的单位面积排放。

看看这些策略，有没有什么看起来适得其反、不可实现或荒谬可笑？第一种策略是非常标准的。减少每个人的碳排放量几乎适用于任何衡量碳排放的标准。第二种策略就不太清楚了。通过减少一个国家的人口数量，我们减少了单位面积的排放量。确实如此，但这就是使用这个指标的目的吗？难道戈尔茨坦只是简单地建议一些国家减少人口？或许是这样，但他的文章中肯定没有说清楚。最后一种策略——增加国土面积，似乎是一个可疑的减排方法。实现这一目标的途径只有两种：要么是国家创造更多土地（这并非没有先例，荷兰的大部分国土都是填海造地而来的），要么是从其他国家获取人口稀少的土地。无论哪种情况，都没有实现减排的实际改善。从一个国家拿走土地只会把一个国家的排放量转移到另一个国家，而开辟新土地不会减少总排放量，减少总排放量才是缓解气候变化影响所需要的。

因此，看看戈尔茨坦的论点，当我们真正深入探讨衡量指标时，我们发现，戈尔茨坦并不是真的认为我们应该降低单位土地面积的排放量，因为那是一个零和游戏（我们无法再增加土地）。他只是（但可能是无意地）主张世界应该减少人口。举例来说，当戈尔茨坦认为欧洲人每平方千米的碳排放量应该和加拿大人一样多时，他要么是在说欧洲应该变得更大（除了开展大规模的地质工程项目，这不可能实现），要么是在说欧洲人应该更少。然而，根据同样的理由，加拿大人也应该减少。如果减少排放的策略是减少人口，那么减少加拿大的人口不是比减少德国或日本人口更有效吗？加拿大的人均碳排放量确实比这两个国家都大（尽管加拿大人都很友好）。

现在让我们看看第二种策略，想象一些指标得到改善但结果更糟糕的例子。在这种情况下，让我们来看一种极端的情况，虽然这种情况不太可能出现。我们想象，一个人占据了半个世界的土地，其碳排放量仅仅比地球上其他人的总和略少。与地球上其他近 80 亿人相比，这个人的单位面积碳排放量更低，但人均排放量是其他人的近 80 亿倍。按照戈尔茨坦的标准，此人在改善气候方面做得比其他近 80 亿人更好。这合理吗？

这个练习的重点不是评估这个极端情况是否可能，甚至巧言令色，而是把它作为一种思维练习，以此来了解以这样或那样的方式做出改变是否有意义。如果在同样面积的土地上生活的人较少，但每个人的排放量较多，比在较少的土地上生活的人较多，但每个人的排放量较少要好，那么我们也可以说，一个人占据了世界上一半的土地，但他的总排放量比占据世界另一半土地的所有人略低，这也是一件好事。这显然是错误的。

想象一个人生活在地球上一半的土地上，却排放了世界上近一半的碳，这完全是荒谬的。但有些人使用的土地比其他人多，碳排放量也比其他人多，就像加拿大那样，这种情况并非不可思议。有更多的人生活在更少的土地上，人均碳排放量较低，但单位面积排放量较高，如日本和德国，这也不是不可想象的。极端的尺度可以让我们更好地理解沿着这种趋势的微小变化。

当我们从理论上阐述一个指标可以得到改进但结果恶化的方法时，我们就会更好地理解衡量指标背后的真正含义。对于任何一个衡量指标，如果你能想到改善指标的方法，但实际上没有改善指标背后的目标，那么这个衡量指标很可能是有缺陷的。如果改进衡量指标的唯一合理的方法要么是无法实现的、荒谬的、适得其反的，要么是无论如何都得采用其他衡量指标的策略，那么你所使用的衡量指标很可能设计得非常糟糕。

然而，当你改进一个衡量指标的时候，有时即使使用了正确的分母，你仍然可能导致适得其反的努力。当衡量指标只关注复杂系统的一个方面而忽略其他方面时，就会发生这种情况。这是下一章的主题。

第五章

只见树木，不见森林：简化复杂系统

2012 年 5 月，一个阳光明媚的下午，我坐在卡尔加里市贝尔特莱恩区一家咖啡店的露台上，会见一位"移动抵押贷款专家"，他受雇于一家银行，负责出售抵押贷款。我们在我的工作地点附近见面，我想这是移动抵押贷款专家提供的便利中的一部分。在准备会见时，我被要求带上我最近两年的纳税申报单、工资单，以及其他一些与我的收入有关的信息。

我们一边坐着喝咖啡，一边讨论我可以获得哪种抵押贷款及其相关细节：首付、前 5 年贷款的固定利率，以及我需要从加拿大抵押贷款和住房公司购买的保险。我们讨论了我的财务状况：收入、支出、债务。我们还讨论了其他我能预料到的费用：公寓费、水电费、财产税，这些都会影响我的负担能力。

对银行和抵押贷款机构来说，决定我能负担多少的相关信息纯粹是财务信息：我的收入、信用记录、目前的债务、预期的公寓费用、水电费和财产税，当然还有我的信用等级，这反映了我偿还贷款和其他形式信贷的情况。这些都会被输入一个公式中，然后计算出我的预期房贷金额、月供金额、利率以及其他诸如此类的数据。买房是我最大的投资。我的按揭还款将是我每个月最大的支出。在这方面，并非只有我如此。

2011 年，也就是我购买公寓的前一年，加拿大家庭的平均总支出为 73 457 美元（包括税金和保险），在商品和服务上的总支出为 55 151 美元。其中，15 198 美元用于家庭的主要住房（如房租、抵押贷款等），占商品和服务支出总额的 27.6%。对大多数加拿大家庭来说，这是最大的一笔支出。对于那些独居的人，比如当时的我，在 40 915 美元的平均总支出中，用于主要住房的支出为 10 125 美元，占总支出的 24.7%。[1]

我被问到的关于我的抵押贷款的问题很重要，而且不仅仅是对我来说很重要。对我的银行来说，知道我能买得起多大的房子是最重要的，因为银行正在借钱给我。这对加拿大抵押贷款和住房公司也很重要，因为它为我的抵押贷款提供违约保险。这对政府和加拿大人来说同样很重要，因为正如许多人在2008年所经历的那样，没有什么比房地产崩盘更能拖垮一个经济体了（尽管加拿大在2008年的房地产崩盘中的表现比我们南边的邻国美国好得多，部分原因是加拿大抵押贷款和住房公司发挥了一定的作用，但这本书不会涉及这一点）。在我买房的时候，很多事情都取决于我的决定，但我的抵押贷款经纪人居然不问我："你想住在哪里？"

对一些人来说，这似乎是一个奇怪的问题。我选择住在哪里不应该是我的抵押贷款机构关心的问题，因为我选择住在哪里是我自己的选择，我个人注重的是社区设施、通勤距离，是否靠近学校，或者是否在一个"好"的社区。银行应该只关心我是否买得起。

然而，当我们看到第二大家庭支出——交通费时，这一点就变得重要了。2011年，加拿大家庭在交通方面的平均支出达到惊人的11 229美元，占所有支出的20.4%。这比个人在医疗、教育和食品上的税后支出总和还要多（当然，在加拿大，大部分教育和医疗费用是由政府用收入和其他税收支付的）。一言以蔽之，交通费用对大多数家庭来说是一笔不小的开支。

选择居住地对我来说非常重要，因为居住地是决定我在交通上花费多少的最重要的因素。对我来说，选择住在卡尔加里市中心的时尚都市社区贝尔特莱恩和选择住在马霍加尼或落基岭这样偏远的郊区之间的共管公寓，不仅仅是生活方式不同，还关系到是否需要支付每年数千美元的交通费。住在贝尔特莱恩，我不仅可以步行上班，还可以在周边买杂货、外出就餐、在超市买日用品、理发、去银行、买衣服和拜访朋友，所有这些行为都不用开车。在卡尔加里这个只有100多万人口的城市，市中心的平均停车费在北美仅次于曼哈顿（市中心停车费平均每月接近500美元），不用开车上班是非常有意义的。

我从父母那里继承的那辆小轿车已经开了10年，两个月前变速器坏了，我当时决定不买新车。作为替代，我选择步行、公交、car2go（几个月前在卡尔加里市推出的共享汽车）、周末偶尔租车，当然，在这一年多的时间里，我还会借用父母的车出行。因此，虽然加拿大独居者平均每年在交通上花费5 345美元，但我预计只需要支付其中的1/5（我每月的car2go、过境卡和租车的费用平均约为100美元）。

但对我的银行来说，这些交通因素并没有被考虑在内。事实上，我的抵押贷款顾问建议，如果我想要一个更实惠的住房，我应该远离市中心。单纯从住房成本角度来看，这是有道理的：一般来说，离市中心越远的住房价格往往越低。但随着住房价格的下降，交通成本会上升。我们应该问："在住房上节省的费用能否弥补交通成本的增加？"美国至少有一项研究表明事实并非如此。

2006 年，公共交通导向型发展中心和社区技术中心联合发表了一项研究，题为《负担能力指数：衡量住房选择负担能力的新工具》。[2] 与抵押贷款机构的典型做法截然不同，这项研究在计算家庭支出时考虑了住房成本和交通成本。当然，它们使用的是总体水平的人口普查数据，而且它们现有的数据也有局限性，然而，这项工作很重要，而且调查结果也很有趣。

例如，在明尼阿波利斯和圣保罗，"市中心"街区的住房和交通综合成本通常占家庭收入的 37%~43%，而在郊区，这一比例为 47%~54%（这是在保持家庭收入水平不变的情况下，所以这种影响不是由于不同地区的收入不同）。虽然住房成本随着住处远离市中心而降低，但交通成本增加了，而且增加的幅度更大。

抵押贷款要求就是所谓的"不完全衡量指标"的一个例子。这是一个试图衡量某种现象的指标，在上面的例子中是衡量生活成本，但它只抓住了问题的一部分，遗漏了构成整体的诸多因素。虽然我只关注交通，但影响生活成本的因素还有很多，比如供暖和房屋维修，这两个因素都可能反映在房价上。更便宜的住房不一定意味着更低的生活成本。

问题不仅在于测量不准确，还在于它实际上导致了相互矛盾的行为。在抵押贷款的情况下，由于忽略了交通成本，银行实际上是在鼓励房主为了获得抵押贷款的资格而增加他们的生活成本。住房政策中心将此称为"不符合贷款条件就开车"[3]。住房政策中心搜集了美国最大的 28 个大都市地区的住房和交通费用数据，发现随着家庭平均通勤距离的增加，家庭的住房和交通费用总和也随之增加，尽管通勤距离的增加会让住房费用普遍下降。

抵押贷款机构最终希望你能够还清贷款。对银行来说，抵押贷款的借款人拖欠贷款不是理想的结果。至少这应该是从 2008 年金融危机中吸取的教训。银行关心的是你负担得起的金额，这样你才能不断地支付房贷。虽然抵押贷款机构可能会鼓动你申请更多的抵押贷款，但它不想做得太过分，以防止你违约。对银行来说，把你的生活成本控制在一定的范围内是可取的。不经意间，银行忽视了交通成本对生活成本的影响，实际上是鼓励你住得更远，从而使你的生活成本增加。这就是只计算整体的一部分带来的问题。抵押贷款并不是唯一一个忽略整体情况并导致与衡量指标的初衷相悖的行为的衡量指标。

使系统的一部分与另一部分对立的衡量指标在商业世界中很常见。其中一个突出的领域是保险业。一位保险公司高管声称，他将近一半的工作时间花在裁决销售和承保之间的纠纷上。这是因为，对销售人员的评估是根据他们的销售额，而对承保人的评估则是根据他们签发的保险单的风险质量。为了达到销售目标，销售人员不得不向风险更高的客户销售保险，这导致承保人必须承担的客户风险质量恶化。[4] 保险公司为了增加利润，使一个部门与另一个部门对立，这虽然增加了销售额，但也增加了风险，损害了公司的赢利能力。

另一个例子来自呼叫中心。对许多呼叫中心来说，衡量员工的指标是完成呼叫的速度，也就是"平均处理时间"。这一指标背后的原理是，员工可以通过减少与客户通话的时间，消除无用的闲聊，专注于手头的问题来提高他们的工作效率。问题是，由于员工被鼓励减少通话时间，他们开始采取极端措施来降低平均处理时间：他们挂断客户的电话。这对客户满意度的影响可能是灾难性的，因为客户会因为糟糕的客户服务体验而选择到其他地方消费。平均处理时间的问题在于，它只衡量了呼叫中心功能的一部分——快速解决问题。由于忽视了工作中的其他重要方面，比如提高客户满意度，呼叫中心让业务的一部分与另一部分彼此对立。

在商业世界中，公司的任务是为公司的所有者或股东创造利润。这听起来很简单，但当公司达到一定规模时，理解和管理整个组织就变得很麻烦，因此必须将公司按照职能划分为多个不同的部门：产品开发、市场营销、供应链管理、零售和销售、客户服务、人力资源、生产等。每个部门与其他部门之间的关系，以及与创造利润的最终目标之间的关系，有时是非常复杂的，并且难以理解，企业往往试图将每个部门作为一个独立的实体来管理，分配一定的绩效指标，通常还会分配预算。

销售部门负责销售产品，因此使用销售额衡量绩效。市场部门负责将产品广告和信息传递到目标市场，所以根据印象、潜在客户数量、用户黏性以及每个客户的支出等来衡量绩效。生产部门负责降低成本和保持产品质量。供应链部门负责及时将产品推向市场，并确保适量的产品上架，减少浪费。因此，只需对每个部门进行优化，你的企业就会成功，对吗？

许多商界人士没有意识到的是，这些个人绩效目标实际上可能会相互矛盾，最终损害赢利能力。以保险业为例，销售人员被激励去增加销售量，但他们没有责任确保良好的风险投资组合，因此他们不断阻碍承保人实现目标。人力资源部门可能会被要求缩短招聘时间和降低新员工成本，但这可能会导致能力不足的应聘人员被选拔出来，从而降低生产力和工作质量。组织间冲突在任何类型的企业中都是普遍存在的。通常，一家企业面临的最大竞争对手就是自己。

Zara（飒拉）公司就是一个了解其业务的各个组成部分之间的相互作用，以及系统的一部分如何影响另一部分的组织的例子。Zara是一家服装企业，它有一件事做得比几乎所有其他服装零售商都好：它能把时装秀上的新款式迅速送到商店的货架上。服装市场深受最新时尚潮流的影响，确保产品及时上架至关重要。Zara每年生产近4.5亿件产品。[5]尽管许多竞争对手为了降低生产成本将生产转移到孟加拉国、越南或中国等地，但Zara反其道而行之：将大量生产转移到欧洲。Zara销售的大部分产品是在西班牙生产的，因为Zara意识到东南亚的低制造成本也意味着更长的上市时间。鉴于其专注于追随最新的时尚潮流，Zara意识到较长的运输和生产时间意味着在欧洲以外生产的许多衣服在当季结束时会滞留在货架上，无人购买。通过将生产转移到西班牙，Zara能够以更少的浪费抵销增加的生产成本。[6]在行业平均水平上，未售出的库存占总商品的17%~20%，而Zara只有不到10%的库存是未售出的商品。[7]通过认识到整体的最大化不仅仅是一件事，也不仅仅是部分的最大化，Zara 获得了竞争优势。

组织必须理解系统中不同组件之间的相互作用，以及优化每个组件不一定导致系统的优化。组织如果不能做到这一点，就会导致次优化和适得其反的结果。不幸的是，我们很多人都会犯这种错误。例如，我们对所吃食物的影响以及食物来源的理解就存在错误。

你吃的食物来自哪里？是来自本地的农场，还是从很远的地方运来的？你是否尝试吃本地的食物？如果是，为什么？是因为你想支持本地农民？是因为本地食物更健康？还是因为长途运输食物成本太高？吃本地食物的观念由来已久。狩猎采集者的食物来源从来不会超过一个人一天的活动范围。大约一万年前开始的农业革命，以及由此产生的粮食过剩，使得人们开始在越来越远的距离上交易、储存和运输粮食。然而，大多数食物仍然在种植地附近交易和消费。在我们早期的历史中，香料或盐等奢侈食品是远距离交易的。直到现代交通系统（如长途航运和铁路网）问世，我们吃的大部分食物才来自遥远的地方，而不再局限于香料和其他奢侈食品。

吃本地食物的现代趋势源于 1994 年安吉拉·帕克斯顿（Angela Paxton）发表的一篇题为《食物里程报告：长途食物运输的风险》的文章。[8] 这篇文章是第一批关于食物如何到达我们盘子里的研究之一。该报告强调了现代食品系统的一些方面，这些方面不管在过去还是在现在都让很多人感到惊讶。虽然报告中讨论了许多关于现代食品系统的问题，但正如文章标题所示，报告的重点是食物到达我们盘子的距离所带来的影响。2011 年这篇文章的重版中的一句话很好地总结了文章的主旨："公民不希望同样的食物毫无意义地在世界各地来回奔波，浪费宝贵的能源，造成污染、不公平贸易以及农村就业机会流失。"

无论是从 14 000 英里外的新西兰运来的苹果，还是从 4 000 英里外的肯尼亚运来的青豆，都将在英国被消费，食物的运输距离非常惊人。[9] 长途食物运输的影响不仅仅是运输食物所需的能量，还有食物的储存和包装，这两者都降低了食物的健康价值，同时也需要更多的资源。

"食物里程"的概念是由艾丽莎·史密斯（Alisa Smith）和 J. B. 麦金农（J. B. MacKinnon）在他们 2005 年出版的《100 英里饮食：一年的本地饮食》（*The 100-Mile Diet: A Year of Local Eating*）一书中推广的。这本书一经出版就获得了成功。本地食物运动很快就开始了。杂货店开始在货架上摆放更多的本地产品。本地农贸市场卷土重来。城市居民不再去大型杂货店，而是驱车前往农村市场，这样他们就能吃到本地食物，更好地保护环境，并支持本地经济。餐馆开始宣传它们的食物来源地，介绍你所吃的食物背后的农场和人。当你得知你所吃的猪肉来自只有 30 英里远的沙利文农场时，你会感到很舒心。你的选择不仅有利于环保，你还觉得自己是在帮助沙利文一家。吃本地食物的感觉很棒。

毫无疑问，我们的饮食文化不仅仅是食物的运输距离。水土流失，公平劳动，过度依赖化肥，农药、除草剂和杀虫剂导致的环境恶化，以及食物对健康的影响，以上这些只是我们选择吃的食物所带来的一些影响。但对本地食物运动来说，面对如此复杂的食物系统，负面影响太过复杂，难以完全理解，使用食物里程作为可持续性的衡量指标成为确保我们饮食正确的最佳方式。但是这真的对吗？

我们来看一个例子。比较一下英国人在情人节给爱人买的鲜花的两个原产国：荷兰和肯尼亚。显然，荷兰是更可持续的选择。从荷兰向英国运输鲜花只需要乘船穿越英吉利海峡，行程非常短。从肯尼亚出发的行程既遥远，又不节能，因为鲜花是用飞机空运来的。然而，如果你对一批送往英国的 1.2 万朵鲜花的二氧化碳排放总量进行一次彻底的计算（我们将在后面讨论如何计算），你会发现荷兰的鲜花排放 3.5 万千克二氧化碳（每朵花略低于 3 千克），而肯尼亚的鲜花只排放 0.6

万千克二氧化碳（每朵花 0.5 千克）。[10] 为什么会有如此巨大的差异？

问题在于，顾名思义，食物里程只衡量食物生产系统的一个方面——运输。运输前的所有步骤全都不包括在内，如生产原料（化肥、种子、水、农药），汽油或电力形式的能源，生产和包装（劳动力、能源、机械）。运输后的步骤也不包括在内，如消费（食品制备、其他原材料）和处置（回收、废物、运输）。

虽然跨越半个地球运输食物似乎是沉重的能源负担，但运输食物只占进入食物系统的能量的很小一部分：约占美国与食物有关的排放量的 4%。大部分的能源消耗和排放可以追溯到生产阶段，这些占总量的 83%。[11] 运输成本在食物生命周期成本中占比如此小，似乎不合常理。显然，将一个苹果从新西兰运到英国，需要消耗大量的能源，并排放大量的二氧化碳。这段旅程长得惊人，然而总排放量却相对较低。为什么会这样呢？

主要原因在于，并非所有的运输方式的排放量都一样。开车是一项非常消耗碳的活动，长途海运则不然。事实上，长途海运是世界上最节能的运输方式。远洋集装箱船平均每吨千米排放 10~15 克二氧化碳（每吨英里 6.9~10.3 克），低于铁路运输（每吨千米 19~41 克或每吨英里 13.0~28.1 克）、卡车运输（每吨千米 51~91 克或每吨英里 34.9~62.3 克），以及空运（每吨千米 673~867 克或每吨英里 461.0~593.9 克）。[12]

如果你买了几袋西红柿（比如说 5 千克或 11 磅[①]，相当多的西红柿），然后开着一辆每 100 千米消耗 6 升汽油（每英里消耗 2.55 加仑[②]汽油，对城市驾驶来说，这是相当不错的燃油效率）的汽车去 1 千米（约 0.62 英里）外的杂货店，你排放的二氧化碳量将是 750 克（每燃烧 1 升汽油大约产生 2.5 千克或 5.5 磅的二氧化碳）。一艘高效的集装箱船可以用同样的排放量将一吨西红柿运送到 5 千米（约 3 英里）外。让我再次说明，一艘集装箱船可以运输整整一吨西红柿 5 千米远，而你只能运输 5 千克的西红柿 1 千米远，而二者的碳排放量是一样的。或者，一艘集装箱船可以将 5 千克西红柿运输到 1 000 千米之外，排放同样多的二氧化碳。

从这个角度来看，开车去杂货店占据了与食物有关的所有运输里程（是总里程，而不是每吨食物，这很重要）的 48%。尽管开车的路程很短，但价格很高，原因是当你开车时，你一次只运输几袋食品杂货。一艘新的巴拿马型集装箱船可以装载

---

① 1 磅 ≈453.592 4 克。——编者注
② 1 加仑（美）≈3.785 4 升。——编者注

1.2 万个 20 英尺长的集装箱，每个集装箱的容积为 1 172 立方英尺。总的存储空间达 1 400 万立方英尺。如果用私家车运送同样数量的货物，即使不需要几百万趟，也需要几十万趟。

在供应链排放量中，有 13% 来自这趟超市之旅。从新西兰运来的苹果、从南美运来的咖啡、从印度运来的香料，这些长途集装箱船总共排放了 12% 的二氧化碳。记住，这只是属于运输的那部分；它不包括生产、加工、包装和消费。

那么，为什么肯尼亚的鲜花需要的能源比荷兰的鲜花要少得多呢？是什么抵消了将这些鲜花从内罗毕空运到伦敦所排放的大量碳？答案是，荷兰人依靠温室种植花卉，而肯尼亚人依靠阳光。

《食物里程报告：长途食物运输的风险》指出："消费者没有完全了解他们购买的食物的影响；并且生产和运输的全部成本没有反映在商品价格中。"然而，报告中有一项建议是"推行国家标签制度，在购物小票中标明食物里程和明细，以显示食物的原产国"，并且要求产品"向消费者提供资料，显示新鲜食物运输的距离，以及所使用的运输方式"[13]。但这样的标签制度没有抓住要点。

《食物里程报告：长途食物运输的风险》甚至还指出："在自然气候条件下种植产品，然后将产品运送到目的地国家，通常比在适当的气候条件下采用集约农业方法种植产品更节能。"[14]然而，依赖食物里程的食物可持续性指标则鼓励我们食用本地种植的运输距离很短的食物，即使这些食物是以非常耗能的方式种植的。

这并不是说食物里程是一个糟糕的概念，就像抵押贷款也不是一个糟糕的概念一样。但如果我们断章取义，不考虑其他因素，如我们所吃的食物产生的其他96%的排放量，它们就是一个糟糕的概念。吃容易在本地种植，利用本地的土壤和阳光，且适应本地的环境的食物可能是有意义的。但是吃来自温室的本地食物就没有意义了。

这并不是说认识到食物到达我们的盘子的距离是一件坏事，也不是说食物的选择不重要，因为它们确实影响着我们的环境、我们的健康、我们的经济和全球数百万人的生计。然而，如果我们把食物选择的影响简化为一个衡量指标——食物到达我们的盘子的距离，那么我们不仅错过了一个重要部分，有时还会完全背离我们的初衷。（郑重声明，如果你想降低你所吃的食物对环境的影响，最好的办法就是少吃红肉。）

任何只衡量复杂整体一小部分的指标都有可能适得其反。它会让我们把注意力集中在错误的事情上，忽视重要的行为，让我们以为自己是在帮助别人，而实际上我们是在伤害别人。

只有当我们纵观全局，着眼于所有进入、走出、冲击或以其他方式产生影响的事物时，我们才能了解到底发生了什么。只有这样，我们才能看到我们所做的事情是否有用，我们的选择是否正确，以及我们做事是否有效率。

那么我们该怎么做呢？如何计算荷兰花卉与肯尼亚花卉的碳排放量？为了讲述这个故事，我们必须回到1978年，看看可口可乐公司为什么决定推出世界上第一个塑料饮料瓶。

＊　＊　＊

1969年，哈里·E.蒂斯利（Harry E. Teasley）是可口可乐公司的一名经理，在包装部门工作。蒂斯利出生于佐治亚州的哈特韦尔，毕业于佐治亚理工学院，毕业后不久就到可口可乐公司工作。在可口可乐公司工作期间，蒂斯利对包装的全过程越来越感兴趣。巧合的是，可口可乐公司此时正在考虑是否要生产自己的饮料容器（当时它从第三方购买饮料容器）。蒂斯利是这项工作的合适人选。可口可乐公司当时使用玻璃瓶和钢罐来装这款流行的饮料，但开始考虑使用塑料瓶来代替。它做出改变的最大风险来自环保方面的巨大压力，因为它选择了被很多人认为是环境污染罪魁祸首的塑料。

蒂斯利肩负着评估这一环境影响的任务，他开始向外界寻求帮助。他联系了堪萨斯一个名为"中西部研究所"的组织，提出了这个想法。负责经济和管理的助理主任阿尔森·达尔内（Arsen Darnay）同意与蒂斯利一起承担这项任务，并让比尔·富兰克林（Bill Franklin，中西部研究所的项目经理）和鲍勃·亨特（Bob Hunt，从物理部调来）加入团队。蒂斯利、达尔内、富兰克林和亨特随后进行了第一次"资源与环境状况分析"（REPA）。

他们对瓶子进行的资源与环境状况分析考虑了生产饮料容器的投入（能源、原材料、水和运输消耗的能源）和产出（大气排放、运输产生的废水、固体废物和水性废物）。[15]这项研究的独特之处在于它的全面性。它并不是只比较产品中使用了多少原材料，或者只比较能源，又或者只比较水，而是研究了作者能够合理管理的尽可能多的东西。它的细致程度堪称传奇。这项特殊研究的结果从未公布，并由可口可乐公司保密。蒂斯利在 1987 年成为可口可乐食品公司的总裁，然后在 1991 年成为可口可乐雀巢饮料公司的高管。但类似的研究接踵而至。

完成这项研究几年后，达尔内被调到美国环境保护署（EPA）任职。随着政府越来越关注能源使用和环境影响，达尔内认为有必要借鉴他们为可口可乐公司所做的研究，在此基础上再接再厉。他很快就委托中西部研究所的亨特和富兰克林对 9 种不同的饮料容器进行类似的研究。这项研究涉及玻璃、钢铁、铝、纸张和塑料产业，对 40 多种材料的能源、原材料、用水量，以及固体、液体和气体排放量进行了详细描述。能源和环境数据是针对燃料、运输和电力运营开发的。[16]

美国环境保护署的研究得出的结论是，从整体来看，塑料饮料容器并不像许多人认为的那样是环境污染的罪魁祸首。可口可乐公司也得出了同样的结论。可口可乐公司在研究完成后不久，推出了世界上第一个塑料饮料瓶。[17] 最近的研究也得出了类似的结论：虽然塑料瓶不像玻璃瓶那样可以重复使用，但制造玻璃瓶需要大量的能量，抵消了它的可重复使用性。[18] 蒂斯利的团队所做的研究的不同之处在于，它试图全面了解一个可口可乐瓶的影响。它不仅仅关注容器是如何被处理掉的，或者制造它们需要多少能量，它还关注制造瓶子的材料所消耗的能量。它调查了这些瓶子是如何被处理掉的，解释了瓶子中所有原材料成分的提取、运输和制造过程，没有漏掉任何东西。

在蒂斯利、达尔内、富兰克林和亨特进行第一次资源与环境状况分析之后，很快就有更多人效仿。在接下来的几十年里，这个过程被完善，方法被编纂，标准被引入。资源与环境状况分析则转变为今天人们所熟知的生命周期评估（LCA）。生命周期评估是对产品或工艺中的所有内容（或至少是研究范围内能合理处理的内容）进行的稳健而严格的评估。以咖啡杯为例，我们面临的一个常见选择是一次性杯子与可以清洗和重复使用的陶瓷杯。

对这两个选项的生命周期评估将考察制造每种杯子所需要的一切：所有的能源、所有的水、所有的材料。对一次性咖啡杯来说，评估会关注生产杯子本身的原材料所耗费的能源，包括纸杯和塑料盖，以及杯子的包装。所有这些都会被分解成每一只杯子的边际影响，换句话说，制造一只杯子需要多少能量。

但这还没完。我们不能忘记"每"的问题。在比较可重复使用的陶瓷杯和一次性杯子时需要考虑到二者的使用方式不同。显然，制作陶瓷杯比一次性杯子需要更多的能源和材料，但陶瓷杯的使用次数更多。所以我们要问一个问题：杯子平均使用多少次才会被打碎、丢失或扔掉？然后我们还要问每次使用后清洗杯子需要多少能源和水，并在计算中考虑到这一点。我们还可以更进一步，看看处理每只杯子需要多少能量和空间，每只杯子占据多少垃圾填埋空间，更重要的是，每只杯子每次使用会占用多少垃圾填埋空间。生命周期评估所做的是评估一个产品在"从摇篮到坟墓"的整个生命周期中使用的所有能源、材料、废物、排放等。（根据记录，陶瓷杯大约需要使用50次才能比纸杯更环保，而且陶瓷杯需要用洗碗机清洗，因为洗碗机比手工洗涤用水更少。用手洗杯子抵消了它可重复使用的好处。）[19]

如果你感觉这听起来令人生畏，那么有这种感觉的人不止你一个。进行生命周期评估是一个极其严格的过程。国际标准化组织有一个进行生命周期评估的程序。有一系列的学术期刊专门发表有关生命周期评估的研究、过程和最佳实践。有些大学教授的头衔是生命周期评估主席。公司内部有专门从事这一领域的研究机构和部门。

生命周期评估是非常强大的工具，我们可以用它来了解各种替代方案的全部成本。如果使用得当，它可以揭示所有情况，并揭示一些乍看不错但仔细观察后发现并不太好的选择。下面让我们来看一个反直觉的例子：为什么紧凑型荧光灯不一定环保。

* * *

我曾经在卡尔加里大学的环境设计学院读研究生。这所学校是由一群嬉皮士建立的，但他们生活的这座城市完全没有嬉皮士气质。这所学校深深植根于 20 世纪六七十年代的嬉皮士环保运动，以至于在学校成立的最初几年，每当新的一年开始时，教师和新生会去落基山脉露营几天，那里没有电，没有自来水，也无法与外界联系。这就是学校"回归自然"运动的缩影，是对环保运动的回应。

迈克尔·盖斯特威克（Michael Gestwick）不适合环境设计学院。我在迎新会的第一天遇到了他，我发现我们之间有一个共同的纽带，而这基于我们在一个过于概念化的体系中互不相容的分析思维。在开始攻读第二个硕士学位之前，盖斯特威克已经获得了机械工程硕士学位。他的分析周密而细致，令人难以置信。他不太适合抽象概念、设计"灵感"的世界，或更接近代表前卫艺术作品而非严谨分析的项目。盖斯特威克是建筑师世界中的工程师。

作为一个善于分析的人，盖斯特威克无法接受未经严格审查的观点。和我一样，他也不满足于只知道事物的一般概念；他必须知道这些隐秘的细节才能满意。他是那种不只是挑战想法的人，他会以令人难以置信的严谨分析来做到这一点。盖斯特威克提出的一个想法与我们在房间中使用的灯具类型有关。

盖斯特威克想要更好地理解一种被广泛接受的观点：紧凑

型荧光灯（CFL，即节能灯）比白炽灯更环保。此时，节能灯正日益普及，而白炽灯已成为"环境杀手"。世界各国正在通过立法逐步淘汰白炽灯的使用，并鼓励用节能灯取代白炽灯。盖斯特威克想知道这是不是误入歧途。

众所周知，节能灯的发光效率比白炽灯更高。一盏节能灯能将其所消耗电能的 7%~10% 转化为光，白炽灯则很难达到 3%。白炽灯的问题在于，它所消耗的大部分电能被转化为热量而散失。乍一看似乎很明显，发光效率更高的灯具会更环保。盖斯特威克想研究的是这些热量是否真的散失了，以及它对碳排放意味着什么。

当白炽灯的效率因热量"损失"时，热量并没有消失。事实上，这些热量有时候可以为你的房子供暖。当你打开灯时，产生的余热进入你的房间，提高了房间的温度。温度的上升被房间的恒温器接收，并发出信号，以让你的家庭供暖系统——无论是火炉、散热器还是其他系统，都可以少工作一些。因此，虽然节能灯在发光方面更高效，但它在发热方面有一定的损失。问题是，发光效率的提高是否足以抵消发热的损失？但更重要的问题在于：这种权衡对碳排放有什么影响？

这就是评估的第二部分：电力和家庭供暖的能源来源因你居住的地方而异。有些能源，特别是可再生能源，每单位能源所产生的碳排放量非常低，如风能、水能或太阳能。有些化石燃料的碳排放量非常高，如石油或煤炭。其他化石燃料则介于两者之间，如天然气。即使节能灯发光效率更高，但如果节能灯将你的能源负担从可再生能源转移到化石燃料，那么用更"节能"的替代品取代你的白炽灯实际上可能并不会更环保。

在加拿大，发电和家庭供暖的能源组合的两个极端是艾伯塔省和魁北克省。在艾伯塔省，大部分电力过去和现在都是通过燃烧煤炭来生产的，而煤炭燃烧所产生的单位体积碳排放量是最大的。然而，艾伯塔省的家庭供暖几乎都是通过燃烧天然气来实现的，天然气是一种碳排放量少得多的燃料。（天然气虽然是一种化石燃料，但单位体积所产生的碳排放量要比煤炭或石油低得多。）相比之下，在魁北克省，电力几乎全部由水力发电厂生产（96%的电力是水力发电），而家庭供暖仍然使用取暖油。所以，艾伯塔省发电不环保，家庭供暖相对比较环保，魁北克省则相反，发电环保，家庭供暖不环保。

盖斯特威克发现，在艾伯塔省这样的地方，改用节能灯是轻而易举的事。这不仅提高了照明效率，而且还将白炽灯损失的热能从煤炭转移到天然气，这是更可取的选择。然而在魁北克省，情况完全相反。如果用节能灯代替白炽灯，这会使你的家庭供暖系统工作得更加困难，这意味着你正在把你的能源负担从水力发电转移到取暖油。尽管节能灯效率更高，但使用节能灯会产生更多的碳排放。只有像盖斯特威克这样的头脑，才会如此详细地了解这些。你如果没有他那样的头脑，也不要灰心。幸运的是，对于一些事情，了解全局并不是一个复杂的过程，也不需要严谨详尽的研究。其实，这有时候很简单。

* * *

我不是高中篮球队中最好的球员，绝对不是。我的得分并不是最多的，其实根本就不多。我会在6英尺外投丢近距离投篮。我的罚球出了名的糟糕；每当我站在罚球线上时，对方球迷就会高呼"三不沾、三不沾、三不沾"。我的盖帽、助攻、抢断、篮板都不是最多的。这个赛季我只有几次被罚出场，但几乎每场比赛我都差点儿被罚出场。我没有得到很多上场时间。任何人看了我的数据统计，都不会认为我是球队的宝贵资产。但是在赛季进行到一半的时候，情况发生了变化。

突然间，我得到了更多的上场时间。在关键时刻，我被更多地安排在赛场上。其他球员和教练员开始以不同的眼光看待我。其实，我并没有变得更好，我的球技和赛季开始时差不多，在6英尺外，我还是投不进球。发生转变的原因是，我们的教练开始测量不同的东西，用一种叫作正负值的测量方法。

在此先为那些不熟悉正负值这个指标的读者介绍一下它的原理：每次我们上场时，一名学生志愿者会记录比赛中的比分。然后每次我们下场的时候，他又会记录比分。比分是12∶8的时候，我上场。比分是14∶12的时候，我下场。比分是16∶16的时候，我上场。比分是24∶18的时候，我下场。每场比赛结束后，每次轮换的分差都会被统计出来。如果你上场时球队领先6分，但你下场时只领先2分，那你的正负值就是-4分；如果你上场时落后4分，但你下场时领先6分，那你的正负值就是+10分。在每场比赛中，你都会得到一个正负值总和，然后计算出几场比赛中正负值的平均值。当我哥哥戴维打球时，我们队平均每场比赛比对方多得14分。当我上场的时候，我们队每场比赛会比对方多得12分。我们队里其他球员的正负值都没有超过6。

仅从正负值来看，我和哥哥是队里"最好的"两名队员；我们的价值是其他人的两倍。我们俩的进球都不多，助攻和抢断也不多。然而，当我们上场打球时，我们的球队得分更多，对方得分更少。我们的教练没有去衡量显而易见的东西——得分、助攻、抢断、罚球、盖帽或篮板——而是用另外一些东西来帮助他了解篮球运动中隐藏的部分。

篮球运动就像大多数团队运动一样，场上只有一个球，但有许多球员。即使在进攻时，球队中的大多数人也没有控球。大多数球员、绝大多数球迷，以及更不幸的是很多教练都不明白，在任何运动中，一支优秀的球队与一支伟大的球队的区别在于无球的球员在做什么。任何一名优秀的教练都明白，在篮球比赛中得分的不是一个球员，而是一个团队。虽然最终只有一名球员把球投进了篮筐，但是这名球员是在团队的帮助下把球投进篮筐的。其他的球员进行掩护，帮助别人获得空位，为自己的进攻腾出空间，或者准备卡位抢篮板。这些都是我擅长的。

我在高中篮球队得分很少，但我做了很多事情来帮助我的球队得分。我们的控球后卫会运球到篮下。在合适的时候，我会穿过油漆区，为他创造一个空间，引开我的防守者的注意力。我会为我们球队的另一名中锋挡拆，为他创造低位传球的机会。我很少在防守时盖帽，但我擅长阻止对方得分高的中锋在第一时间接到传球，或者即使他们接到传球，也是处在一个他们很难得分的位置。

有时候，如果一个真正的大个子球员在防守我，我会移动到三分线外，这样他就无法协助防守油漆区。在篮球比赛中，当你没有球的时候，你在进攻中能做的最好的事情之一就是让你的防守者来到错误的位置。我很少得分，但我让我的球队更容易得分。这就是为什么我是队里第二好的球员。"球场意识"是一种很难指导、更难衡量的东西。很少有人理解它是什么，也很少有人知道如何认识它。但当他们理解时，他们很难忽视它。

这就是正负值在篮球比赛中的作用。它把比赛中所有隐藏的部分都计算在内，而不直接测量它们。得分、抢断、投篮命中率、盖帽、助攻和罚球命中率并不能反映比赛中隐藏的部分。篮球或任何团队运动中没有任何指标可以衡量诸如"在球场上移动从而给队友创造更好的进攻机会"或"让队友明白意图并让他配合球队"这些事情。但是这些事情都可以帮助一支球队赢得比赛。

有时候，使用一个忽略所有对结果有贡献的小事，而只关注结果的指标是有用的，因为所有这些小事会让我们困惑。得分最高的球员不一定是你想要的球员。一个球员可能在一场比赛中投进了好几个三分球，但在防守中丢了很多分。工作时间最长的员工不一定是最高效或最有用的。诊治病人最多的诊所也不一定是治疗效果最好的诊所。

当有多个因素（在这个例子中是指球员）影响一个结果（赢球）时，当很容易知道一个因素是否包含在内时，以及当结果很简单时，诸如正负值这样的指标就会奏效。当一名球员坐在替补席上时，他显然没有直接对比赛做出贡献（虽然他的士气可能间接地提高了其他球员的效率），所以测试他对比分的影响是很容易的。一场比赛的结果是要比对方多得分，并不是比对方多传球。

这些指标提出了一个简单的问题：当我们做 x 时，y 是否有所改善？当海伦在场上时，我们的得分更多吗？为什么要关注我们可以衡量的其他指标，比如投篮、盖帽、篮板、抢断或助攻？我们应该衡量真正重要的东西，其他的都是噪声。生命周期评估和正负值是两种截然不同的衡量整体情况的方法。生命周期评估是对某件事的所有投入进行评估。每瓦能量、每升水、每克材料都会被计算在内。对于生命周期评估，这个过程是累加的，总是有更多的东西需要考虑。其关键是要找到一切可能（更重要的是合理的可能）被认为对生产有贡献的东西，并计算出每个项目所占的比例。在生命周期评估中，你永远无法解释可归因于产品或过程的所有东西，因为你必须在某个点停下来。

正负值则不然。正负值是简化的，其目的是把所有东西都简化成一个单一的标准。它忽略了球员的传球、助攻、投篮、犯规、抢断或篮板的数量，只计算重要的东西——球队的得分。问题的关键不是要找出所有有助于得分的因素，而是要消除这种评估带来的噪声。投篮、抢断和助攻只会让事情变得混乱，因为它们会分散球员的注意力。正负值假设球员有太多隐藏的、被误解的或被低估的有助于球队赢得比赛的贡献，所以我们不去管它们。相反，我们只关注重要的事情。我们能否比对手得到更多的分数？

对于抵押贷款场景，我们可以使用一种非常简单的加法方法。我们将住房成本和交通成本相加，以此获得选择特定居住地的全部成本。如果我们愿意，我们可以在此基础上增加更多成本，比如能源成本或建筑维护费用，甚至可以加上家具的费用（住得近可能意味着住房面积较小，这可能意味着少买一个沙发），但其他费用，比如杂货或娱乐，可能不合理地包括在内（我不认为你住的地方会极大地影响你的饮食，但你永远不会知道）。

在正常情况下，这两个过程都是有用的。生命周期评估教会我们问这样一个问题："还有什么？"我们的想法是继续寻找对我们试图衡量的东西有贡献的因素。正负值教给我们相反的道理。它告诉我们不要被周围的数据产生的噪声干扰，要专注于我们的目标。生命周期评估试图通过分析所有的树木来衡量森林，正负值只考虑森林。

这个世界上的很多现象都很复杂。生活成本不仅仅是住房的成本，还有很多东西。食物到达我们盘子的距离并不是食物系统中唯一重要的部分。企业不仅仅是各部门的总和。篮球运动不仅仅是抢断、助攻和投篮。我们不能把复杂的现象简化为单一的衡量指标。通常，衡量一件事会使我们对发生的其他事情视而不见。

当尝试着去评估某件事时，你不要停留在单一指标上，除非你想要的结果非常简单。扪心自问，你所衡量的东西是否真的抓住了全部重要内容？改善一个衡量结果是否会导致另一个衡量结果恶化？看看有没有遗漏什么。不要混淆森林和树木。但也不要为了森林而遗漏了树木。

第六章

天差地别的事物：忽略不同的品质

　　1940 年 5 月 9 日，德军从德国境内的据点越境进入卢森堡，几乎没有遇到任何抵抗。当晚，德国 B 集团军挺进比利时和荷兰。第二天早上，伞兵空降到鹿特丹。德军飞机在战争的第一天就摧毁了荷兰和比利时一半的空军力量。在激烈的战斗中，比利时的防线崩溃得比英法两国预料的更早。4 天后，荷兰军队投降。仅仅一个半月后，法国也向德国投降。

　　这场战役后来被称为"法国战役"，它是历史上最令人震惊的军事胜利之一。在很短的时间内，德军就设法消灭或俘虏了大部分法国军队，把英国人赶回了英吉利海峡对岸，迫使比利时人、荷兰人和法国人投降，并有效地确保了战争西线多年的安全。比德军通过闪电战在法国战役中取得令人难以置信的成功更令人震惊的是他们的战斗方式：以寡敌众。[1]

衡量指标可以为我们的决策提供洞察力、清晰度和有价值的信息。但是，它们也可以瞒天过海，混淆视听。本章要讨论的概念是，当品质差异很大的事物被错误地归纳到一个单一的衡量指标下时，会发生什么。当不同的事物被同样地对待时，这就会混淆和掩盖真相。当有价值的信息隐藏在衡量指标中时，这可能会导致适得其反的、无效的，甚至邪恶的测量。

比较一下法国战役前盟军和德军的力量——人员、坦克和飞机，就会暴露出双方的实际作战能力。尽管德军的兵力略少，但事实证明，德国的战略、装备、训练和运气都远远优于法国和英国。这些数字揭露了战役的结果。

很多衡量指标并不能简单地归结为"哪个更大"。原始大小并不等于价值，拥有更多的东西也不等于更好。然而，衡量指标往往就是这样被解读的。越大越好，越多越好。但情况并非总是如此。有时，少即是多，大即是差。这可能是因为某些情况下效率低下，或者收益递减。然而，在本章中我们将会研究一些情况，在这些情况下，衡量指标并不能真正反映真正重要的东西，因为其掩盖了事物参差不齐的品质。有时候，更大并不是更好，因为测量的东西比看得见的要多。有时候，测量中隐藏着一些东西。有时一个和另一个不一样。有时看似相同的东西其实是不一样的。有时两者天差地别，不能混为一谈。

* * *

2018 年，60 多万个美国人死于癌症。[2] 这简直骇人听闻。据估计，在那一年还有超过 170 万人被诊断出患有癌症。[3] 预计每 4 个美国人中就有一人死于癌症。但情况并非一直如此。1970 年，死于癌症的人数只占美国死亡人数的 16%。1958 年这一数字是 15%。1900 年这一数字是 4%。[4]

癌症诊断率急剧上升的原因是什么？是我们摄入体内的化学物质吗？是我们的生活方式？又或许是手机、微波炉、电脑和收音机等的使用增多？其实，这些都不是。头号原因会让你大吃一惊。

虽然在过去的几十年里，有多种原因导致癌症死亡率上升，但最大的原因是我们很少有人猜到的：心脏病。心脏病导致癌症发病率上升的原因则更为奇特。这并不是因为得心脏病的人越来越多，而是因为得心脏病的人越来越少。[5]

事实上，心脏病是美国人的头号杀手。2015 年，心脏病导致的死亡人数多于癌症，有 60 多万人。[6] 但在过去的几十年里，心脏病的发病率和死亡率都大幅下降。2001—2011 年，心脏病死亡人数下降了近 39%。1970 年，心脏病占全部死亡人数的 40%。2002 年，这一比例为 28%。[7]2011 年，596 339 名美国人死于心脏病，相当于每 10 万美国人中有 191 人死于心脏病。2001 年，这一数字为 700 142，即每 10 万美国人中有 248 人死于心脏病（请注意这里使用人均死亡率是多么重要）。心脏病的减少是过去几十年来公共卫生领域最伟大的成就之一。此外，结核病、腹泻、肠炎、伤寒、白喉和麻疹等传染病的死亡率也大幅下降。

不幸的是，每个人最终都会死。由于死于心脏病和各种传染病的人越来越少，而且心脏病和各种传染病是死亡的主要原因，因此，本应死于心脏病或传染病的人现在活得更长了。他们中的许多人寿命长到最终患上了癌症。简言之，并不是死于癌症的人越来越多，而是死于其他疾病的人越来越少。默认情况下，如果你只是用癌症造成的死亡比例，或者总死亡人数来衡量癌症的影响，那么癌症似乎越来越严重了。人总会死于某种疾病，一个人年纪越大，死于癌症的可能性就越大。所以，奇怪的是，癌症发病率上升是件好事。正如丹·加德纳（Dan Gardner）所言，如果平均预期寿命上升到 100 岁，癌症发病率将会飙升。由于很少有其他原因导致死亡，几乎每个人都会在某个时候患上癌症。这简直太棒了。

庆祝癌症发病率上升的奇葩案例引发了一个重要的问题：为什么这一点如此反常？死亡率上升怎么可能是积极的呢？原因在于，不是所有的死亡都是一样的。度过漫长的一生之后在 85 岁时死去和在 8 岁时死去是完全不同的两件事。晚上在睡梦中安全舒适地死在自己家里和被人随意攻击或谋杀是截然不同的。虽然我们都同意死亡是一件悲惨的事情，但我们也同意，有些死亡比其他死亡更理想，有些死亡比其他死亡更悲惨。这影响了我们对疾病的看法。

想象一下，有两种疾病每年造成的死亡人数相当，你会把更多的精力放在消除哪一种疾病上？在没有更多信息的情况下，我们很难做出决定。现在再想象一下，死于第一种疾病的人的平均年龄是 70 岁，而死于第二种疾病的人的平均年龄是 11 岁。此时你会集中精力消灭哪一种疾病呢？答案显而易见。

基于每百万人死亡人数的直观评估会告诉我们，这两者之间没有区别。我们都知道这是不对的。然而，我们对疾病和其他死因的了解，很大程度上来自每年死于此病的原始人数。当在公共话语中讨论公共健康时，人们往往把焦点放在"头号死因"上，或前三名，或前十名，或其他什么。直到 20 世纪 90 年代，即使在公共卫生领域，大多数关于疾病的评估也集中在这些因素上：死亡率、发病率和流行率。但这些衡量方法是有误导性的。它们忽略了这些死亡的性质及其对受害者的影响。如果不以死亡人数和患病人数来衡量一种疾病的影响，那么我们应该如何衡量？

直到20世纪90年代初，只计算死亡人数、发病率或流行率的概念才开始受到严峻挑战。虽然早在20世纪60年代就有人讨论过制定健康指数的问题，[8]但直到20世纪90年代初，将因疾病而失去的寿命和因疾病致残而存活的年数纳入其中的做法才得到广泛应用。此时，伤残调整生命年（disability adjusted life year，后简称DALY）的概念得到发展，并首次在《1993年世界发展报告：投资于健康》（*World Development Report 1993: Investing in Health*）中使用。[9]

伤残调整生命年通过时间来衡量健康影响。最基本的计算方法是用平均预期寿命减去疾病致死的年龄。如果一种疾病夺去了一个5岁的孩子的生命，而这个孩子本来可以活到75岁，那么他的生命损失年数为70岁。[10]把每一个生命损失的年数加起来，你就得到了DALY的第一个方面，即生命损失年数，或DALY的LY部分。

DALY还解释了其他一些简单地以年计算生命损失的指标所不能解释的东西，包括带病生活的影响。疾病的影响不只是死亡，我们还应该考虑到那些使身体严重衰弱而不致死的疾病。像糖尿病或阿尔茨海默病这样的疾病通常不会致人死亡，但会对患者造成可怕的伤害。健康无碍地活到 65 岁，死于心脏病发作，总比受 40 年失明之苦后死于 65 岁要好。DALY 把这种受疾病影响的因素考虑了进来。这就是伤残调整生命年中的"伤残"。每种病症都有一个伤残系数，这个数字为 0~1，反映了在这种疾病下生活的负担，0 表示完全健康，1 表示死亡。例如，一个人带着系数为 0.5 的病症生活 10 年，所承受的痛苦相当于一个人十分健康地生活并提前 5 年去世。DALY 的基本概念是，健康指标应该包括任何值得投入资源来避免的健康状况损失，而不仅仅是那些超过持续严重程度阈值的健康状况损失。从本质上讲，我们不应该只计算那些导致死亡或严重残疾的事情，而应该计算所有至少从公共卫生角度来看值得关注的事情。比如，膝盖擦伤不算，但腰痛就算。

另一个概念，是对将"疾病成本"作为衡量疾病影响的健康指数提出挑战，即权重完全独立于受影响个人的财富、地位或教育程度。疾病对靠福利生活的人的影响应该与对《财富》世界 500 强企业 CEO 的影响相同。[11] 如果我们使用人们因疾病无法赚取的工资来衡量疾病的影响，那么我们就会使衡量指标向富人倾斜。

伤残因素的确定方式也存在差异和争议。一些方法是对病人进行调查，以确定他们对一种健康状态的偏好，然后对评价进行汇总和比较，以确定相对权重。[12] 还有一些方法被称为"健康状况指数"，使用由对身体、精神和社会功能的各种测量组成的综合指标。然而，全球疾病负担研究选择使用伤残，或由疾病等状况导致的特定功能丧失作为衡量指标。例如，失去一根手指会导致精细运动功能丧失。然后，该研究将这些伤残分为 6 个等级，从娱乐或教育等活动能力受限（权重为 0.096），到吃饭、个人卫生或上厕所等日常活动需要协助（权重为 0.92）。这些权重是通过使用各种调查法确定的。这些测量还包括伤残的持续时间。[13] 做膝关节手术是一种痛苦的经历，康复治疗漫长而艰难，但不适感是有限度的，它不会永远持续下去，至少不会像刚做完手术时那样剧烈。然而，失明往往是永久性的。这项衡量考虑到了这一点。DALY 不仅能比较疾病造成的死亡人数，还能比较患这种疾病后生活的相对负担。伤残等级低的疾病包括中度听力损失（0.04）、缺铁（严重缺铁权重为 0.09）和乙肝（0.075）等。伤残等级较高的疾病包括你所了解的那些疾病。没有接受 ART（抗反转录病毒治疗）的艾滋病患者的伤残系数为 0.505，破伤风是 0.638，大多数脑膜炎都在 0.615 左右。其中伤残系数最高的疾病并不是大多数人认为的常规疾病，它其实是一种心理疾病：抑郁症。虽然抑郁症对个人健康的影响范围很大，但重度抑郁症发作的权重高达 0.76，比失明（0.6）、脊柱裂（0.593）、阿尔茨海默病和痴呆（约 0.666），甚至脊髓损伤（0.725）更严重。[14]

卫生计量与评估研究所、世界卫生组织等组织和其他公共卫生领域的组织使用 DALY 来计算疾病的总体负担——疾病对人群造成的不适、痛苦和死亡的总体影响。

使用 DALY 有助于纠正只衡量原始死亡原因的缺点。当考虑到主要影响年轻人的疾病时，特定疾病的死亡人数与其对健康和痛苦的总体负担之间的差异最为明显。以疟疾为例，这是一种由蚊子传播的疾病。2015 年，全球约有 730 500 人死于疟疾，约占总死亡人数的 1.3%，这似乎并不十分严重。但是疟疾是一种严重影响年轻人的疾病。在全球范围内，它是导致 1~4 岁儿童 DALY 损失的第一大原因。对 5~9 岁的儿童来说，它降到了第六大原因，除此之外，它甚至不在前十之列。然而，疟疾占全球全部 DALY 损失的 2.3%，这几乎是我们只看死亡人数时预期比例的两倍。[2015 年的总 DALY 为 2 464 895 400，其中 55 769 600 来自疟疾。重申一下，这意味着 2015 年"损失"了约 25 亿年的寿命，要么是因为过早死亡（人在达到平均预期寿命之前死亡而失去的生命年数），要么是因为伤残（人因患有疾病或伤残而"损失"的健康生命年数）。〕由于疟疾主要影响幼儿，其对全球健康的影响是其死亡人数比例的两倍。相比于只衡量原始死亡原因，衡量 DALY 可以让我们更好地了解哪些疾病、健康状况和死亡原因对人口造成的负担最大。

2015 年，传染性疾病（如艾滋病、疟疾）占全部 DALY 的 30.1%，而非传染性疾病（如心脏病、中风、癌症）占 59.7%。[15] 自 1990 年以来，传染性疾病的负担急剧下降，而非传染性疾病的负担上升。1990 年，下呼吸道感染、新生儿早产并发症和腹泻是导致 DALY 的三大主要原因。到 2015 年，它们分别降至第三、第五和第六位，而缺血性心脏病（心肌梗死）、脑血管疾病（中风）、腰颈痛分别位列第一、第二和第四。[16] 如果只看死亡原因（不考虑带病生活的伤残），趋势是相似的。1990 年，下呼吸道感染、新生儿早产并发症和腹泻位居前三位，但在 2015 年分别降至第三、第四和第五位。

对于许多非传染性疾病，例如大多数癌症和心脏病、阿尔茨海默病、肝硬化、糖尿病和肾脏疾病，DALY 总数增加了，但根据受影响者的年龄进行调整后，总体负担通常会下降。这意味着，虽然有更多人受到这些疾病的影响，但他们在生命的晚期才会受到影响。这有助于解释为什么癌症等疾病的发病率更高：受传染病影响的人越来越少。有趣的是，在许多高收入国家，导致死亡和伤残的一些主要原因并不是恶疾，而是非致命疾病。在美国，导致死亡和伤残的第二大原因是下背部和颈部疼痛。糖尿病排名第三，抑郁症排名第五，吸毒排名第七。[17]这清楚地表明，在评估公共卫生时，死亡并不是唯一重要的指标。

DALY 帮助我们全面了解疾病和其他健康状况对人口总体健康的影响。除了简单的死亡人数之外，DALY 还为讨论增添了一些细微差别，帮助我们更好地将资源集中在那些虽然不会夺走太多生命，但会让人过早死亡的疾病上，或者那些虽然不会导致死亡，但会给患者带来巨大痛苦的疾病上。通过在这个衡量指标中添加更多的细微差别，我们可以更好地分配资源，以改善人们的生活。但是，DALY 虽然能告诉我们各种疾病的相对负担，却不能告诉我们很多人口的健康状况是在改善还是在恶化，至少不能直接告诉我们。就像我们只关注死亡的原因，以及它们的相对增加或减少一样，这并不能告诉我们人们过得是否比以前更好，因为我们不知道人们是否活得更长或更健康。[这可以通过计算单位人口（例如 10 万人）的死亡人数来间接实现。但要准确地做到这一点，就必须考虑到人口的相对年龄等因素。] 有些疾病死亡率下降，而有些疾病死亡率上升，这只是因为人们总有一天会死于某种疾病。但如果我们问一个不同的问题，一个与 DALY 相反的问题，会怎样呢？DALY 计算的是一种疾病造成的寿命和伤残的总损失。如果我们计算的是人们在没有痛苦或伤残的情况下生活的总年数呢？这就是 HALE 的作用。

DALY 计算的是死亡和伤残造成的总寿命损失，而 HALE（健康调整预期寿命）计算的是相反的情况：一个人可以预期的健康寿命。HALE 是对典型的预期寿命（人口的平均寿命）的一种调整，包括因伤残而损失的寿命（例如，在生命的最后 10 年里，在剧痛中生活会使预期寿命下降）。

HALE 为我们提供了一幅人口整体健康状况的清晰图景，这一图景往往被死亡原因掩盖，或者难以用 DALY 来解读。虽然新闻报道、脸书的诱导点击和虚假的健康网站试图用某些疾病发病率上升的统计数据来吓唬你，但事实上，全球整体健康状况正在改善。HALE 对全球健康的描述是积极的。从全球来看，1980—2015 年，男性和女性的预期寿命无一例外地逐年上升。男性预期寿命从 1980 年的 59.6 岁增加到 2015 年的 69 岁，女性预期寿命从 63.7 岁增加到 74.8 岁。

DALY、HALE 和全球疾病负担研究告诉我们，衡量指标往往无法区分品质差异很大的测量单位。5 岁时的死亡比 85

岁时的死亡要糟糕得多。患有重度抑郁症比轻度缺铁更糟糕。如果不考虑这些差异，我们就会过度重视不太重要的条件，而忽略更重要的条件。简言之，我们必须记住，既要衡量品质，也要衡量数量。某种东西越多，并不意味着它就越好。

*　　*　　*

当我们纯粹以数量来衡量事物，而不考虑它们的不同品质时，我们就会让自己陷入各种各样适得其反、效率低下或不理想的境地。

首先，忽视衡量指标的品质会导致低质量但容易计算的衡量指标膨胀。以第二章中的例子为例，中国的古生物学家付钱给农民以购买恐龙骨骼化石碎片。古生物学家没有考虑到的是，不同大小的化石碎片价值不同。一具完整的骨架比一小块大腿骨更有价值。但是，正是因为古生物学家没有考虑到这一点，无论骨头碎片是大是小都要付钱，这就无意中激励了农民最大限度地增加他们发现的碎片数量。农民很快就发现了一种获得更多骨骼化石的绝妙方法——把骨骼化石打碎成好几块！

衡量指标膨胀的现象随处可见。在人力资源部门，如果以招聘人数来衡量，而不考虑质量，那么公司很快就会发现队伍中充斥着素质低下的员工。在 IT（信息技术）领域，如果根据程序员编写代码的行数给予他们奖励，他们就会写出大量无用的代码。纽约州和宾夕法尼亚州的心外科医生的例子中也出现了这种现象。衡量这些心外科医生的指标是他们的手术成功率，但这一指标没有考虑到手术的难易程度不同。因此，医生们的回应是拒绝为病情复杂的病人做手术，因为这会影响他们得到的评价。他们没有动机去做复杂的手术，因为复杂的手术更可能失败，从而使医生获得较差的评价。

那些鼓励员工完成质量各异的任务但考核时只统计数量的组织很快就会发现，员工将不愿承担复杂的、具有挑战性的任务，而更愿意承担简单的、容易完成的任务来"提高统计数据"。这就是"撇奶油现象"。那些被评估的人通过只计算好的东西，即"奶油"，避免、忽略或不完全计算其他的东西，以此操纵测量。

例如，在美国的私立教育中，人们通常根据学生在标准化考试中的成绩来评价学校，正如我们在第二章中所调查的那样（我们应该对仅仅根据考试成绩来评价学校持怀疑态度）。在美国的某些地区，存在着允许学生选择就读某所学校的教育凭证制度。教育凭证指国家为学生提供教育经费，让学生去接收他们的学校（通常是私立学校）上学。问题是，使用教育凭证的学生通常是比较富裕的学生，他们的成绩通常比来自低收入家庭的学生的成绩更好，因为他们有能力支付家教费用，有更稳定的家庭生活，或者父母可以指导他们学习。当私立学校指出它们的考试成绩优于同类公立学校时，是因为它们更擅长教学，还是因为它们一开始就有成绩更好的学生？

同样的现象在高等教育中也很明显。很多顶尖学校会宣称，它们的学生毕业后的薪水比它们的竞争对手要高得多。"来我们的大学吧，"它们会高调宣扬，"我们的学生毕业后在职场上的表现比其他大学的学生更好。"然而，由于高昂的学费、较高的入学要求等因素，在这些学校就读的学生多来自富裕家庭。我们不禁要问：这些校友的高薪真的是因为他们在学校接受了更好的教育，还是因为学生群体来自更富裕的家庭，他们无论是否在该校就读，都更有可能获得高薪工作？

斯泰西·戴尔（Stacy Dale）和艾伦·B. 克鲁格（Alan B. Krueger）想找出这个问题的答案。学生就读的学校是否真的会影响他们在就业市场上的成功？还是说他们的成功只是因为其他因素，比如他们的抱负、智力或社会关系？常春藤盟校真的对得起它们收的学费吗？

许多研究试图通过控制高中成绩、标准化考试成绩，以及家庭背景等因素来解决这个问题。[18] 为了确定常春藤盟校教育是否真的重要，戴尔和克鲁格所做的工作着实巧妙。他们通过数据查找那些被哈佛大学、耶鲁大学或达特茅斯学院等学校录取，但由于某种原因决定去其他学校的学生。既然他们已经被这些学校录取了，那么他们一定有相应的简历和成绩。但是，尽管被录取了，他们还是决定去其他地方上大学，也许是家庭原因，也许是学费太高，也许是不喜欢这个学校。然后，戴尔和克鲁格将这些学生的收入与就读于这些名校的同类学生的收入进行了比较。他们的发现令人惊讶：上常春藤盟校对一个人未来的收入没有影响。（研究人员确实发现，上常春藤盟校提高了黑人和拉美裔学生的收入，并将其归因于这样一种观点，即如果黑人和拉美裔学生没有上常春藤盟校，他们就无法获得他们在常春藤盟校中建立的社交网络。）那么，常春藤盟校是否更善于为学生提供就业机会呢？并非如此。相反，它们只是录取了更多无论如何都会有同样就业机会的学生。

撇奶油现象就像你和我有一场比赛，看谁是更好的教练。我的队伍是当年的国家全明星队，而你的队伍由你的亲友组成。把我们放在同一水平上评价真的公平吗？这实际上就是撇奶油的作用：选择最好的玩家、病人、项目等，然后根据平均水平进行评估。这就是为什么常春藤盟校看起来那么好——它们挑选最优秀（和最富有）的学生，然后声称自己在教育学生方面是最好的学校，而事实上，正如戴尔和克鲁格证明的那样，这些学生无论在哪里都会表现得很好。

那么，当衡量指标中缺乏对品质的考虑时，你该如何应对呢？你该如何防止"撇奶油"或因没有区分不同的品质而产生的误解？组织在尝试管理品质时可能采用的一种策略是设定一个最低标准，任何项目、任务或数据在"计算"之前都必须达到这个标准。最低标准背后的理念是，它将阻止次优的结果或过程被计算在内。但最低标准同样也会导致不利的后果。

第一个不利的后果是，一旦达到标准，人们就会觉得没有理由超过这个标准。一旦你设定了标准，人们就没有必要去超越它。这方面的一个例子是住房建设标准和达到最低能源效率标准的激励措施。例如，将房屋能效设置为 80 分（满分100 分）的项目会发现，房屋建筑商建造的房屋能效刚刚达到标准，但不会更高。你会发现很多房屋的能效是 81 分或 83 分，但很少有房屋的能效是 95 分或 97 分。

第二个不利的后果常发生在项目没有很好的机会达到标准的时候。在这种情况下，人们往往会不再努力改善现状。如果某件事只有达到标准才算数，而这个标准又无法达到，那为什么还要费劲去改善现状呢？因此，最低标准实际上反而会降低平均绩效。

想象一下下面这个假设的场景。

一个由 32 名工作人员组成的小组负责完成 16 个项目。每个项目分配两名工作人员。但是，小组可以将一名工作人员重新分配到另一个项目，以提高其质量。每个项目必须至少留下一名工作人员。如果一个项目只分配一名员工，它将获得如下所示的较低的结果。如果一个项目被分配三名员工，它将获得如下所示的更高的结果。团队也可以选择不对项目进行优先级排序，每个项目分配两名工作人员。有两名员工的项目得分为平均分。下面列出了这些项目及其可能的结果。

- 1 个项目可以获得 40~55 分（平均 47.5 分）。
- 1 个项目可以获得 55~70 分（平均 62.5 分）。
- 8 个项目可以获得 70~75 分（平均 72.5 分）。
- 4 个项目可以获得 75~82.5 分（平均 78.75 分）。
- 2 个项目可以获得 82.5~90 分（平均 86.25 分）。

管理层可以用三种方式激励团队。方案 A 不对团队进行激励。团队平均分配员工，每个项目两名员工。每个项目达到其平均分数。

方案 B，为了提高团队的绩效，管理层为每个项目设置了最低标准。管理层选择 75 分为最低标准。对于每一个达到这个标准的项目，团队都会得到现金奖励。因此，团队决定抽调员工，分配到 8 个项目，使这 8 个项目的分数从 72.5 分提高到 75 分。由此，达到标准的项目数量从 6 个增加到 14 个。

方案 C，管理层没有设置最低标准。相反，它激励团队取得尽可能高的平均分。团队因此将他们的努力集中在最有影响力的地方。除了得分在 70~75 分的项目外，团队在其他每个项目上都会多安排一名员工。根据各参赛队所采用的策略，各参赛队的平均得分如下。

方案 A：73.13 分。

方案 B：72.5 分。

方案 C：74.06 分。

在这个假设的例子中，制定最低标准实际上不利于项目的整体绩效。被激励达到最低标准的团队，只在能够帮助项目达到最低标准的地方分配资源。但在这种情况下，让一个项目达到最低标准意味着将其他项目的资源分配给该项目，而其他项目本可以从额外的人员中获得更多利益。看看平均数就知道了。团队试图达到最低标准的方案（方案 B）的表现不仅逊于鼓励团队提高平均水平的方案（方案 C），而且还逊于团队照常开展业务的方案。

通过激励员工达到最低标准，管理层无意中使员工的整体工作质量降低了。团队把他们的努力投入边际影响最低的项目。这个情景虽然是假设的，但具有现实意义。

以在供应链管理中衡量准时交货为例。假设一家公司决定衡量准时交货的比例，但没有考虑平均延迟天数。如果团队达到一定比例的准时交货，他们就会得到奖金。但是，与前面的场景类似，公司可能会发现准时交货的比例降低了，而且平均延迟天数还增加了。为什么？因为一旦交货要晚了，为什么要在意是晚 10 天还是晚 100 天呢？同样，如果可以提前交货，为什么还要在意是提前 10 天还是提前 5 天呢？最重要的是准时。如果衡量指标对交货的延迟程度视而不见，只关心是否延迟，那么迟到的交货就会一拖再拖，而早到的交货也不会很早。

在制定标准时，我们不仅要考虑有多少衡量结果符合该标准，还要考虑有多少衡量结果超出标准或未达到标准，以及超出或低于标准多少。如果组织做不到这一点，它们很快就会发现它们的许多流程完全符合标准，但它们也会发现那些超过标准的流程并没有超出标准太多，那些根本不符合标准的流程则远远达不到标准。

*   *   *

对于任何衡量指标，我们都必须搞清楚被测量的事物之间是否存在差异。死于癌症不同于死于心脏病。患有艾滋病或重度抑郁症的人与患有失眠的人是不同的。为了简化一种现象，我们使用的许多测量方法将完全不同的东西混在一起。这通常是有意义的。当我们创建模型来理解我们的世界时，我们必须进行简化，否则模型就会和它所描述的现象一样复杂，从而背离了创建模型的目的。因此，大多数衡量指标必须将有细微差异的东西归结在一起，从而让测量有意义。

然而，有时这种简化做得太过分了。重大的差异可能被掩盖，变得不再重要。一个90多岁的老人寿终正寝和一个6岁的孩子意外早夭被视为一样就是一个很好的例子。当使用地图来传递多种类型的数据时，经常会出现类似的错误。地图最适合用来传达与区域相关的信息。如果我们想知道森林或沙漠的面积，或某处景观不同区域的日照量，在地图上直观地显示出来是个好主意。

地图最不擅长的是表示人口数据。在不同的地区，在一定土地面积上的人口数量差别很大。举两个极端的例子：东京都市圈和加拿大全国。东京都市圈的人口比整个加拿大稍多，有3 700多万人。而加拿大只有3 600多万人。东京都市圈的面积只有13 572平方千米，而加拿大的面积为9 984 670平方千米，是全球第二大国家。加拿大的面积大约是东京的735倍。虽然这两个地区的面积相差很大，但人口数量差不多。用地图来表示这两个地区的人口数量，会大大扭曲事实，因为与加拿大的广阔国土相比，东京在地图上只是一个小点。然而，尽管这个例子很荒谬，但地图常被用来传达人口数据。

在关于地图歪曲数据的例子中，最广泛、最被滥用的是美国的选举地图。在美国，选举地图有两种常见的显示方式：一种是显示各州结果的国家级地图，另一种是显示各县结果的州级地图。这两个例子都揭示了一些严重的失真。这些失真的最好例子之一是2016年的联邦选举。

在国家层面上，各州的人口和面积都有很大差异。加利福尼亚州是人口最多的州，有3 300多万人。紧随其后的是得克萨斯州（2 000多万人）、纽约州（1 800万人）和佛罗里达州（1 500万人）。怀俄明州是人口最少的州，只有不到50万人口，紧随其后的是华盛顿特区（严格来说，华盛顿特区并不是一个州，但为了进行人口比较，我们在这里将其视为一个州）、阿拉斯加州和北达科他州。

在陆地面积上，阿拉斯加州是最大的州，陆地面积超过57万平方千米，华盛顿特区则小得多，只有61.4平方千米（这两个数字都不包括水域面积）。阿拉斯加州并不是唯一一个人口稀少的大州。蒙大拿州陆地面积超过145 000平方千米，但人口不到100万。与此相反，新泽西州面积仅有7 417平方千米，却拥有近850万人口。

这意味着，显示选举结果的地图严重歪曲了事实。康涅狄格州的人口还不到加利福尼亚州人口的1/3。在最极端的情况下，华盛顿特区是联邦最小的管辖区，华盛顿特区的选民在视觉上的代表性是最大的州——阿拉斯加州的1/8 500。

美国的总统选举不是简单的民众投票。在选举人团制度下，每个州分配到不同的选举人团票数，除了少数几个州，每个州都将所有选票投给该州的获胜者。姑且不论选举人团本身的复杂、不公平、扭曲和荒谬之处，只要看看地图上的数据的表示方法，就会发现选举人团的失真程度令人难以置信。一个州每万平方千米的选举人团票数存在着巨大的差异。阿拉斯加州每万平方千米有0.05张选举人团票，蒙大拿州有0.2张，马里兰州有10.2张，夏威夷州有6.22张，华盛顿特区有489张。在地图上，华盛顿特区的每一张选举人团选票所代表的面积几乎是阿拉斯加州的面积的 1/10 000。

观察美国的全国选举结果地图，很难看出选举的结果。它只是表明一些州比其他州大。

这种差距在县级更为严重。美国人口最多的县是加利福尼亚州的洛杉矶县，人口略高于 1 000 万。（截至 2015 年）人口最少的县是阿拉斯加州的亚库塔特市及自治市镇，人口只有 613 人。面积最小的县是弗吉尼亚州的福尔斯丘奇市，只有 5.2 平方千米，而最大的县是阿拉斯加州的北坡区，面积为 229 720 平方千米。这两个县的人口分别略多于 13 500 人和 9 500 人。在地图上显示各县首选的总统候选人，北坡区就会比福尔斯丘奇市突出 4.4 万倍。事实上，福尔斯丘奇市永远不会出现在任何按县显示投票模式的地图上，因为它实在太小了。

但是，造成认知问题的不仅仅是各县人口的差异。美国的政治分歧正在转向城乡分歧，而不是各州之间的分歧。由于城市地区的人口数量多，面积小，用于每个选民的地图空间比农村县小，因此，其在地图上的代表性差。即使美国每一个县的人口都是一样的，但由于农村人口所占的面积太大，选举结果地图还是会过多地代表农村地区。

这一点在 2016 年伊利诺伊州的总统选举结果中表现得尤为明显。希拉里·克林顿（Hillary Clinton）以约 55% 的投票率赢得了该州的选举。然而，伊利诺伊州的选举结果地图乍一看会让所有人认为这个州是共和党的重镇。选举结果地图上几乎全是红色，只有几处蓝色。希拉里只赢得了该州 102 个县中的 12 个；这些县的总面积只占该州面积的 14%。如果我们只看土地面积，这个州看起来非常倾向共和党。但事实并非如此。

问题是，芝加哥的库克县及其周边地区的少数几个县的人口占伊利诺伊州人口的 65%。因此，尽管唐纳德·特朗普赢得了库克县和周围几个县之外的几乎所有县，但赢得库克县的希拉里基本上赢得了伊利诺伊州的选票。

解决这种失真的方法之一是改变我们使用地图来表示人口数据的方式。在地图上，不再把大片区域（比如一个州）描绘成一个数据点，而是用点来表示数据，比方说用一个点表示 1 000 人。然而，当特别大的城市地区人口过于集中，以至于点最终相互重叠，很难确定人口的相对规模时，点地图就会遇到问题。

另一种方法是使用所谓的"统计地图"。统计地图由密歇根大学的马克·纽曼（Mark Newman）开发，它是一种由计算机算法生成的地图，根据人口数量（或你正在测量的任何现象）对该地区的面积进行加权。在统计地图中，像华盛顿特区和康涅狄格州这样的地方看起来比实际要大，怀俄明州、阿拉斯加州和北达科他州则看起来要小一些。问题是，统计地图看起来会失真，不能让人们正确识别区域空间位置。因此，尽管正确表示人口的问题得到了解决，但地图可能会变得非常失真，几乎无法辨认。

所有这一切可能都显而易见，也很无聊。选举统计数据通常是这样的。但事实是，我们大多数人在看美国的选举地图时，都忍不住根据各州的面积得出结论。我们看着地图想："哎呀，蓝色太多了，民主党肯定赢了"，反之亦然。这是很难避免的。出生率、犯罪率、收入、年龄、体育社团等数据也是如此，坦率地说，任何有关人口的信息都是如此。人口稀少的地区有着异常高的出生率、犯罪率、收入，或者某种政治倾向，而这会严重扭曲我们对真实情况的认知。简言之，不要用地图来传达人口信息。

当我们遇到任何将可变事物归纳为单一测量的衡量指标时，同样的事情也会发生。正如我们不得不从选举地图中得出结论一样，当我们根据教授发表的论文数量来评价教授时也是如此，而这些论文可能是平淡无奇的文章，也可能是开创性的作品。爱因斯坦一生只发表了三篇文章，但这三篇文章彻底改变了我们所知的物理学。或者，当我们评估一项政策所影响的企业数量时，其中一些企业雇用了数万人，而另一些企业只有不到 10 个人。创造就业机会的统计数据同样如此，这些工作可能是高薪的专业工作，也可能是低薪的体力劳动。

有人吹嘘某样东西的数量很大，但没有认识到这些数字中令人难以置信的变化，此时，这种把天差地别的事物混为一谈的谬误就经常被滥用。很多例子都能体现这种谬误：推特粉丝、消耗的卡路里、工作时间、完成的任务、销售的产品、创造的工作、网站的访问量。在所有这些情况下，被测量的内容都有很大的不同。并非所有的推特粉丝都是一样的，有些可能是机器人。吃 300 卡路里的水果和扁豆与吃 300 卡路里的黄油是不同的。一份工资不足以维持生计的工作与一份工资能满足基本生活需求的工作是不同的。你懂的。

所有这些衡量指标都因选择了错误的分析单位而掩盖了它们所衡量的内容的真实价值。这些缺点可以通过几种方式规避。这些衡量指标可以根据实际目标进行加权，例如，寿命损失年数如何衡量预期寿命之前损失的年数，或者统计地图如何按人口对地区进行加权。但最重要的是，只要认识到这些错误，就能帮助我们在犯错误之前发现问题。

第七章

并非所有计算得清楚的东西都重要

这个工作很容易，讨好上面就行了。遇上停车的人，拦截搜身。遇上街上的行人，那又怎样？照样拦截搜身。有什么大不了的？他不想给你他的信息？谁在乎啊？还是拦截搜身。

——纽约贝德福-斯都维森
第81分局的雷蒙德·斯图克斯（Raymond Stukes）
警佐在点名时的讲话，
指导警察如何完成拦截搜身配额

夜晚，一名警察在街上巡逻。他转到另一条街上，看见一个人在路灯杆下摸索。他走过去，看到是个男子，醉醺醺的样子。他走到那个人身边，发现那个人喝醉了，似乎在寻找什么东西。

"需要帮忙吗？"警察边走近边问。

"哦，你好。是啊，当然。我把钥匙弄丢了。"那个人回答说。

作为一名好警察，这名警察主动提供帮助，开始寻找这名男子的钥匙。他在附近的长椅下、路边、草丛中都找了一遍。几分钟过去了，警察发现路灯杆下根本就没有钥匙。

"你确定钥匙是在这里弄丢的吗？"警察问那个人。

"不，"那个人说，"我在那边的树林里把钥匙弄丢了。"

警察很生气，回道："如果你在树林里把钥匙弄丢了，那你为什么要在路灯杆下找呢？"

"哦，"那个人回答说，"因为这里有光。"

* * *

2009 年 10 月 31 日，阿德里安·斯库克拉夫特（Adrian Schoolcraft）上班时感觉身体不适。他向上司申请提前下班，得到批准后就回家了。到家后，他换上短裤和 T 恤，吃了些感冒药，然后上床睡觉。几小时后，一群人进入他的公寓，把他从床上拉了下来，将他制服。这一事件导致斯库克拉夫特住院 6 天。

这个故事的奇特之处在于，斯库克拉夫特是位于贝德福–斯都维森（纽约市布鲁克林区一贫民窟）的纽约警察局第81 分局的一名警察。更奇特的是，当晚闯入他公寓的人也是警察。其中一人是他的分局指挥官，另一人是副警长。

* * *

19 年前，1990 年 9 月 2 日，星期天，犹他州一名 20 岁的青年布赖恩·沃特金斯（Brian Watkins）和他的父母、哥哥和嫂子在地铁站台上等候 D 线列车。这家人当时正计划前往中央公园的一家餐厅用餐。在地铁站台等候时，一群年轻人包围了沃特金斯和他的家人。他们袭击了沃特金斯的父母，撕破了他父亲的裤子，还殴打他的母亲。当沃特金斯和他的哥哥试图阻止袭击时，其中一名男子拔出刀刺中沃特金斯的胸部。沃特金斯当场死在了站台上。

沃特金斯的遇害在纽约和全美激起了众怒。这一事件不仅登上了当地的每一家报纸，而且在全国各地的报纸上都有报道。《洛杉矶时报》《纽约时报》《芝加哥论坛报》和全国其他许多日报都报道了这一事件。《人物》刊登了一篇关于这一事件的封面故事，标题为《一个外地人之死》。《芝加哥论坛报》的头条是《纽约的末日到了》，并将此次事件描述为"这座曾经辉煌的城市走向衰落的又一标志性事件"。15 天后，《时代》杂志的封面故事题为《大苹果①的腐烂》。

在 20 世纪 80 年代末和 90 年代初，纽约地铁是一个危险的地方，这么说一点儿也不为过。在布赖恩·沃特金斯被谋杀的那一年，还有 25 名受害者在纽约市的地铁系统中丧生。困扰地铁的不仅仅是谋杀案。1990 年是纽约犯罪率最高的一年。纽约市地铁上发生了多达 17 497 起重罪：抢劫、强奸、袭击和盗窃，此外还有 26 起谋杀案。[1] 犯罪日益猖獗。仅地铁抢劫案数量就在 1988 年上升了 21%，1989 年上升了 26%，1990 年头两个月又上升了 25%。[2] 这一年，全市发生了 2 000 多起谋杀案。[3]

除了重罪，轻微的违法行为也失去了控制。逃票成了家常便饭。1990 年，跳十字旋转门和寻找其他方式逃票的人数达到顶峰，全年发生了 5 700 多万起逃票事件，使纽约市损失了

---

① "大苹果"是纽约的别称。由于在 20 世纪初，纽约对外来移民来说是个崭新天地，机会到处都是，因此，纽约常被称为"大苹果"，便是取"好看、好吃，人人都想咬一口"之意。——译者注

近 6 500 万美元的收入。那些不逃票的人往往要面对一帮暴徒，暴徒们会占领收费口，强行向乘客收取车费。除了抢劫、逃票和非法收费，地铁上的无家可归者也很普遍。据估计，大约有 5 000 名无家可归者住在地铁里。仅在 1989 年，就有超过 80 人死于地铁系统。[4]

纽约人不敢乘坐地铁。1992 年，97% 的乘客表示，他们在乘坐地铁时采取了防卫行动，如主动避开某些人、车站的某些区域、某些地铁车厢，以及因危险而臭名昭著的地铁出口。那一年，40% 的纽约人认为减少犯罪是改善地铁系统的首要任务。只有 9% 的纽约人认为晚 8 点以后的地铁是安全的。[5]这种形势难以维持。总得有人做点什么。这个人就是威廉·布拉顿（William Bratton）。

1970 年，布拉顿在波士顿开始了他的警察生涯，从中士到中尉，一路晋升。1980 年，他成为波士顿警察局有史以来最年轻的执行警长，这是波士顿警察局第二高的职位。他如果不是犯了一个错误，告诉记者他有当警察局局长的打算，因此与现任警察局局长闹出矛盾，他很可能会在波士顿警察局继续升迁。他后来成为马萨诸塞湾交通管理局的警察局局长和波士顿大都会区委员会的警长。布拉顿是一个雄心勃勃、才华横溢的警察。1990 年，他成为纽约市交通警察局局长。

布拉顿的任务可不小。1992 年，纽约市交通警察局有 4 100 名警察，是美国最大的警察部队之一，比波士顿警察局的警察还多。[6] 纽约每天有近 300 万乘客乘坐地铁。布拉顿面对的是美国最大的公共交通系统中普遍存在的犯罪问题。他会从哪里着手呢？要理解布拉顿改善纽约地铁安全的策略，我们必须先了解乔治·克林（George Kelling）。

乔治·克林曾是一名缓刑监督官和儿童保育顾问。1973 年，他在威斯康星大学麦迪逊分校获得社会福利博士学位后，成为一名犯罪学家。1982 年，克林和另一位犯罪学家詹姆斯·Q. 威尔逊（James Q. Wilson）在《大西洋月刊》上发表了一篇题为《破窗效应》（Broken Windows）的文章，这篇文章引起了警察、公共安全倡导者、政客和威廉·布拉顿的注意。[7]

"破窗"这个比喻实际上来自另一位研究者——斯坦福大学的心理学家菲利普·津巴多（Philip Zimbardo）。津巴多在 1969 年做了一个不同寻常的实验，研究社会失调和物理环境的状态。津巴多找到了两辆汽车，摘下车牌，把汽车的发动机盖竖起来，停在街道上。其中一辆汽车停在纽约的布朗克斯区 ①，另一辆停在加利福尼亚州的帕洛阿尔托。布朗克斯区的

---

① 布朗克斯区是纽约五个区中最靠北的一个，这个区的居民以非洲和拉丁美洲后裔居民为主，犯罪率在全国数一数二。——译者注

车在津巴多离开还不到 10 分钟后就遭到破坏，一个四口之家拆掉了散热器和电池，随后有人砸碎车窗，拆下零部件；附近的孩子们最终把这辆车当成了临时游乐场。帕洛阿尔托的那辆车停了一个星期都没人动。直到津巴多用大锤砸了这辆车，随后，附近的人们也加入了破坏行动。几个小时内，这辆车就被掀翻并毁掉了。在这两起案件中，大多数破坏者都是"光鲜亮丽、衣着整洁的白人"[8]。

克林和威尔逊从津巴多的实验中得出的类比是，如果你任由窗户破碎而不修补，就会招致其他形式的破坏和反社会行为。破碎的窗户导致孩子们不遵守规则，大人不再责骂他们，建筑物被废弃，杂草丛生，成群的青少年聚集并骚扰路人，随之而来的是打架斗殴，人们在公共场合酗酒，很快市民就会遭到袭击和抢劫。这一切都始于一扇破碎的窗户。

克林和威尔逊用"混乱"一词来形容街道环境的恶化。根据克林和威尔逊的说法，混乱——破碎的窗户，废弃的空地，建筑物上的涂鸦，游荡的青少年群体——会导致严重的犯罪。当人们看到这样的环境时，就会觉得，既然人们都不关心环境的总体状况，那么人们可能就不会关心更严重的犯罪，比如抢劫。

不仅犯罪分子会变得胆大妄为，普通公民也会对混乱做出一定的应对。他们开始采取防御措施。他们避免在夜间外出，避免与他们认为可疑的人发生争执，他们不再试图维持社区的秩序，也不再报警，因为他们不相信警察会采取行动。

所以，一个忽视小事的环境，很快就得处理大事。克林的"破窗理论"的核心很简单：减少混乱，就能减少犯罪。对布拉顿来说，纽约地铁是混乱的完美体现。地铁里的混乱是一个完整的生态系统。[9]犯罪团伙抢劫乘客，人们在车厢上肆意涂鸦，无家可归者睡在隧道里，乘客跳闸逃票。所有这些都是地方性混乱环境的结果。对布拉顿来说，逃票并不只是轻微的违规行为和轻罪。逃票者通过肆意藐视法律，强化了一个滋生和培育混乱的环境。逃票的人跳过十字旋转门，不仅抢劫了公交系统的收入，还默许其他人也可以藐视法律。为了打击地铁上的犯罪，布拉顿知道他必须对整个环境进行治理。于是，他开始行动。

大约在布拉顿被任命为纽约市交通警察局局长的同时，一位名叫杰克·梅普尔（Jack Maple）的交通警察开始开发犯罪分析系统的初步结构，该系统最终将推广到世界各地。梅普尔认为，为了提高效率，交通警察应该更加积极主动，他们应该预测犯罪发生的地点，并在犯罪发生之前将资源部署到这些地区。梅普尔开始绘制地铁里的犯罪地图，记录每个地铁站发生的犯罪的数量和类型，以确定地铁里的犯罪模式。梅普尔没有强大的计算机来分析数据，甚至根本没有任何分析工具。他首先在打印出来的地图上标注数据，然后将地图贴在公寓的墙上。犯罪行为是用蜡笔记录下来的。他把他的地图称为"未来的图表"[10]。没过多久，威廉·布拉顿就看到了梅普尔所开发的东西的效用。通过绘制和分析犯罪趋势，交通警察可以先发制人，更有效地预先部署警力。

利用梅普尔绘制的犯罪热点地图，布拉顿对惯犯实施了有针对性的打击，尤其是青少年犯罪团伙。布拉顿并不满足于抓获参与袭击的团伙中的一名成员，而是指示他的侦探们追捕所有人，即使这意味着要把证人带到学校去指认嫌疑人。布拉顿还把执行逮捕令所需的时间从30天缩短到24小时。[11] 布拉顿还进行了广泛的"逃票扫荡"。这个策略包括让更多的便衣警察在地铁里巡逻。穿制服的警察对减少逃票几乎没有影响，因为违规者不会冒险在警察的眼皮底下跳过十字旋转门。这些扫荡行动不仅能抓住逃票者，还能阻止其他犯罪，因为罪犯可能会被搜查是否携带武器，是否有搜查令。因逃票被捕的人中，每7人中就有一人最终因另一项犯罪而被逮捕令通缉。除了逃票和抢劫团伙，布拉顿还打击行乞、非法销售、吸烟、酗酒，甚至躺在车站等行为。解决无家可归问题不仅要靠执法，还要提供前往收容所的全天候交通服务。

这些策略很有效。1990 年 10 月—1995 年 10 月，重罪案件每月都在减少。重罪案件减少了 64%，抢劫案减少了 74%。1994 年，逃票行为减少了一半，1995 年减少了 2/3，收入损失降低了 4 000 多万美元。无家可归者减少了 80%。[12] 但是布拉顿的工作还没有完成。

1994 年，布拉顿在纽约地铁的成功引起了新当选的共和党市长鲁迪·朱利亚尼（Rudy Giuliani）的注意。朱利亚尼是一名检察官，曾发起过一场打击犯罪的运动，击败了时任市长戴维·丁金斯（David Dinkins）。[13]

朱利亚尼上任后的第一件事就是任命布拉顿为纽约警察局局长。布拉顿当上局长后，立即做了两件事：他设定了一个目标，即当年重罪犯罪减少 10%；他任命那个在自己的公寓里用地图跟踪地铁犯罪的人——杰克·梅普尔当他的副手。

当布拉顿和梅普尔接管纽约警察局时，他们跟踪和绘制犯罪数据的系统变得更加复杂了。挂在梅普尔公寓墙上的地图上的蜡笔标记已经演变成一套使用电脑和电子表格的严格系统。[14] 到 1995 年，犯罪数据搜集和报告系统有了自己的名字：CompStat［可能是 Computer Statistics（计算机统计）的简称，也可能是 Comparative Statistics（比较统计）的简称，似乎没人能确定］。这一系统确立了纽约警察局未来几十年的战略和战术，并被推广到美国和世界其他几十座城市。

在布拉顿来到纽约警察局并使用 CompStat 系统之前，他发现纽约警察局是一个以避免风险和失败为中心的组织，各区指挥官都受到规章制度和程序的限制。警察局几乎没有提供战略方向，分局被微观管理。布拉顿废除了这一点。在 CompStat 系统下，分局指挥官有更大的空间来组织行动，而不受总部的干预。相反，中央指挥部会提供战略指导，并要求各分局为之负责。中央指挥部鼓励警察进行逮捕，并"果断地"执行生活质量法。CompStat 一方面给予分局指挥官更多的独立性，让他们可以按照自己的意愿来管理分局，另一方面又让他们对总部的统计数据高度负责。每个分局指挥官都要对自己警区的犯罪率负责。[15] 正如布拉顿所说："我们开始把纽约警察局作为一家私营的、以利润为导向的企业来运营。利润就是减少犯罪，竞争就是犯罪分子。"[16]

CompStat 系统包括四个关键支柱：准确且及时的资讯、针对特定问题的有效策略、迅速部署到问题区域，以及持续跟进以确保问题得到解决。[17] CompStat 系统的实施围绕着每半周一次的会议展开，在会议上，高层管理人员与分局和刑侦队指挥官轮流会面，他们会审查通过彻底的地理空间分析确定的犯罪趋势，制定策略和分配资源。指挥官必须至少每6周报告一次，从而创造一个直接负责的环境。[18]这种制度使纽约警察局能够确定在一个分局行之有效的策略，并迅速将其应用于其他分局。

CompStat会议的背后是一个数据密集型的搜集和报告系统。犯罪数据被输入系统，并按地理位置标记，每周报告。但该系统必须优先考虑哪些犯罪是最重要的，为此，它采用了所谓的《统一犯罪报告》（UCR）。

《统一犯罪报告》是由国际警察局长协会和社会研究理事会在20世纪20年代制定的。最初，该组织决定用7种犯罪来比较各城市的犯罪率：谋杀、强奸、入室盗窃、严重伤害、盗窃和机动车盗窃（1979年增加了纵火）。[19]这些犯罪后来被称为"指数犯罪"（1985年后又被称为"指数1犯罪"，因为当时设立了第二个相对不严重的犯罪类别）。第一份《统一犯罪报告》于1930年出版，其中包含43个州的400座城市的犯罪数据。从那时起，《统一犯罪报告》成为各城市报告犯罪的主要方法。

《统一犯罪报告》不仅报告了犯罪的数量（更准确地说，是报告的数量），还公布了逮捕人数，以及所谓的结案率或破案率的数据。这些数据帮助公众、媒体、政治家和警方了解犯罪问题，以及警察部门的效率。有了标准化的系统，公众不仅可以比较每年的犯罪率，而且可以比较不同城市的犯罪率。纽约比波士顿更危险吗？洛杉矶比亚特兰大更安全吗？底特律的犯罪率是上升了还是下降了？《统一犯罪报告》给出了这些问题的答案。

CompStat 严重依赖《统一犯罪报告》。它不仅为纽约警察局提供了一个标准化的犯罪报告系统，可用于与其他城市进行比较，还为分局指挥官提供了一份他们可以重点关注的严重罪行清单。CompStat 最初关注的是重大犯罪，即《统一犯罪报告》中的指数犯罪，但很快就转向了"生活质量执法"，跟踪和报告诸如吸食大麻、涂鸦和故意破坏公物等轻微违法行为。[20] CompStat 已经成为破窗监管的系统化工具。在使用 CompStat 的同时，布拉顿还继续扩大纽约警察队伍的规模。就在朱利亚尼当选市长之前，前市长戴维·丁金斯和警察局局长雷蒙德·凯利（Raymond Kelly）曾游说克林顿总统为大幅扩大警力提供资金。[21] 警务人员人数由 1993 年的约 2.7 万大幅增加至 2001 年的 4.1 万。徒步巡逻规模在前任局长雷蒙德·凯利的领导下得到了扩大，但后来又缩小。对朱利亚尼和布拉顿来说，徒步巡逻力度太弱，没有达到布拉顿想要的效果。[22]

在威廉·布拉顿担任纽约交通警察局局长和后来的纽约警察局局长期间，犯罪率出现了令人难以置信的下降。在短短三年内，纽约的犯罪率下降了40%。谋杀案数量下降了50%，纽约警察局75个分局的谋杀案数量都在下降，袭击和抢劫案数量也几乎都有所减少。布拉顿已经超额完成了他在1994年制定的减少犯罪的目标，犯罪率下降了12%。1995年，他再次做到了这一点，犯罪率下降了16%。[23] 布拉顿卸任后，犯罪率继续下降，从整个20世纪90年代一直持续到21世纪。

在接下来的几年里，CompStat系统推广到了华盛顿特区、奥斯汀、旧金山、达拉斯、底特律、温哥华、明尼阿波利斯，甚至英国伦敦和澳大利亚。威廉·布拉顿也把这套系统带到了洛杉矶，2002—2012年，他在洛杉矶担任警察局局长。到2004年，也就是CompStat在纽约使用10年后，它已经被推广到美国超过1/3的拥有100名以上警员的警察部门。[24] 打击犯罪和混乱的"破窗"警务战略，以及实施该战略的CompStat系统，被证明是现代历史上最有效的打击犯罪的行动之一。

但是，果真如此吗？

* * *

阿德里安·斯库克拉夫特是一个害羞、说话轻声细语、冷静、不爱社交的孩子。他不喝酒、不吸烟，也不轻易交朋友。斯库克拉夫特在得克萨斯州郊区长大，他的父母生下他时分别只有20岁和19岁。他完全不善社交。他的父亲曾是一名军警，母亲在银行工作。他不怎么运动，长时间独处，从来没有真正交过女朋友，更喜欢把时间花在读书和打电子游戏上。

高中毕业后，斯库克拉夫特在美国海军当了四年军医。光荣退伍后，他尝试上大学，但在奥斯汀的得克萨斯大学读了一个学期就辍学了。他曾在沃尔玛和摩托罗拉工作过一段时间，但两年后就被摩托罗拉解雇了。之后，他搬到了纽约的琼斯镇，和父母住在一起。然后，"9·11"事件发生了。

与许多受鼓舞的美国人在"9·11"事件后参军或加入警察部队的故事不同，斯库克拉夫特并不觉得自己是出于责任感而被迫为国效力。相反，他的母亲说服他尝试申请成为一名警察，因为纽约警察局正在该地区招聘。斯库克拉夫特参加了入学考试，成绩接近全班第一名。这就是史上最著名的揭发者之一——斯库克拉夫特加入纽约警察局的原因：在他母亲的劝说下或多或少有些不情愿地加入了警察队伍。

2002年，当阿德里安·斯库克拉夫特开始在纽约警察局接受培训时，CompStat已经使用了数年。就在斯库克拉夫特加入警队之前，迈克尔·布隆伯格（Michael Bloomberg）成为纽约市市长，并任命雷蒙德·凯利——第一个两次被任命为警察局局长的人——担任纽约警察局局长。自从布拉顿局长 8 年前使用 CompStat 以来，CompStat 一直主宰着纽约警察局的警察们的职业生涯。其间，两位局长霍华德·萨菲尔（Howard Safir）和伯纳德·凯里克（Bernard Kerik）并没有改变这个体系，CompStat 仍然主导着纽约警察局。指挥官的晋升或调任基于他们所在分局的犯罪率。如果你所在分局的犯罪率低，你就能升职。

雷蒙德·凯利不仅继续使用 CompStat 系统，还扩展了它。分局指挥官不仅要对分局内的犯罪率负责，还要对警察在警区内实施的逮捕、传票和其他执法行动的数量负责。在凯利的领导下，即使是无关紧要的执法行动，如盘查或社区访问，也会被追踪。在痴迷于业绩的布隆伯格市长的领导下，这一体系蓬勃发展。

从警校毕业后，斯库克拉夫特在担任巡警的前 8 个月参加了一个名为"Impact"（影响）的项目。这是一个针对新警员的培训项目。之后，他于 2003 年 7 月被分配到布鲁克林区贝德福-斯都维森的第 81 分局。众所周知，贝德福-斯都维森绝对不是大多数警察想被分配到的分局，那里是一个很差的地方，收容那些没有任何关系、无法为自己找到更好去处的警察，那些与总部有矛盾的警察，以及那些与上司发生冲突的警察。20 世纪 70 年代著名的告密者弗兰克·塞尔皮科（Frank Serpico）就被分配到了这个分局。几十年来，贝德福-斯都维森一直是纽约黑人活动和政治的中心。斯派克·李（Spike Lee）的电影《做正确的事》(*Do the Righting*) 中的故事就发生在贝德福-斯都维森。Jay-Z①、莉儿·金②、The Notorious B.I.G.③、茅斯·达夫④和 Ol'Dirty Bastard⑤ 都把贝德福-斯都维森当成了家。一名警察描述贝德福-斯都维森时说道："你不是在曼哈顿中城，那里的每个人都面带微笑，快乐地走来走去。你现在是在贝德福-斯都维森，这里的每个人都可能有搜查令。"

斯库克拉夫特在第 81 分局待了 6 年。他逮捕了 71 人，其

---

① Jay-Z，原名肖恩·科里·卡特（Shawn Corey Carter），在美国纽约布鲁克林区马希贫民区长大，美国说唱歌手、音乐制作人、商人、经纪人。——译者注

② 莉儿·金（Lil' Kim），1975 年 7 月 11 日出生于美国纽约布鲁克林区，美国女歌手、词曲作者、演员、模特。9 岁时父母分居，她由父亲抚养长大。她在高中时被父亲赶出家门后从高中退学，混迹街头。——译者注

③ 克里斯托弗·华莱士（Christopher Wallace，1972 年 5 月 21 日—1997 年 3 月 9 日），绰号 "The Notorious B.I.G."，美国说唱歌手、嘻哈音乐人。他 12 岁时开始卖非法药物，17 岁时退学并且进一步参与犯罪。——译者注

④ 茅斯·达夫（Mos Def），男，本名丹特·特里尔·史密斯（Dante Terrell Smith），1973 年 12 月 11 日出生于纽约布鲁克林区，演员及嘻哈歌手。——译者注

⑤ Ol'Dirty Bastard（简称 ODB）是黑帮饶舌派系中最具代表性的集团 WuTang Clan 中最具创意的鬼才，却也是最令乐团头痛的人，将警局当成自家后院，时常来去。——译者注

中 17 人是重罪，42 人是轻罪，12 人是违法。他获得了两枚小奖章，分别是优秀警官和杰出警官。在斯库克拉夫特职业生涯的头几年里，一切都很平淡。他是一名正派的警察，得到了良好的评价，在分局内没有得到太多的关注。他确实有一些抱怨，不喜欢被强迫加班，他觉得这种在当时的纽约警察局很常见的做法不安全，而且警察过度疲劳和睡眠不足会导致事故和伤害。

但是没有任何结果。2006 年 10 月，情况开始改变。

那个月，史蒂文·毛列洛（Steven Mauriello）加入第 81 分局，担任高级警官。一年后，他成为分局指挥官。如果说他有什么不同的话，那就是他是个数字专家。他的治安管理方式有利于提高业绩和数量，这是一种非常适合 CompStat 系统的方法。作为分局指挥官，他的策略很明确：提高你的数字，否则就要承担后果。没有达到规定的绩效标准的警员会受到调离的威胁。这一策略得到了迈克尔·马里诺（Michael Marino）领导下的布鲁克林北区指挥部的全力支持，该指挥部开始召开自己的 CompStat 会议，不仅追踪指数犯罪，还追踪每个警察开出的罚单数量或病假天数等微不足道的统计数据。

从 2007 年年底开始，第 81 分局提高业绩的压力越来越大。警佐们开始向斯库克拉夫特施加压力，要求他提高业绩，否则他将承担后果。斯库克拉夫特认为，这种达到强制配额的压力与他的警务理念相冲突。对斯库克拉夫特来说，维持治安不是为了达到配额，而是为了成为社区的合作伙伴。"你因为某人没系安全带而让他靠边停车，他们有身份证，有所有的证件，你根本不需要给他们开罚单……只要警告和告诫就行了。你不需要惩罚普通人。"然而斯库克拉夫特开始注意到他周围的人改变了他们的行为。他看到分局的警督或警佐监视填写报告的警察，猜测他们对事件的分类方式。在某些情况下，斯库克拉夫特目睹了其他警察填写假的拦截搜身报告，即所谓的"幽灵250"（在纽约警察局，拦截搜身的编号为"250"），并编造了人名。

斯库克拉夫特开始在记事本上记录他看到的同事的行为，但更重要的是，他记录了上级的行为。斯库克拉夫特不愿意配合工作。他拒绝伪造报告，也拒绝仅仅为了达到目标而增加执法行动数量。2008年12月，由于斯库克拉夫特在逮捕和传唤等活动中表现不佳，他获得了纽约警察的最差评价——2.5分（满分5分）。他决定上诉。在斯库克拉夫特通知他的上司他将对自己得到的评价提出上诉的第二天，他的储物柜上被贴了一张纸条："如果你不喜欢你的工作，也许你应该换一份工作。"2009年2月20日，他与一名警督面谈，这名警督重申了这一信息：提高你的业绩。另一次会议是在 2 月 22 日，这一次参加会议的有分局指挥官毛列洛，一名警监，两名警督和三名警佐。斯库克拉夫特再次被要求提高业绩，他再次拒绝。

"我对我注意到的所有事情都采取了行动，无论是传票、逮捕还是警告和训诫。"斯库克拉夫特不想玩这个游戏。斯库克拉夫特做了警队里很少有人会做的事：顶撞他的上司。他请了一位律师。他对自己得到的差评提出上诉。在另一起事件中，他指控他的上司伪造文件。他在记事本上记下了他与上级和其他巡警的谈话内容。3 月 13 日，一名警佐没收了他的记事本，发现他正在记录上级的批评意见。指挥部由此知道斯库克拉夫特在记录他们的行动。斯库克拉夫特再没有任何朋友。

2009 年全年，斯库克拉夫特一直试图提醒上级注意他所在分局内的这些做派和不当行为——4 月，他向纽约警察局的一名外科医生和一名心理学家发出了警告，并于 7 月向另一名心理学家发出了警告。这些人并没有认真对待他的投诉。相反，在他与心理学家会面后，他们颇感焦虑，于是派他值班。8 月，斯库克拉夫特给内政部负责人查尔斯·坎普西斯（Charles Campsis）写了一封信，称自己目睹了分局的两名警督篡改民众的投诉档案。斯库克拉夫特的父亲甚至联系了戴维·德克（David Durk），德克曾在 20 世纪 70 年代帮助弗兰克·塞尔皮科揭露纽约警察局的腐败行为。

10 月 7 日又进行了一次会议，这次是负责审核犯罪统计数据的质量保证司（QAD）举行的。斯库克拉夫特被告知，质量保证司非常认真地对待这一投诉。但没有任何结果。相反，他在 10 月中旬被告知，他被"强制监控"了。然后，10 月 31 日晚上，出事了。

10 月 31 日，斯库克拉夫特刚开始值班时，他的记事本还在办公室，然后被蒂莫西·考伊（Timothy Caughey）警督没收了。这个记事本里包含了斯库克拉夫特记录的配额压力、缺乏培训、受到上司威胁、被要求降低犯罪等级、他接到的可疑命令等。考伊把记事本带进一个有复印机的房间，把自己锁在里面 3 个小时。当他出来的时候，他拿到了记事本的复印件，把其中一份放在了分局指挥官毛列洛的桌子上。斯库克拉夫特变得无比紧张，他感觉到好像有什么事情发生了，而且感觉到考伊看他的眼神充满了威胁，于是决定离开。他去找他的上司拉希纳·赫夫曼（Rasheena Huffman），打算早点儿离开，理由是胃痛。但赫夫曼正在打电话，所以他留下了一张便条就迅速回家了。回到公寓后，斯库克拉夫特吃了一些感冒药就上床睡觉了。

在斯库克拉夫特离开分局办公室后不久，值班警督派了一名警督到他的家中，看他是否在家。在接下来的几个小时里，警督与其他几名警察会合。几个小时之内，来自4个不同单位的一名副警长、两名副高级警监、一名警监，以及几名警督和警佐来到斯库克拉夫特的公寓外。总共有十几名纽约警察参与其中。其中包括毛列洛和布鲁克林北区指挥部副警长迈克尔·马里诺。所有这一切都是为了一名擅离职守的警察。

在多次打电话、敲门试图与斯库克拉夫特联系未果后，警察最终从房东那里拿到钥匙，进入了他的公寓。一进入他的公寓，警察们就指示、要求并强行让斯库克拉夫特回到分局，但他一直拒绝。一些警察坚称他有精神问题，是一个情绪不稳定的人。斯库克拉夫特坚称自己只是感觉不舒服，如果要他回到分局，那就是强迫他。

经过多次的拉锯，马里诺最终失去了耐心，对其他警察大喊："好吧，把他带走，我再也受不了了。"4名警察从床上拉起斯库克拉夫特，将他摔倒在地，把他的手拉到背后，用靴子踩住他的脸，给他戴上手铐。警方将他送上救护车，送往皇后区的牙买加医院。他作为130381874号病人住进精神科病房。在治疗的前9个小时里，他被铐在轮床上，不允许使用电话、喝水、吃饭、上厕所。在住院期间，他一直受到警察的监视，而且从未被告知住进精神科病房的理由。他在医院住了6天，住院费用为 7 195 美元。从医院出院后，斯库克拉夫特和他的父亲拉里试图联系所有能联系到的人，了解这件事情。监督机构，律师，拉里认识的警察，联邦调查局，联邦检察官，布鲁克林和皇后区的地方检察官，巡警慈善协会，警察工会，警察工会的律师……所有他们能想到的人，他们都试图联系过，力求了解这件事的来龙去脉，以及斯库克拉夫特的同事对他做了什么。但是没有人听。就连承诺要对这一事件进行彻底调查的内政部也没有任何表示。斯库克拉夫特不但没有受到重视，反而被停职停薪。

不久之后，斯库克拉夫特和他的父亲搬回了纽约北部的琼斯镇。即使在那里，纽约警察也不停地造访他的公寓，让他回去工作。他拒绝了。于是他们对他进行了监视。在接下来的几个月里，斯库克拉夫特和他的父亲试图联系地区检察官，但都无济于事，他们甚至向法院提交了一份关于这一事件的索赔通知书，声称纽约警察局和牙买加医院侵犯了他的公民权利，诽谤他，诋毁他，使他受到残暴和不寻常的惩罚，损害了他的人格，泄露了他的机密医疗信息。他们甚至说服了《纽约每日新闻》的一名记者写了一篇关于这一事件的头版报道，但没能引起轰动。

接下来，2010 年 3 月，斯库克拉夫特一家人与纽约当地

报纸《乡村之声》的格雷厄姆·雷曼（Graham Rayman）取得
了联系。斯库克拉夫特给雷曼发了一封颇为神秘的邮件，其中
包含他录制的一段录音，录音中一名警佐告诉他所在分局的警
察把抢劫投诉提交给刑侦队。这看起来没什么，但雷曼很感兴
趣，所以他同意在 3 月 16 日与斯库克拉夫特一家人在他们在
琼斯镇租住的公寓见面。他们聊了几分钟，然后雷曼给斯库克
拉夫特拍了几张照片，并问斯库克拉夫特还有没有其他录音。
斯库克拉夫特回应道："哦，录音大约有 1 000 个小时。"[25]

*　*　*

斯库克拉夫特的录音带像潮水一样冲击着纽约的媒体。这
个人是一名警察，不是只有几件轶事，或者一些关于警队不当
行为的未经证实的指控，而是有近 1 000 个小时的录音，详细
记录了分局内警察的不当行为。一年多来，斯库克拉夫特几乎
把每一次点名、巡逻对话、会议或其他讨论都录了下来。而且
他还有万圣节前夜的事件录音。

雷曼从 5 月 4 日开始在《乡村之声》上以系列报道的形式
发表了从这些录音带中发现的内容；报道核查了录音带的内
容，并跟踪报道了事件的后续发展。随着丑闻的曝光，类似的

报道很快就出现在纽约的几乎每一家媒体上。雷曼最终把这些事件写成了一本书,他的"纽约警察局录音带"系列报道获得了纽约新闻俱乐部的最高奖项——金键盘奖。

录音带的内容令人痛心:第 81 分局的生态系统完全腐败了。警察被迫通过两种方式篡改统计数据。他们被告知要保持高水平的"活动",如拦截搜身(即"250")和逮捕,但同时也要想方设法减少犯罪报告的数量和降低严重程度。巡逻人员有拦截搜身和逮捕的配额,他们希望自己能达到这些要求。在多次点名会议上,指挥官们重申,警察要不惜代价提高数字,而且要把一些轻微的违法行为,如乱扔垃圾或堵塞人行道(被称为 C 传票)写上去,不管实际发生了什么事情。在斯库克拉夫特的录音带中,一位警佐在提到拦截搜身时说:"看到任何走来走去的人,直接拦截搜身,不管他们怎么解释,只要他们在走路,那就无关紧要。"[26]

另外,报告的犯罪行为被降级,以便不在犯罪指数报告中出现,或者被完全删除。警察会通过各种手段使受害者难以举报犯罪。盗窃案只能直接向刑侦队报案,这又增加了一个障碍。其他受害者会受到骚扰,或以其他方式被施加压力,被迫降低报案的等级。[27]一名受害者被殴打和抢劫,由于没有看清嫌疑人的样子,犯罪行为被降级为"财产损失"。另一名男子报告说，他因为试图报告一辆汽车被盗而受到毛列洛的斥责。一位老人说，警方不会受理他东西被盗的报案，称没有证据。那些因为需要上班，照顾孩子，或者不想让人看见他们上警车而不能到警局报案的犯罪受害者则不会被立案。

这起丑闻在 2010 年全年和之后的几年里引发了纽约警方的巨大震动。

在《乡村之声》对斯库克拉夫特的录音带进行系列报道后不久，当地民选官员、神职人员和社区团体在 5 月 26 日写给警察局局长凯利的信中要求撤换毛列洛。信中写道："警察不仅把我们的社区当作军事占领的目标，而且对居民提出的刑事投诉也不屑一顾。"[28] 到了 10 月，第 81 分局的警察面临指控：指挥官毛列洛因为没有记录一起重大盗窃案，阻碍了警察局的调查；另外 4 人则是因为没有报告一起抢劫报案。毛列洛最终被调到布朗克斯区。

纽约警察局很快就声称，第 81 分局发生的事件是个别现象，并不代表这是一个普遍的问题。但纽约警察局已经成了"有缝的蛋"。其他揭发者开始站出来。2010 年 5 月，在"纽约警察局录音带"第一篇报道发表后不久，一位名叫哈罗德·埃尔南德斯（Harold Hernandez）的 43 岁的退休一级警探联系了格雷厄姆·雷曼。埃尔南德斯是纽约警察局里一位受人尊敬的警探，获得了 19 项优秀警官奖、4 项杰出警官奖和 3 次表彰。他向雷曼透露的故事令人震惊。

2002 年 11 月 3 日，一名女子听到公寓外有声音。她走到门口，透过窥视孔看到一名男子强行将一名女子推入走廊对面的公寓。她立即拨打了 911 报警电话，两名警察迅速响应。他们踢开了大厅对面公寓的门，发现一名女子被绑在椅子上，在搜查公寓时，发现了藏在衣柜里的嫌疑人。这名男子名叫达里尔·托马斯（Daryl Thomas），警察立刻将他拘留，埃尔南德斯警探被派去审问他。埃尔南德斯没花多少时间就让托马斯承认他之前曾犯下过七八起类似的袭击。托马斯一直在曼哈顿上城区跟踪女性。他在女性的房屋门口搭讪，用刀威胁她们，并试图强迫她们进入屋内。如果女人反抗，他就会逃走。

埃尔南德斯说服托马斯确认了其他事件的日期、具体时间和地点。他去查了记录，看是否有相关报案。确实有报案。令埃尔南德斯震惊的是，达里尔·托马斯犯下的罪行都被错误分类了。之前的每一起案件都报告给了警方，而且，在每一起案件中，受理案件的警察都找到了一种对托马斯的袭击行为进行归类的方法，使其不构成重罪。这些袭击被归类为非法侵入或非法持有武器。埃尔南德斯说："他们使用了你能想到的所有非重罪。"

当一种严重的犯罪发生时，比如托马斯的袭击事件，警方会发现并做出反应。他们可能会在一个地区增加巡逻，可能会部署便衣警察，可能会指派侦探，或者通知性犯罪部门。但在获得所有这些资源前需要先确定问题。在达里尔·托马斯的案件中，由于警方面临着报告低犯罪率的压力，托马斯从未被标记为对公共安全的严重威胁。埃尔南德斯在那晚之前从未听说过托马斯，而他本应该听说的。这是在纵容一个袭击者继续攻击女性。

8月，又有一名举报人站了出来。此人名叫阿迪尔·波兰科（Adhyl Polanco），出生于多米尼加共和国，但在华盛顿高地长大。在决定不步父亲的后尘走上犯罪道路后，他于2000年加入了纽约警察局。波兰科在布朗克斯区的第41分局工作，那是一个叫"狩猎角"的地方。波兰科称，第41分局也有逮捕、传票和拦截搜身的配额。在一个"一切都是活动和数字"的环境中，警察被迫进行拦截搜身，主要针对非洲裔和拉美裔年轻男性，通常是高中生。波兰科还目睹了非法搜查、非法拦截，甚至为了达到配额而对人们进行的虚假指控。波兰科本人被告知要降低犯罪等级或不报告被盗财产。有一次，波兰科接到一个关于"枪击"的报案电话，但后来被告知要将这起事件报告为一个"尖锐物体"穿过窗户，因为分局不想报告谋杀未遂案件。[29]

　　然而，这些微不足道的执法行动和犯罪行动对社区居民来说并不是小事。一张小小的传票就能让人锒铛入狱。传票要求当事人出庭，但他们往往做不到。下一次他们被拦下时，警察发现他们有逮捕令，就可能把他们送进监狱。这些做法给警察与社区的关系带来了压力，社区认为警察不值得信任，警察更有可能骚扰他们，而不是保护他们。[30] 在其他地区，情况也是如此。

　　斯库克拉夫特等人提出的指控得到了其他人的证实。2010年早些时候，犯罪学家约翰·A.埃泰尔诺（John A. Eterno）和伊莱·西尔弗曼（Eli Silverman）对近 1 000 名退休的纽约警察局警监进行的调查发现，这个问题很普遍。许多对埃泰尔诺和西尔弗曼的调查做出回应的警监声称，他们知道纽约警察局降低犯罪等级的做法。其中一些调查结果令人震惊。

- 60% 的警监对犯罪数据的准确性缺乏信心。
- 90% 的人认为犯罪率下降的幅度比纽约警察局宣称的要小。
- 大多数人认为犯罪率下降的幅度只有声称的一半。
- 在布隆伯格和凯利时代，拦截搜身的压力增加了。

- 38% 的人感到了降低犯罪等级的压力，将近 90% 的人知道 3 起或 3 起以上降低犯罪等级的事件。[31]

    这一调查结果揭露了更多的警察采取的减小犯罪统计数据和增加执法统计数据的做法。其中一种做法是，警察通过 eBay（易贝）查询已报失物品的价格，从而降低报失物品的价值，将犯罪行为从重罪降为轻罪。[32]

    还有受访者声称，分局指挥官会到犯罪现场劝说受害者不要投诉，或劝说他们改变陈述，以此来降低犯罪等级。在阿德里安·斯库克拉夫特和他的录音带曝光之前，纽约犯罪报告的真实性就已经开始受到质疑。第一起欺诈案是在 CompStat 启动一年后被揭发的：《纽约每日新闻》从布朗克斯区第 50 分局那里获得了一份备忘录，在这份备忘录中，指挥官指示他手下的警察将重罪降级为轻罪。1998 年，时任局长萨菲尔不得不披露，地铁犯罪率多年来少报了近 20%。其他降低犯罪率的案件也成了头条新闻。2002 年，布朗克斯区发生的一起强奸案被认定为低级犯罪。2003 年，在曼哈顿的第 10 分局，超过 203 项重罪被降级为轻罪。而在 2003 年，同样是在布朗克斯区第 50 分局，警察拒绝受理几名餐馆送货员的多起抢劫投诉，这一事件被揭发。凯利局长成功回避了之前这些事件的一切严重后果，他坚持认为这些只是一个严格和值得信赖的系统中的"几个坏苹果"[33]。这些丑闻都没有像斯库克拉夫特录音带那样真正撼动纽约警察局。

警察局局长雷蒙德·凯利不得不采取行动。这不仅仅是在几个分局发生的几起孤立事件。2011年1月，凯利任命了一个由三名前联邦检察官组成的小组，调查整个部门的犯罪报告和记录。他们有3~6个月时间来完成他们的报告。但到2013年7月，这份名为《犯罪报告审查》的报告才出炉，耗时近两年半。

《犯罪报告审查》在赞扬纽约警察局在过去20年里使犯罪率下降的同时，也对该部门操纵犯罪报告提出了批评。《犯罪报告审查》指出："对纽约警察局的统计和分析进行仔细审查后发现，报告的错误分类可能对某些报告的犯罪率有显著的影响。"报告还指出："错误分类的模式证实了传闻，包括某些类型的事件在一些警区可能作为惯例被降级。"最重要的是，报告指出："如果纽约警察局和广大公众过分关注纽约警察局报告的犯罪率逐年下降，就会破坏该统计数字的完整性，并削弱CompStat作为一个有效的执法工具的作用。"[34]

不仅如此，《犯罪报告审查》还发现，压制报案（完全不记录犯罪）的风险可能比降低犯罪等级的风险更大。如果降级，比如埃尔南德斯警探在曼哈顿袭击者案件中发现的那种类型，至少有一个可以审核的书面线索，可以联系受害者来证实报告。如果一开始就不报案，追踪线索就更难了。审计这些案件的唯一方法是追溯 911 报警电话数据（称为 SPRINT 审核），并检查这些呼叫是否得到了适当的跟进。但这些审核是有限的，它们无法核实公民通过其他方式进行的报案，比如通过寻呼机、手机、语音邮件和面对面报案。

几十年来，纽约警察局一直在掩盖虚假的犯罪报告。犯罪率的下降并不像报道的那样显著。除此之外，警察还被分配了逮捕和处理轻微违法行为的配额。这是古德哈特定律的重演。这一切的中心就是威廉·布拉顿的法宝：CompStat。

报告得出的结论是，应用 CompStat 就是问题的根源。官员们希望看到犯罪率继续下降，这导致了操纵行为。随着时间的推移，犯罪率持续下降，分局指挥官越来越难拿出更好的数字。犯罪率只能下降这么多。正如巡警慈善协会秘书罗伯特·津克（Robert Zink）在 2004 年所说："当你终于真正地控制住犯罪时，你最终会撞上一堵墙，再无法把它推倒。CompStat 不承认这堵墙，所以指挥官必须发挥创造力，让他们的数字不断下降。"[35]

举报人也这样说。正如第 41 分局的告密者阿迪尔·波兰科所说："原因在于 CompStat。警察们知道 CompStat 要求他们做什么，他们必须有一个较低的数字，但不能太低。"[36] 埃泰尔诺和西尔弗曼的调查得出了类似的结论。整个警队都感受到了来自 CompStat 的降低犯罪率的巨大压力。这种压力导致整个纽约警察局的警察采取了不道德的行为。低犯罪率对所有人都有好处。分局指挥官得到了加薪和晋升。巡警得到了休息日和其他福利。警察局局长因为实现了如此令人难以置信的犯罪率下降而受到赞扬。市长可以把低犯罪率作为城市的一个卖点来宣传：纽约是一个可以安全地做生意、生活和工作的地方。低犯罪率意味着更多的游客，更快的经济发展，更多的收入。纽约警察局的警察发现有很多方法可以将犯罪率保持在较低水平。

津克解释了警察发现的降低犯罪率的多种方式。

不记录报案，将犯罪行为从重罪错划为轻罪，低估因犯罪而损失的财产价值，将一系列犯罪作为单一事件上报。捏造数字的一种特别阴险的方式是让人们很难举报犯罪。换言之，让受害者感觉自己像罪犯一样，主动离开，以免自己遭受更多的痛苦和折磨。

纽约的这一丑闻并不是什么新鲜事。其他城市也有同样的压制报案丑闻。2001 年，在费城，一家报纸的调查发现，有 1 700 多起强奸案被错误分类，从而使警察不必报告。2003 年，在新奥尔良，5 名警察因降低犯罪等级而被解雇。在亚特兰大，2004 年的一项调查发现，2002 年有 2.2 万个 911 报警电话记录消失。

在一些城市，CompStat 是罪魁祸首。2009 年，佛罗里达州执法部门发现，CompStat 的压力导致迈阿密警察局对犯罪的漏报。在达拉斯，调查发现警察将被铅管殴打归类为简单袭击案件，而不是重罪袭击案件。在巴尔的摩，调查发现警察故意低估被盗财产的价值，以便将抢劫案归类为轻罪而不是重罪。[37] 纽约警察局因 CompStat 引发的高压做法也导致针对警察的诉讼和投诉数量大幅增加。对执法配额的关注也是纽约这一场重大争议的主要导火索：拦截搜身。拦截搜身是指警察在合理怀疑的情况下，在街上拦截一个人，对其进行搜查。1986 年最高法院的一项裁决使这种做法合法化，该裁决确定，警察可以在没有搜查令的情况下，在街上拦截和搜查一个人，这样他们就可以干预他们合理怀疑的犯罪活动。法院对这一名为"特里诉俄亥俄州案"的裁决，为拦截搜身行为奠定了法律基础，并给这种行为起了一个名字："特里拦截"[38]。最高法院的裁决的重要意义在于，它要求警察对正在发生或即将发生的犯罪行为进行合理的怀疑。第81分局很少有这种情况，整个纽约市也很少有这种情况。

在凯利局长的领导下，拦截搜身的使用急剧增加。[39] 2011年，也就是凯利局长发起《犯罪报告审查》的那一年，纽约警察局进行了超过68.6万次拦截搜身。围绕拦截搜身的争议不仅仅是警察做得太过分，而且是他们进行拦截搜身的对象。在纽约，对非裔美国人的拦截搜身高得不成比例。

虽然非裔美国人只占纽约市居民的23%，但在12年的时间里，他们参与了52%的拦截搜身。白人虽然占总人口的33%，但只占拦截搜身的10%。更令人不安的是，在这些拦截搜身中，只有1.8%和1.0%的非裔美国人分别被发现携带违禁品和武器，但在2.3%和1.4%的白人身上分别发现了违禁品和武器。非裔美国人被拦截搜身的次数更多，尽管他们携带武器或违禁品的可能性比白人低。[40]

拦截搜身在法庭上不断受到质疑。仅在2012年1月，就有40起针对纽约警察局拦截搜身的诉讼。[41] 宪法权利中心和纽约南区的弗洛伊德等人对纽约市提起的诉讼对重新审议这一做法的合法性起到了关键作用。最终，纽约警察局拦截搜身被认为是违宪的。据参与此案的律师称，斯库克拉夫特的录音带是确凿的证据，清楚地表明纽约警察局为完成配额而采用这种做法，而很少进行他们本应该进行的合理怀疑。在该案的判决中，法官发现，纽约警察局不仅违犯了宪法，而且将用拦截搜身对付"正确的人、正确的时间、正确的地点"的目标扭曲成了歧视有色人种穷人的工具。[42] 布隆伯格政府向联邦法院提起上诉。

拦截搜身已成为社区抗议警察各种招数的焦点。普通市民在日常生活中变得焦虑，而且害怕警察。这些事件综合起来——犯罪报告的降级和压制；执法配额，包括咄咄逼人的拦截搜身；告密者揭露的丑闻在全市各大报纸的头条新闻上曝光——导致人们对纽约警察局的信任度下降。

但可能有人会说，CompStat 促成的犯罪率下降是值得的。当然，有些人被骚扰，有些人被错误地逮捕，一些严重的罪行没有被报告。但这是值得的，因为在应用 CompStat 系统之后，纽约比以前更安全了。CompStat 促成了美国有史以来最大幅度的犯罪率下降。事实果真如此吗？

问题是，从 1990 年开始，并非只有纽约的犯罪率在下降，全美各地的犯罪率都在下降。纽约大学社会学教授戴维·格林伯格（David Greenberg）指出，洛杉矶和圣迭戈等地的犯罪率下降了，而这些地方并没有应用 CompStat 系统。CompStat 直到 1994 年才被应用，它只是延续了已有的趋势。[43] 纽约市的犯罪率虽然大幅下降，但也并非例外。的确，纽约市犯罪率下降的幅度比其他大多数城市更大，但并不特别大。犯罪学家至今仍在争论纽约犯罪率下降和全美犯罪率下降的根本原因。但有一点是明确的：CompStat 不是唯一的原因。

回到斯库克拉夫特的故事，质量保证司确实调查了斯库克拉夫特的指控，以及 10 月 31 日发生的事件。在调查过程中，质量保证司还约谈了其他 45 名警察，并审查了数百份文件。他们的报告于 2012 年 3 月发布，也就是事件发生近两年半之后。这份报告证实了斯库克拉夫特提出的 13 项指控中的 11 项，包括降低犯罪投诉的级别；报告被延迟、重写和从未归档的情况；以及受害者被忽视或被施压的情况。调查还发现，分局内还有一系列其他犯罪案件被篡改、拒绝、错误分类、失踪，或根本没有被录入。报告的结论为："从整体上看，一个令人不安的模式是普遍存在的，这证明了这样的指控是可信的，即犯罪被不适当地报告，以避免被归类为指数犯罪。这表明，第 81 分局存在故意少报犯罪的协同行为。"[44]

至于斯库克拉夫特对纽约警察局的诉讼，最终在 2015 年告一段落。他因为这次事件获得了 60 万美元的赔偿，外加补发工资。斯库克拉夫特得到了平反，但他再也没有回到纽约警察局。

阿德里安·斯库克拉夫特成了揭发 CompStat 这个反常系统

的告密者。他之所以能做到这一点，不是因为他是一个受欢迎的、受人尊敬的警察。他不是。斯库克拉夫特是个害羞、内向的人，他可能更适合在一家软件开发公司工作，而不是在美国最大的警察部队工作。但是，无论出于何种意图和目的，斯库克拉夫特都是一个没有什么可失去的人。用他父亲的话说："斯库克拉夫特与众不同。他在工作上没有朋友，没有城市生活经历，他不想成为一名警探，他不想加班，他没有房子、妻子和孩子，所以那些向大多数人施压的管理工具对他都不适用。"[45]

* * *

为了理解哪里出了问题，为什么官员们如此专注于"降低犯罪等级"和增加执法统计数据，我们必须回到提出了破窗理论的乔治·克林身上。1992 年，就在布拉顿实施他的地铁战略时，克林又写了一篇文章，这次发表在《城市期刊》（*City Journal*）上。在这篇文章中，克林批评了人们对统计数据的依赖。

克林指出，尽管 1992 年纽约市的犯罪率相当高，但实际上它的犯罪率低于美国其他大多数大城市。有 8 座城市的谋杀率更高，21 座城市的强奸率更高，17 座城市的入室盗窃率更高，8 座城市的汽车盗窃率更高。有些城市的情况实际上比纽约糟糕得多。华盛顿特区的谋杀率是纽约的 2.8 倍。克利夫兰报告的强奸案件数量是纽约的 3.5 倍。根据统计数据，纽约实际上是一个比全国其他许多城市更安全的城市。

然而，正如克林所言，当一位纽约政客举行了一个焦点小组活动，并询问参与者对"纽约市严厉打击犯罪"的声明有何看法时，回应他的是怀疑的笑声。在克林看来，这种反应是警察的战略、战术和方法过于受统计和官僚主义的业绩衡量指标驱动的结果。那些统计数字并没有反映出市民真正关心的东西。这些测量主要是由《统一犯罪报告》驱动的。克林指出，关于《统一犯罪报告》，有一些问题。

第一，《统一犯罪报告》的测量与社区需求关系不大。《统一犯罪报告》只报告指数犯罪，即重大犯罪，但对大多数人来说，他们关心的并不是谋杀或汽车盗窃。即使几十年来犯罪率一直在上升，重大犯罪的个案也很少见。此外，超过 40% 的重大犯罪并不涉及陌生人，而是发生在家庭成员、朋友、敌对帮派成员或其他熟人之间。性质严重的随意犯罪并不像许多人想象得那样普遍。人们真正关心的是混乱的大环境，这往往涉及较轻的犯罪。这些就是克林在 1982 年发表的原创文章中提到的字面意义上的"破窗"。

第二，记录在案的犯罪实际上并不能很好地衡量实际发生的犯罪。报告的犯罪率低可能表明犯罪率低，但反过来说，这也可能表明公民懒得报案，要么是因为他们不信任警察，要么是因为他们认为警察不会采取任何行动。这样一来，犯罪率其实很有欺骗性。克利夫兰的强奸案报案率较高，是因为强奸案较多，还是因为克利夫兰的受害者更信任警察，更愿意报案，相信警察会有所作为？

第三，将逮捕作为衡量执法情况的标准是有问题的。通常，这只是鼓励警察针对无害行为进行逮捕，或者鼓励警察让局势失控，从而需要逮捕。克林举了一个理论上的例子，一名警察目睹了一名黑人公民和一名韩国店主之间的纠纷。争端升级为暴力，这名警察介入并逮捕了两人。但这能叫成功吗？当然，警察可以将两次逮捕记入他们的统计中，但这会对种族关系和社区内的冲突造成什么后果？如果这名警察早点介入，缓和局势，平息紧张局势，难道不是一个更好的结果吗？然而这名警察如果这样做，就无法"统计"任何执法行动。马克斯·克拉克斯顿（Marquez Claxton）是一名退休侦探，曾在 2013 年担任"黑人执法联盟"负责人。他是这样简要评论的。

困难的是，你无法量化预防措施。没有任何数字可以说明我今天制止了 7 起盗窃案。警察的职业前程取决于传票和逮捕，而这甚至不是警察工作的主要组成部分。在今天的警察部门，警察必须达到他们的指标，否则他们就会被排挤。这是在惩罚那些声称自己的职责不是充当铁锤的警察。[46]

第四，《统一犯罪报告》没有区分不同的犯罪意图。并非每一起入室盗窃案都是一样的。并非每一起谋杀案都会对人们的安全感产生同样的影响。克林指出，一起简单的破坏公物案件可能会因为它所描绘的内容不同而呈现出完全不同的威胁程度：垃圾桶侧面的一些涂鸦可能是完全无害的，但在犹太人住宅的前门上画一个纳粹党徽则是非常严重的犯罪。

对克林来说，对统计数据的关注忽略了警察真正应该做的事情：创造一个安全、有秩序的环境。统计数据没有说明人们晚上出去是否感到安全，或是否相信警察会调查报案。对克林来说，有三个警察工作的例子可以作为行动的典范，这些行动真正提高了人们的安全感，而且改善了警察与他们所服务的人群之间的关系：20 世纪 70 年代在纽约开展的两次行动——时代广场的"十字路口行动"和布莱恩特公园实验，以及 20 世纪 80 年代纽瓦克的徒步巡逻行动。

20 世纪 70 年代，时代广场是一个相当危险的地方。毒品交易发生在光天化日之下的广场，游客受到乞丐的骚扰，整个地区都让人感觉危险。此前警方在该地区的行动涉及"扫荡"，即在该地区部署警员，逮捕游荡者，就像布拉顿在 20 世纪 90 年代初进行的逃票扫荡一样。但在时代广场，扫荡后不久，游手好闲者又回到了街头。警察的执法就像旋转木马一样，没有任何结果。最后，警方尝试了一些不同的方法。这就是所谓的"十字路口行动"[47]。

首先，警方决定掌握环境评估的方法，以便了解他们行动的效果。他们聘请了受过训练的文职专业人员来统计"混乱"的情况：毒品交易、吸毒、非食品商贩、闲逛、露天赌博等，以了解基本情况。然后，警方采取了与以往的扫荡不同的策略：他们在该地区部署大量警力，但很少采取行动。游荡者没有被逮捕，有时毒贩也没有被逮捕。相反，警察被要求尽量少使用执法手段。他们会命令、劝告、教育、哄骗游荡者和毒贩"走开"。不到万不得已，警察不会逮捕他们。这种策略很有效。公正的民众对"混乱行为"的统计表明，该地区变得更安全了，而且很少有人被逮捕。

同样的情形也发生在纽约公共图书馆主馆外的广场——布莱恩特公园。该公园因毒品交易而臭名昭著。这里的情况非常恶劣，甚至公园管理人员威胁要关闭图书馆。警方使用了同样的策略：对平民骚乱以及"积极活动"，如人们在公园里读书、吃饭和交谈的次数进行统计，以建立评估该项目成功与否的基线条件。警方再次在公园内实施了降低执法力度的策略。他们逮捕的毒贩寥寥无几，只是要求毒贩离开。

这一策略再次奏效：公园内的积极活动增长了79%；毒贩、买家和吸毒者的数量减少了85%；游荡和吸毒在活动中所占比例从67%下降到了49%。这可能没有达到警方的期望，但毒品交易变得更加谨慎，这让公园里的其他人感到更安全。实验证明，警方不需要逮捕任何人来阻止毒贩，仅仅在公园里安排一名警察就足以阻止很多交易。[48]

当克林在1982年写《破窗效应》这篇文章时，他提到了纽瓦克的徒步巡逻倡议。这一举措与当时警方所相信的一切背道而驰。它让警察离开汽车，让他们的反应速度变慢。对警察来说，徒步巡逻是一项艰苦的工作——他们需要经常待在户外，暴露在恶劣的天气中，徒步巡逻也使他们很难进行有效的逮捕。然而，警察们士气大振，因为有了警察徒步巡逻，市民们感觉更安全了。[49]

这与克林当时对警察工作的批评不谋而合，即警察部门太过专注于应对已经发生的犯罪，依靠巡逻车的快速反应迅速抵达犯罪现场，而不是采用克林认为的可以更好地利用时间的徒步巡逻。在纽瓦克的徒步巡逻行动中，克林亲自跟踪，这让他看到了良好的警察工作可以起到什么作用。克林特别批评了警察使用车辆巡逻的缺陷。正如克林在 1992 年的一篇文章中解释的那样："警察需要改变自己对任务的看法，放弃那种认为警察的工作就是开着巡逻车到处跑，事后逮捕罪犯，并把他们送进'刑事司法系统'的观点。"[50]

十字路口行动、布莱恩特公园实验和纽瓦克徒步巡逻行动的重要之处在于，尽管它们都涉及大量资源，而且故意引人注目，但它们也是执法力度较低的行动。在时代广场和布莱恩特公园，被逮捕的人很少。警局指示警察使用各种方式来阻止扰乱秩序的行为。只有在万不得已的情况下，警察才会实施逮捕。在纽瓦克，犯罪率并没有明显下降（至少《统一犯罪报告》中的指数犯罪没有下降）。但真正有所改善的是，无论在哪种情况下，市民都觉得警察在维持秩序，警察对治安很关心，是值得信任的。

第 81 分局的许多警察的行为与此相反。为了保持执法行动统计数据增加和报告的犯罪率下降，警察骚扰市民。在某个地方，事情出了差错。全能的统计数据完全取代了与社区合作来确定关注领域、共同制定战略，并创造安全感的想法。

克林的想法虽然无论如何都不完美，但被扭曲成一个更关心数字而不是警察应该做什么的体系。

在阿德里安·斯库克拉夫特揭发的纽约警察局录音带丑闻、由此引发的《犯罪报告审查》，以及弗洛伊德等人的法庭案件之后，纽约警察局的情况确实发生了变化。2010—2013年担任纽约市公共辩护人的比尔·德布拉西奥（Bill de Blasio）在2013年的市长选举中以压倒性优势获胜。他把反对拦截搜身政策作为竞选的核心内容，获胜后，他对纽约警察局进行了重大改革。改革包括开展降低执法强度训练，使用警察随身相机，并迅速撤销了向联邦法院提出的拦截搜身上诉。除此之外，雷蒙德·凯利被免去了警察局局长的职务，2014年年初，威廉·布拉顿被重新任命为纽约警察局局长，任期至2016年9月。

2015年，布拉顿和乔治·克林又在《城市期刊》上发表了一篇文章，为破窗理论辩护，但也对自1994年首次实施该策略以来的20年中出现的问题进行了反思。布拉顿和克林意识到拦截搜身被滥用了。据布拉顿和克林称，拦截搜身是衡量生产力的"临时"措施。从2014年开始，拦截搜身的次数大幅减少，从2011年的68.6万次的高点下降到2014年的4.5万次。不出所料，拦截搜身比率的降低对犯罪没有明显的影响。

布拉顿建立了一个将统计数字看得高于一切的系统。如果分局指挥官不能降低他们的《统一犯罪报告》数字，那么在 CompStat 会议上他们就会在同僚面前丢脸，无法升职，或者被调任。但我们不能责怪布拉顿过度依赖统计数据或《统一犯罪报告》。布拉顿只是在回应一种要求采取行动的政治气候。而且在几乎所有的情况下，这种行动都需要数字的上升或下降。

这与我们先前看到的模式是一样的。有人开发了一种解决问题的新方法，或者提出了一个新概念：通过消除混乱来打击犯罪，给予医生更多的行医权，投资基础科学研究，让 CEO 的利益与股东的利益一致。

这些都是好主意。但后来它们被量化了。衡量医生的标准是他们为自己提供的每项服务开具账单的能力。衡量研究人员的标准是他们发表了多少篇论文。CEO 依据公司的季度收益获得薪酬，或者获得短期股票期权。依据破窗理论的警务工作变成了轻罪、传票、逮捕和轻微违法行为的配额，使警察与他们本应保护的公众对立。

破窗警务和威廉·布拉顿在纽约采用的减少犯罪的策略，其并不存在根本缺陷。布拉顿和克林在减少纽约犯罪方面所起的作用值得赞扬。虽然这些策略可能不像布拉顿、克林或其他破窗警务和 CompStat 的支持者声称的那样有效，也不像批评者所说的那么邪恶，但其缺陷不是策略背后的理论，而是策略的实施方式。正如对纽约警察局退休警监进行调查的犯罪学家埃泰尔诺和西尔弗曼所说："CompStat 原本是积极的发展，但后来演变成了数字游戏。"[51]

CompStat 是一个非常有用的系统，可以帮助确定犯罪的趋势和地理模式，并通过部署资源来应对这些趋势。但是，当分局指挥官的升职、奖金和工资受到威胁时，这种工具就会成为一种邪恶的武器。当这种情况发生时，CompStat 就会从一个用于识别和评估犯罪的工具转变为一个可以操纵的指标。分局指挥官开始向下属施压，要求他们错误地归类犯罪，从而对统计数字进行篡改。公民被迫改变报案或完全撤回报案。像斯库克拉夫特这样的告密者会受到同事的恐吓和骚扰。没有犯罪倾向的普通市民会被警方骚扰、逮捕和虐待，以提高统计数字和创收。市民的生活被摧毁，有时甚至悲惨地失去生命。在这个过程中，警方失去了一些无法用《统一犯罪报告》或拦截搜身配额来衡量的东西：公众的信任。

正如戴维·斯科兰斯基（David Sklansky）所写的那样："闪亮的视频屏幕、互动地图和'数学预言'都有吸引力，这种吸引力是在教堂地下室参加人数不多的社区会议所不具备的。"[52]与社区建立信任需要警察每天采取成千上万的行动。那些在教堂地下室举行的会议，居民与巡警的零星对话，告知巡警附近的犯罪活动；同高危青少年父母在起居室里谈话；警察只给不系安全带的司机一个警告就让他离开，这些才是真正重要的事情。而这些事情都不能用轻罪执法的配额来衡量。有时警察的角色是不采取行动。不进行拦截搜身可能更重要。不开法院传票，即使这意味着你的统计数字不会上升，在与居民建立信任方面可能更重要。美国以及其他国家的警察部队对指标的痴迷已经扭曲了警察的目标和职能，民众的生计、生活质量、宪法权利以及对宣誓保护他们的人的信任，都要付出高昂的代价。但有时，我们迷恋衡量指标的代价要高得多。

* * *

这对我们所有人来说都是新鲜事。这是一次完全不同于以往的军事行动……没有前线，没有战场，但到处都是战场。战场在你的厨房里，在你的后院里。

——美国"驻越南军事援助司令部"
司令官 P. D. 哈金斯（P. D. Harkins）将军，
1962—1964 年

我们掌握的每一个量化指标都表明，我们正在赢得这场战争。

　　　　　　　　　　　　——时任美国国防部部长

　　　　　　　　罗伯特·麦克纳马拉（Robert McNamara），

　　　　　　　　　　　　　　　　　　　　1962 年

武元甲（越南人民军总司令）的军队不会把棺材送到北方。他以大量运回美国的棺材来衡量他的成功。

　　　　　　　——《胜利的愿景》（*Visions of Victory*）

　　　　　　　　　作者 P. J. 麦加维（P. J. McGarvey）

我们将为胜利而战。一切都取决于美国人。如果他们想打 20 年的仗，那我们就打 20 年的仗。

　　　　　　　　　　　　　　　　　　——胡志明

在搜集数据的过程中，数据本身已经成为一种目的。

　　　　　　　　　　　　——美国军事学院历史系教授

　　　　　　　　格雷戈里·达迪斯（Gregory Daddis）

* * *

越南战争的爆发并不像大多数战争那样。越南战争与其说是爆发，不如说就那么发生了。

1954年，美国发现自己陷入了困境。1954年法国和越南签订《日内瓦协定》，两国同意停火，结束了长达10年的武装冲突。越南被一分为二，由胡志明领导的共产党越南独立同盟会统治北部，之前法国支持的吴廷琰领导的政府统治南部。人们最初预计，这个国家一分为二的局面不会持续下去。停火后不久，人们计划举行选举，让越南的南北两个部分统一起来。1955年10月，越南南部地区举行了选举，美国支持的政治家吴廷琰获得了98.2%的选票，吴廷琰在西贡①的支持率居然是133%！

美国发现自己的处境很奇怪。它所支持的是一个腐败迹象很明显的政府，且这个政府所在的国家是一个不仅与法国人战斗了10年，而且在那之前的第二次世界大战期间反抗日本侵略的国家。美国人最初只是以"军事援助顾问团"的身份向吴廷琰政府提供咨询服务。

---

① 西贡是越南胡志明市的旧称。——译者注

在吴廷琰政府统治期间，越南南方的共产党人成立了一个政治和武装抵抗组织，被称为民族解放阵线。吴廷琰称他们为越共，美国也采用了这个词。在接下来的几年里，越共组织不断壮大，其政治组织和宣传集中在农村地区。慢慢地，越共与吴廷琰领导的政府之间的武装冲突愈演愈烈。到1961年，越共和政府军之间的武装冲突已经增加到每天近两次。南越政府军似乎无法遏制抵抗力量。形势越来越严峻，美国人担心越共最终会推翻吴廷琰政府，在南方建立一个共产主义国家。这是他们不希望看到的结果。

　　1962年2月，美国成立了"越南军事顾问委员会"（后简称MACV），作为越南军事行动的官方指挥部。MACV负责美国在越南战争期间的军事政策、行动和援助。从表面上看，MACV对自己在战争中的目标是自信而明确的。这是一场可以轻而易举地迅速取胜的战争。MACV的首任指挥官哈金斯将军是一名60岁的二战老兵，他自信地认为"我们已经从敌人手中夺取了军事、心理、经济和政治上的主动权"[53]。

　　然而，在军事指挥部内部，情况却截然不同。美国人不确定他们的目标到底是什么，不确定如何实现这些目标，甚至不知道他们是否正在实现这些目标。负责特别行动的国防部部长副助理爱德华·兰斯代尔（Edward Lansdale）表示："关于今天的越南局势，最真实的情况是，取得的成果与付出的努力不成比例。"

从美国介入这场战争开始，MACV 就面临着建立战争衡量体系的问题。

越南的地理具有多样性，人们对威胁的性质的理解并不明确，而且不断变化，军事指挥部也没有明确的目标和方向。引用哈金斯的话说："这对我们所有人来说都是新鲜事。这是一次完全不同于以往的军事行动……没有前线，没有战场，但到处都是战场。战场在你的厨房里，在你的后院里。"[54] 越南战争的问题在于，它不是一场常规战争。

这里没有前线，没有敌人的领土，至少不像第二次世界大战或朝鲜战争早期阶段那样。在常规战争中，你要么前进杀敌，要么坚守阵地，抵御攻击或撤退。[55]

成功很容易衡量。但在越南，你很难说清战线在哪里。敌人似乎无处不在，却又无处可寻。对许多军官来说，越南充满了不确定性。政治忠诚、人口安全、意识形态力量全都无法衡量，而这些都是取得成功的重要因素。你如何衡量一场无法统计你征服的领土，不知道你的敌人是谁、在哪里，也不知道一个村庄是否被敌人控制的战争？

在战争初期，军官试图掌握战争的进展情况，想要知道如何衡量成功。1960—1962 年，莱昂内尔·C. 麦加尔（Lionel C. McGaar）中将要求部下提供暴力事件、武器缴获或冲突死亡人数的基本数据。国防部部长副助理兰斯代尔曾建议，衡量村民对越南军队的态度和越共宣传对民众的影响，有助于了解当地的局势。兰斯代尔认为赢得越南人民的友谊很有帮助，并建议衡量村民照顾受伤平民的意愿，他们与饥民分享大米的程度，以及他们修复被破坏的建筑的倾向。[56]但这一切在 1962 年发生了变化。

如果说罗伯特·麦克纳马拉有什么特点的话，那就是他是个数字狂人。他在加州大学伯克利分校学习经济学、数学和哲学，1937 年毕业。从那时起，他开始为普华永道工作。然后他去了哈佛大学，教授会计学，他是系里薪水最高，也是最年轻的副教授。1943 年，他进入空军，在统计控制办公室担任上尉，分析对日战争中轰炸行动的效率。在统计控制办公室，麦克纳马拉等人把统计学方法带到了战争中。他们尽可能地测量一切。他们测量了各种轰炸机使用每加仑燃料可投掷的炸弹吨数。他们统计了每个基地所有可用备件的库存，这样就不必订购新的供应品。仅 1943 年一年，他们的工作就为美军节省了 36 亿美元。[57]

战后，麦克纳马拉和其他 10 名前军官以及统计控制办公室的指挥官组成了一个顾问团。这个团队很快被福特汽车公司聘用。福特汽车公司因创始人亨利·福特的去世而陷入困境，此时，公司由其孙子亨利·福特二世掌管。公司组织涣散，由忠于创始人祖父的人领导，他们没有真正的方向，甚至没有明确的责任。就像统计控制办公室组建之前的空军一样，除了提供给银行的现金报表，福特二世几乎没有任何关于他们所做工作的记录或数据。让麦克纳马拉的团队加入就能扭转这一切。

福特汽车公司的员工称这个小组为"每事问孩子"（The Quiz Kids），因为他们不停地问"为什么"。这个小组以此为灵感自称"神童"（The Whiz Kids）。神童们为福特二世做的工作令人赞叹不已。这个小组在数年内对混乱、亏损的组织进行改革，提高汽车的安全性，并将公司的重心重新转向生产简单的小车型，而不是当时流行的大车型。麦克纳马拉本人在公司步步高升，成为第一位担任公司总裁的非家族成员。

神童们都相信一条哲理：所有的决定都可以基于数字。1962 年，其中的一位神童——罗伯特·麦克纳马拉，成为美国国防部部长。[58]

与高级军官对这场战争的不安，以及他们在面对错综复杂、模糊多变的局势时的挣扎相比，麦克纳马拉认为越南拥有统计分析的完美环境。对麦克纳马拉和他的团队来说，依赖统计数据是"在非常不确定的情况下解决高度复杂的选择问题的合理方法"。这些复杂的问题是统计分析的完美目标——精确的数字将冲破不确定性的迷雾。对麦克纳马拉来说，没有什么是数学不能解决的。麦克纳马拉被任命为国防部部长后，发现越南的情况是"缺乏在真正关键的国家安全问题上做出正确决策所需的基本管理工具"[59]。麦克纳马拉上任后迅速成立了文职系统分析办公室（后简称 OSA），负责分析整个战区搜集到的大量统计数据。有了搜集、分析和处理战区数据的机构，麦克纳马拉将越南变成了战争史上最大的数据搜集和分析中心。

1963 年年底，在麦克纳马拉的指示下，MACV 制定并发布了第 88 号指令，这是一个官方认可的评估战争进展的标准。它几乎衡量了一切可能的因素：越共叛逃率、敌军和友军的阵亡比例、越共农作物被摧毁的百分比、接受训练的民兵部队数量、进攻行动的平均天数、村镇安抚措施、敌方事件发生率、战术性空袭次数、武器损失、基地和道路的安全、人口控制和地区控制。数十种不同的指标数据需要由军事指挥官搜集并逐级上报。[60] 于是，数据源源不断地流入。数以十万计的部队、省级顾问、军事顾问、美国文职官员、美国情报官员、越南军事单位、政府机构和文职发展团队搜集并向西贡的 MACV 和五角大楼的行动指挥部 OSA 提供了数以百万计的数据点。除了定量测量，军事和文职官员还制作了数以千计的详细的叙述性评估报告。数据量如此之大，国家安全委员会工作人员切斯特·L.库珀（Chester L. Cooper）形容说："数字像汛期的湄公河一样流入西贡，再从那里流入华盛顿。"[61]

西贡和华盛顿的分析人员将数以百万计的报告制成表格，并编写自己的报告。数据被输入数量惊人的目录和计算机数据库中：村镇评估系统、恐怖事件报告系统、领土部队效力系统、安抚态度分析系统、情况报告军队档案、革命性的重建干部系统、实物援助系统、难民系统、村庄和村镇无线电系统、人民自卫队系统、东南亚省文件、Corona 成像卫星计划、南越子系统效力评估系统和空中摘要数据库。[62] 这样的例子不胜枚举。政府不得不出版一本名为《平叛数据库简介》的小册子，以帮助分析人员浏览大量的报告和数据库。在分析工作的高峰期，每天都有 1.4 万磅重的报告产生。[63]

这种对数字的重视激发了人们对更多数字的兴趣。指标数量不断增加。到 1964 年 4 月，军队和文职人员在战争中要衡量的指标有 100 多项。数据如此之多，以至于人们专门成立了一些小组来审查传来的数据的数量和质量。在 1963 年年底和 1964 年年初，MACV 组建了一个完整的团队，花了 6 个月的时间，对近 500 份报告进行了全面的分析和评估，以了解数据的性质和质量。[64] 数据本身已经成为一种目的。MACV 难以理解越南的非常规战争的进展情况。庞大的数据量并没有提供多少帮助。在整个战争期间，军事指挥部一直在努力就如何行动达成共识，更不用说他们完全不知道自己是否在行动。领导层无法就主要威胁在哪里达成一致，所以战地指挥官从未得到明确的指示，不知道该优先考虑什么：是确保村庄不受越共袭击，还是搜寻和击溃越共部队，或者是扫荡越共控制的地区？

西贡和华盛顿的分析师面临着巨大的压力，他们不仅要获得、整理和理解数量惊人的数据，而且要有进展。

越南数据的另一个问题是，大部分数据都是军事性质的；兰斯代尔在麦克纳马拉到达战场之前所提出的衡量战争的政治和社会影响的建议在很大程度上被忽视了。伤亡人数、军事活动和军事行动比衡量成功的其他标准得到了更广泛的应用。例如，一个地区是否安全是根据发生的事件数量来衡量的，但这并不能深入反映一个村庄是否"安全"。事件较少可能表明一个村庄实际上处于越共控制之下。这些数据似乎毫无道理可言。在这场战争中，有100多个指示进展的指标，但没有人能确定哪些指标最重要，或者知道如何解释这些指标。1968年的一份报告统计了发放给越南村民的肥皂的数量。[65] 在某一地区有意义的数据，如美军与北越军队作战时中部高地的敌军死亡人数，在评估湄公河三角洲的一个村庄是否摆脱了武装分子的影响时不起作用。[66] 战争本身的性质没有得到衡量。军官们奉命对游击队施加无情的压力。但是，如果越共在一个地区的活动停止了，是因为他们被打败了，还是因为他们只是决定分散潜伏，等待更好的进攻机会？一个没有遭受过袭击的村庄遭受了袭击是因为越共控制了该地区吗？军官们奉命评估越共的效率，越共与当地民众的关系，以及它的通信和情报网络的有效性。但军官们从未被告知如何评估这些事情。

海量数据流入西贡，但没有任何系统能验证其中的大部分数据。在战场上，部队的任务是用毫无意义的格式报告通常不存在的数据。[67]

部队不清楚如何衡量需要衡量的指标，这往往导致报告的数据有误，甚至完全是捏造的。OSA 负责人托马斯·塞耶（Thomas Thayer）承认，他处理的大部分数据质量都很差。战争期间搜集的数据——武装分子的人数、越共发动袭击的次数、南越军队的战斗力、平民伤亡的估计、村庄安全状况、当地居民的政治态度、难民人数——几乎没有一项能达到任何程度的准确性或可靠性。[68] 通常情况下，军官只是报告他们的指挥官想听到的东西。对来自南越政府军的数据来说，美化是一个更大的问题，因为南越政府军的腐败和低效是出了名的。

越南的数据和报告数量庞大，报告的准确性值得怀疑，而且在确定真正重要的事情方面缺乏明确的方向，这些都让指挥部陷入了困境。尽管有成百上千的关于战争各个方面的报告，但战争似乎毫无进展。但对麦克纳马拉来说，数据才是赢得这场战争的关键。1965 年之后，那些被认为能够赢得战争的数据发生了戏剧性的变化，并带来了可怕的后果。

1965 年，美国在越南面临的局势日益恶化。尽管数据中经常呈现出乐观的前景，但许多指挥官认为，如果事情没有转机，美国将面临越南共产党即将在南越取得胜利的局面。这种情况使威廉·威斯特摩兰（William Westmoreland）取代哈金斯将军，成为 MACV 的首脑。1964 年 6 月，威斯特摩兰打算改变战争的进程。[69]

1965 年 8 月，MACV 发布了在越作战的三阶段构想。第一，到 1965 年年底，扭转美军和南越政府军的败势，重点是保障后勤和军事基地的安全，加强越南共和国的武装力量，增加对越共基地的行动。第二，到 1966 年，美国和南越将重新发起进攻，攻击更多的越共基地，并扩大太平洋行动。第三，MACV 预测，12~18 个月后，越共和北越将被击败，其剩余的军队将被歼灭。[70]

威斯特摩兰将军就战争中的测量制定了更多的政策。他建议将战争中使用的 100 多个指标简化为几个基本指标：人口控制、地区控制、通信控制、资源控制，以及对越共和越南共和国武装力量的比较分析。但有一项指标将在后续战争中主导美军在越南的战略：死亡人数。威斯特摩兰的总体战略很简单：杀死更多的敌人。

威斯特摩兰的战略是使敌人减员。美军只需要杀死更多的越共和北越士兵，就能赢得战争。威斯特摩兰认为，如果美军继续给越共和北越军队造成巨大损失，他们就会到达一个"拐点"，在这个点上，敌人无法承受他们所遭受的伤亡。[71]

这一战略并非完全没有根据。军事指挥部对这场战争的看法是，他们的作用是通过武力阻止越南的统一。他们并不是要推翻越南北方的共产党政权，只是阻止其向南方扩张。他们的目标不是推翻胡志明的政权。从这个意义上说，军事指挥部并不认为越南共产党人是在为他们的国家或他们自己的生存而战。这场战争并不是一场"生死之战"。如果美国让越南共产党人相信这场战争不值得，他们最终就会让步。威斯特摩兰认为，到了某个时候，越南共产党人会"确信军事胜利是不可能的，然后就不愿意承受进一步的惩罚了"。具有讽刺意味的是，对威斯特摩兰来说，拐点是在 1967 年春天到达的，也就是臭名昭著的"春节攻势"的前一年。[72]

根据军事指挥部的说法，这一战略很可能通过多种途径奏效。首先，通过消耗北越和越共部队力量，美国人将削弱对方赢得战争的能力。由于没有击败美国和南越政府军的希望，北越就会灰心丧气地放弃，就像1946—1949年在希腊、1945—1954年在菲律宾、1948—1960年在马来亚发生的运动一样。其次，这些损失可能会促使越南共产党领导层进行谈判以挽回面子。如果无法赢得这场战争，他们也许会同意通过谈判解决问题，就像在朝鲜发生的那样。最后，人员和装备的持续损失也可能导致越南的盟友——苏联和中国灰心丧气，它们最终会削减援助，认为这场战争是徒劳的。一旦援助被撤走，越南共产党人将别无选择，只能诉求和平。[73]

这种消耗战略对美国来说并不新鲜。事实上，早在15年前，美国就在朝鲜采取了消耗战略。

在朝鲜战争的前8个月里，美国及其在联合国的盟友和南朝鲜一道，与北朝鲜军队争夺领土，战线不断转移。但从1951年春天开始，杜鲁门总统做出了不试图占领朝鲜的决定，美国的战略转为消耗战。1950年12月，马修·B.李奇微（Matthew B. Ridgway）将军成为美国第八集团军司令，这对美国在朝鲜的军事战略产生了重大影响。对李奇微来说，美国在朝鲜的战略不得不从歼灭转向消耗。他的目标"不是夺取领土，而是以最小的代价，最大限度地消耗对方的人员和物资"[74]。

李奇微贯彻了他的行动。他的行动甚至被命名为"杀手行动"和"开膛手行动",以适应这一战略。当有机会夺取汉城等战略要地时,李奇微表示反对,他选择专注于尽可能多地杀死敌人。即使在军队重新控制了汉城,中国和朝鲜军队离开南朝鲜之后,李奇微仍然认为这只是"有限的成功"[75]。

在朝鲜,随着消耗战成为战争的主要战略,歼灭人数成为评估军队进展的指标。军官和士兵根据他们的歼灭人数获得勋章和晋升。对歼灭人数的依赖也不一定是由于缺乏地理上的移动,因为美国人正在推进。相反,这是一种战略,要尽可能地让对方付出高昂的代价,迫使他们走上谈判桌。[76]

因此,就像在朝鲜一样,美军在越南采取了消耗战略。

消耗战略转移了战争的焦点。在消耗战中,重点不是攻击战略目标,不是占领领土,甚至不是评估敌人的政治影响力和战略。与地缘战争相比,消耗战的目标不是夺取和守住领土,而是杀死敌人。消耗战要求军队打击敌人的士气,向敌军部队灌输失败主义的思想,并尽可能使敌军领导层的立场转变为更温和的立场。为此,必须对敌人进行无情的打击。[77]

军事指挥部对这一战略和打击对方士气的能力充满信心。威斯特摩兰说:"敌人损失一个人相当于我们损失十几个人。"[78]麦克纳马拉对此表示同意。正如他后来所说:"我们试图用死亡人数作为衡量指标，来帮助我们弄清楚应该如何在越南赢得战争，同时让我们的军队冒最小的风险。"[79]麦克纳马拉赞同威斯特摩兰的分析。在 1965 年年底，他估计，到 1967年美军赢得战争的概率为 50%。[80]

消耗战略也为越南混乱的数据提供了一个简单的解决方案。与依靠成百上千的指标来衡量成功与否相比，消耗战略只需要通过一个参数便能够轻松地进行衡量：死亡人数，或者说杀死多少敌人。死亡人数提供了一种直截了当的衡量进展情况的方法。只需要杀死更多的越南人，使他们的死亡人数比美军的死亡人数更多就行了。道格拉斯·金纳德（Douglas Kinnard）是战争期间的一位准将，他在战后对他的同僚进行了调查，并因反对战争而出名。他说："必须设计出某种替代品来衡量游击战的进展。"[81] 这一衡量指标变成了死亡人数。这一战略改变了战地士兵的关注点（或者说，士兵不再缺乏关注点），把一大堆令人困惑的指标变成了两个：死亡人数和杀伤率。

麦克纳马拉和威斯特摩兰规定，无论是对美军还是南越军队，都要统计死亡人数。对普通士兵来说，使用死亡人数这一衡量指标是很容易适应的。见敌必杀任务已经是军队工作方式的一部分，因此军官和士兵不需要学习任何新东西，他们只需要把更多的注意力放在统计死亡人数上。

对死亡人数的重视层层延伸到各个级别，直到最基层的士兵。死亡人数被用来评估各级军事指挥的工作。军官和部队其他人如果达到较高的死亡人数和杀伤率，就可获得晋升、勋章，甚至休假。很少有其他指标可以让军官在同僚中脱颖而出（不再以他们送出的肥皂的数量来评估），因此，死亡人数成为评估军官和部队的标准。但是，就像本书中讨论的其他许多指标一样，死亡人数指标也被扭曲了，这是威斯特摩兰和麦克纳马拉都没有预料到的。他们也没能幸免于古德哈特定律。

在许多部队中，死亡人数暗中与晋升挂钩，成为衡量业绩的主要标准。师长朱利安·J. 尤厄尔（Julian J. Ewell）因向部队施压，要求报告大量死亡人数而臭名昭著。他给部队定了配额，并威胁说如果达不到这些配额就把他们撤职。另一个师，即第 25 步兵师，举行了"最佳战绩"竞赛，对歼灭人数最高的部队给予奖励。第 503 步兵师也是这样做的，他们编制了一份绩效指标表，对士兵的歼灭人数和俘虏人数进行积分奖励。[82] 许多人纷纷效仿。

歼灭人数的压力使得军事指挥官经常夸大他们报告的歼灭人数，或者将死去的平民算作对方战斗人员。正如阿兰·C. 恩托文（Alain C. Enthoven）和 K. 韦恩·史密斯（K. Wayne Smith）所写的那样："夸大敌人的损失让所有人都感到高兴，这不会受到惩罚，但保守的陈述可能会引发尖锐的问题：为什么美国人的伤亡如此之大。"[83] 当一场战斗对敌人有利时，数字尤其会被夸大。没有指挥官愿意承认他们比对方损失更多的人，所以他们夸大了对方的死亡人数。捏造人数很普遍。没有系统来防止重复计算死者。一些部队声称所有死者都是战斗人员，一些部队重复计算，还有一些部队只是编造数字。据报道，一名指挥官指示他的士兵："如果你遇到尸体，你就清点尸体。你们重新清扫那片地方，重新清点，把数字翻番，然后收工。"[84]

越共强调要从战场上找回他们战友的尸体，或者至少把尸体藏起来，不让美军和南越军队发现，这使得清点尸体变得更加困难。地形复杂也加大了清点敌人死亡人数的难度。除此之外，计算空袭和炮击造成的死亡人数几乎是不可能的。对报告歼灭人数的强调甚至可能导致为获得更高的计数而杀害平民，或者把被杀的平民算作对方战斗人员以增加计数。1969 年在湄公河三角洲开展的"快速行动"就是一次由于要实现高死亡人数的压力而导致平民死亡的行动。[85]

死亡人数的分类方式也存在缺陷。1966 年，MACV 将"阵亡"归类为"处于战斗年龄的男性和其他已知携带武器的男性或女性的实际死亡人数"[86]。这一定义不包括可能的死亡，同时也将所有处于战斗年龄的男性计算在内。由于不包括可能的死亡，MACV给士兵和军官提出了一个难题。要确认死亡，必须清点实际的尸体。结果，在某些情况下，美国士兵冒着生命危险去观察和清点尸体。从战略上讲，这些策略没有什么意义。无论一名越南士兵是死是活，寻找到他并不能改变这一事实。这只会让清点者面临生命危险。一位将军在战后回忆道："一想到有多少士兵在清点人数的任务中丧生，我就不寒而栗。这真是浪费生命。"[87]

另一方面，达到死亡人数指标的压力可能会导致军官执行一些不必要的任务，这些任务的战略重要性值得怀疑，更不用说在道义上根本不正确。有许多关于士兵在执行任务时受伤或死亡的事件，而这些任务的目的只是增加歼灭人数。尽管如此，对死亡人数的强调却从未间断过。

结果是，关于死亡人数的数据存在很大问题和缺陷。许多坊间证据表明，官方对死亡人数的报告极不准确。OSA的托马斯·塞耶在他的报告中指出，他得到的数据质量很差。[88]其他情报人员也提出了许多投诉，称军事人员夸大了对方的损失，同时低估了对方的力量。道格拉斯·金纳德是战时的一位准将，他在战后对他的同僚进行了调查。他问他们清点死亡人数的方法。61%的人认为死亡人数被夸大了。在同一项调查中，55%的受访将军认为死亡人数具有误导性，因为死亡人数没有表明战争进展。[89]

尽管许多分析人士、低级指挥官和文职观察员持保留意见，但威斯特摩兰和麦克纳马拉对死亡人数统计的准确性信心十足。恩托文和史密斯指出，根据缴获的敌军文件，威斯特摩兰声称知道战斗双方的确切伤亡人数，准确率在 1.8% 以内。OSA 在解读同样的文件时，认为死亡人数被低估了 30%！[90] 在美国撤军和战争结束几年后，国防部官方报告称，美军阵亡 46 498 人，南越阵亡 220 357 人，北越阵亡 950 785 人。[91]（一些人说越南人的阵亡人数更接近 50 万~60 万）。官方数据显示，美国和南越与北越的阵亡比例超过 1:3.5。美国与北越的阵亡比例是 1:20。这些数字很难让人相信，尤其是被杀害的越共士兵的数量。越南从未报告他们在战争中死亡的战斗人员数量。

报告的死亡人数给军事指挥部灌输了一种虚假的进展。随着死亡人数的不断攀升，麦克纳马拉和威斯特摩兰越来越相信，战争正在朝着对他们有利的方向发展。1965—1968 年，死亡人数所反映的是美军在战争中的效率越来越高。在那段时间里，杀伤比从 2 左右增加到 6。麦克纳马拉和威斯特摩兰认为，这表明随着战争的进行，美军正在变得更加高效，而越南的作战能力正在下降。但事实并非如此。

威斯特摩兰的战略基于这样一种信念，即一旦达到一定数量的损失，北越就会失去战斗的意志。就好像存在某个神奇的数字或神奇的比率，一旦超过这个数字，战争就会结束。这一战略不仅假设美国知道北越人的想法，还假设美国对北越人的了解超过了他们对自己的了解。[92]

然而，威斯特摩兰和麦克纳马拉并没有愚蠢到认为这一战略可以奏效。消耗战在第一次世界大战和第二次世界大战中都发挥了作用，令人难以置信的损失促使战争各方投降或撤军。越南人的损失是相当大的。对越南人来说，这场战争是现代史上伤亡最惨重的战争之一。北越人口近 1 600 万，南越人口为 1 400 万，总损失大约占到了总人口的 2.5%~3%。自 1816 年以来，除了第二次世界大战期间苏联和德国各损失约 4.4% 的人口，第一次世界大战期间德国损失 2.7% 的人口，法国损失 3.3% 的人口，罗马尼亚损失 4.7% 的人口，没有其他国家在战争中损失这么多人。[93] 尽管损失惨重，但越南共产党人的士气似乎从未下降。失败主义派系从未在北越和越共内部出现。

包括胡志明和武元甲在内的北越统帅对他们所遭受的巨大伤亡竟然毫不在意。巨大的损失似乎从未削弱他们取得胜利的信念。胡志明一心一意地追求胜利。对他来说，这是一场事关生死存亡的战争，尽管美国人的想法与之相反。

回想起来，令人难以置信的是，尽管越南遭受了军事史上最严重的损失，但越南领导人毫不畏惧。胡志明曾经说过："我杀你一个人，你可以杀我 10 个人，但即使在这种情况下，你也会输，我也会赢。"[94] 武元甲以一种近乎虚无主义的视角看待他手下的死亡："每一分钟，这个地球上都有成千上万的人死去。100 个、1 000 个、上万个人的生死，甚至我们的同伴的生死，都无关紧要……威斯特摩兰指望用他强大的火力击垮我们是错误的。"[95] 武元甲令人震惊地没有受到损失的影响。这不是希望保全面子或打一场权宜之战的人会说出的话。这些人都愿意战斗到底。胡志明在 1965 年宣称，他们准备战斗"5 年、10 年、25 年，甚至更长时间"[96]。

对取得胜利的强烈信念不仅仅是胡志明和武元甲二人的心态。同样的强烈信念也根植于越南共产党军队的官兵之中。康拉德·凯伦（Konrad Kellen）是第一次世界大战时的一名心理战军官，他对北越和越共士兵的决心感到震惊。在对战俘进行了大量采访后，他形容他们的决心"令人难以置信"，并表示他们"显然有无穷无尽的勇气和士气"[97]。他们对打赢这场战争的信念是不可动摇的，尽管他们一再被告知这场战争将是漫长而激烈的。

这种决心在越南人参加的战斗中以及他们对这场战争的态度中表现得很明显。在大多数战斗中，越南共产党人都以失败告终。令人难以置信的是，在被列为战争重大转折点的战役之一——"春节攻势"中，越南人败了，败得很惨。据估计，越南在那次行动中损失惨重，有近 3 万人丧生，而另一边的美国人伤亡很少。另一次行动是 1972 年的"复活节攻势"，在战争接近尾声的时候，越南共产党军队的伤亡估计为 5 万 ~7.5 万人！[98]

然而，奇怪的是，凯伦发现越南人并不是特别信奉共产主义。他们只是立志绝不输掉这场战争，并满怀着对美国深深的个人仇恨，这种仇恨比第二次世界大战中纳粹对苏联人的仇恨还要强烈。金纳德称越南人是"我们历史上遇到的最好的敌人"[99]。

越南共产党人可能明白，这场战争对美国人来说绝不是一场关乎生死存亡的战争。他们目睹了美国人的决心逐渐丧失，看到反对战争的呼声在美国本土日益高涨，他们认为自己能够比美国人坚持更久。美国士兵被派到远离家乡的地方，坐在炎热的丛林中，待在他们不认识的人群中，用他们不懂的语言谈论他们既不理解又不关心的全球政治战略。相比之下，越南人则是在他们的祖国作战，对抗一长串帝国占领者中最新的一个。

对越南人来说，这是一场解放战争。他们就是这样战斗的。武元甲提出的策略是尽可能多地给美国人造成伤亡，几乎没有考虑尽量减少自己军队的损失。与美国人不同的是，武元甲并不太在意杀伤比，他的重点是让美国人吃苦头。《胜利的愿景》一书的作者 P. J. 麦加维评价武元甲时说："武元甲的军队不会把棺材送到北方。他以大量运回美国的棺材来衡量他的成功。"[100] 在某种程度上，威斯特摩兰和麦克纳马拉对这场战争的认识中有一点是正确的：他们正在打一场消耗战。他们只是不知道输掉这场战争的人会是他们。

＊　＊　＊

如果说这本书是一本关于最失败的衡量指标的排行榜，那么美国在越南的经历将位居榜首。在战争初期，在哈金斯将军的指挥下，美国的战略缺乏重点。在这种环境下，衡量指标被用来掩盖战争中缺乏战略规划的问题。正如弗雷德·C. 伊克尔（Fred C. Ikle）所观察到的那样，军方太专注于日常事务，以至于很难看到大局。[101] 军事领导人被日常琐事淹没，难以理解这些琐事。由于不知道如何作战，军事指挥部试图用大量的数据来弥补目标的缺乏。

战后的调查发现，只有 29% 的军官认为他们的目标明确且可以理解。91% 的人认为，如果战争再次爆发，他们会建议"确定目标"。只有 2% 的人认为用来衡量战争的系统是有效的。[102] 在战争期间，似乎没有人清楚地知道战争的结束状态应该是什么样子。

在缺乏清晰的战略和明确的目标的情况下，决策者会进行微观管理，他们在越南就是这样做的。搜集和分析大量数据并不能说明战争经过了严格的评估并且方向明确，这只是完全缺乏方向和由此导致的混乱的结果。关于越南的报告和分析，表面上看有惊人的准确性和严谨性，因为报告是以高度量化的形式呈现的，但其不仅在数据的准确性方面存在巨大差距，而且在数据的有用性方面也存在巨大差距。知道有多少块肥皂被分发给越南村民会有什么价值，谁也说不准。

大量的数据也加剧了战略的缺乏。当一个决策者面对数千页完全不符合实际情况的数据时，决策者如何理解当前进展，又该如何制定战略？镇压行动就像我们所面对的任何复杂情况一样，选择不计算什么与选择计算什么一样重要。这些信息在越南战争的第一阶段完全被忽略。

在战争的第二阶段，当威斯特摩兰将军接管指挥权并将战略转变为消耗战时，形势完全向相反的方向发展。现在军队有一个单一的重点，但这个重点是被误导的。衡量指标发挥了作用，这次是作为一种工具，用来忽视消耗战略的根本缺陷。在战争的后半段，麦克纳马拉和威斯特摩兰指出，不断增加的死亡人数和杀伤率是战争取得成功的证据。该战略背后的假设从未被认真考虑和质疑。相反，数字不断涌入，报告不断被撰写出来，美国人赢得战争的故事不断被讲述。

但是，在整个战争期间，几乎没有人试图真正了解战争发生的根源，人民的意图、价值观和愿望，以及美国战略所基于的假设是否属实。几乎没有人试图将在越南工作的数百名文职顾问的定性分析整合到 OSA 的分析中。兰斯代尔等人强调，了解民众的政治动机有助于理解这场战争，但他们的建议被忽视了。取而代之的是，美国人依赖于对这场战争的非常集中的、定量的分析。

虽然托马斯·塞耶等人对报告中的数据的质量和准确性持严重保留意见，但指挥部中的许多人对这些数字几乎抱有宗教般的笃信。尽管评估简报和执行摘要提供了一条通往成功的数学路径，很方便，但在战争中，就像在许多事情中一样，这条路径并不总是清晰的，也不总是可以量化的。对这场战争的简单明了的评估本应被相当谨慎地对待。正如本·康纳布尔（Ben Connable）所描述的那样，通过搜集更多数据来减少不确定性的过度激进的行动可能会适得其反，因为人们并不总能获得或合理地搜集到精准的数据。[103]

越南战争可能是美国有史以来打过的最复杂的战争。美军与一支由强大盟友（中国和苏联）支持的常规军队——北越作战，与此同时，他们还在与一支强大的武装部队作战，这支武装部队由数万名甚至数十万名经验丰富的战斗人员组成。美国试图支持一个极其腐败无能的盟友，同时试图赢得当地人民的信任，而越南几十年来一直在与外国占领者作斗争。与此同时，美国还要应付驻越美军的低落士气和国内日益增长的政治阻力。

面对极其复杂的政治、地理、文化和社会条件，军事指挥部选择了转向熟悉而舒适的数字世界。这样做正表明了他们无法理解战争背后的深层动机。在越南，对数据的强调并不是一种复杂或严谨的理解战争的方法，而是一种避免处理复杂局势的方法。麦克纳马拉认为，他可以让世界适应他的分析，他拒绝接受某些事情无法量化的说法。他相信数字可以解释任何情况。

就像许多过分强调数字而忽视工作中的一切的管理者一样，麦克纳马拉用数据来掩盖他无法理解战争的性质、越南人的心理和动机，以及影响战争的复杂的政治、文化和社会因素的事实。数据分析不是提高理解力的工具，而是掩饰缺乏理解力的工具。

在面对复杂的战争现实时，死亡人数指标成了一种逃避，成了一根可以依靠的拐杖。

人们很容易开始相信这些数字是真实的。如果我们在搜集数据，那么这些数据必须是相关的。这些怎么可能不相关？如果我们可以测量它们，那么它们怎么可能不是事实呢？数字意味着我们可以确定地知道一些事情，如果我们确定地知道一些事情，那么它们就是真实的。如果真实的东西是可以用数字来衡量的，那么它们一定是唯一真实的东西。我们很容易掉进陷阱，即认为重要的是数字，而不是其他东西。我们很容易相信，数字是唯一能解释这个世界的东西。有时，衡量指标并不是揭示问题的方法。就像在路灯杆下面找钥匙的醉汉的故事一样，衡量指标往往是逃避寻找正确答案的借口。有时，衡量指标也可以成为掩盖真相的借口。伯纳德·法尔（Bernard Fall）是一名奥地利犹太人，在第二次世界大战期间举家逃到法国。他在第一次印度支那战争中成为法国的战地记者，在美国参与越南战争期间，他曾 5 次前往越南担任战地记者。虽然他对吴廷琰政府持批评态度，但他支持美国的介入，认为这可以阻止越南共产党控制这个国家。1967 年，他死于一枚绰号叫"弹跳贝蒂"的反步兵地雷。在他去世之前，他对战争中使用死亡人数作为衡量指标发表了评论。对他来说，统计死亡人数"只是因为基本的政治目标对我们来说太难以捉摸，或者更糟糕的是，因为我们不了解它的重要性"[104]。他说的没错。

第八章

并非所有重要的东西都计算得清楚

1996 年 6 月 12 日，李维斯（Levi Strauss）公司的一群员工在旧金山等待 CEO 鲍勃·哈斯（Bob Haas）的公告。在英国的员工则被带到电影院观看公告的录像。哈斯站在人群前，宣布了一项新的激励计划。全体员工，从高管团队到缝纫机操作员，总共 3.7 万人，都将得到一整年的工资作为奖金。[1] 所有员工都兴奋不已。有些地方的员工举行了烧烤派对庆祝这一喜讯。鲍勃·哈斯将奖金作为公司的创新激励计划，鼓励员工"继续追求新的卓越标准"。据估计，奖金总额接近 7.5 亿美元。[2] 不过，有一个条件。从公告发布之日起，这些员工必须在李维斯工作至少 3 年，公司必须达到 76 亿美元的营收目标。[3]

第二年，情况就不妙了。公司销售额在 1996 年创下 71 亿美元的历史新高，随后开始下降。1997 年 11 月 3 日，公司宣布将关闭 11 家工厂，裁员 6 000 余人。[4]男性青少年这一关键人群的市场份额下降了一半。在接下来的两年里，李维斯计划关闭在北美和欧洲的 29 家工厂，裁员 1.6 万余人。1998 年公司销售额下降了 13%，还不到 60 亿美元，远远低于 76 亿美元的目标。[5]

销售额下降的原因有很多。一是来自其他新兴品牌的竞争，如低端市场的 Gap（盖璞）、Sears（西尔斯）和 J. C. Penney（杰西潘尼），以及高端市场的 Tommy Hilfiger（汤米·希尔费格）和 Calvin Klein（CK）正在抢走李维斯的市场份额。二是李维斯缺乏创新和跟上潮流的能力。20 世纪 90 年代，李维斯 501 牛仔裤的裤腿对孩子们来说太瘦了。李维斯试图满足所有人的需求，却在它擅长的事情上失去了竞争优势：销售让人们看起来很酷的牛仔裤。[6]此外，与竞争对手相比，李维斯的制造成本也很高，因为李维斯仍在美国生产牛仔裤。[7]

除了来自 Tommy Hilfiger 等新兴品牌的竞争，以及来自美国工厂的高昂制造成本，李维斯还有一个不利因素：它的激励计划。最初，这个计划几乎令人难以置信。员工欣喜若狂，因为他们可以拿到一整年的工资作为奖金。这太好了，简直不像是真的。员工士气高涨。

李维斯的员工为能在公司工作感到无比自豪。但是，当1997年的销售额开始出现下降，第一批工厂关闭和裁员开始时，形势发生了逆转。

奖金计划一开始是为了鼓舞员工士气，但很快就取得了相反的效果。奖金计划和巨额奖金的承诺很快就被视为遥不可及，完全无法实现。员工士气低落，开始感到无望。鉴于收入不仅没有增加，而且还急速下降，奖金必然永远无法实现。

早在1997年，员工们就预感不妙：他们不可能实现76亿美元的目标。1999年，也就是奖金的目标年，营业收入下降到51亿美元，远远低于76亿美元的目标。[8] 2000年，3.44亿美元的计划奖金不得不返还给公司，而不是用于支付给员工。[9]

与好莱坞电影可能告诉你的相反，人们通常不会被微乎其微的可能性激励。当事情看起来确实不可能实现的时候，大多数人此时并不会奋力一搏。更多的时候，他们会放弃，认命于自己所处的环境。人们会因为目标实在遥不可及而失去动力。组织心理学家称之为"期望理论"[10]。用最简单的话说，这个理论是说你的动机基于你期望达成目标的合理程度。你可以找到动力，比如，在你游完泳后再多游4圈。你可以为了爬上山顶而用尽最后一点儿力气，或者为了能在这个月的月底休息一天，每天多工作 15 分钟。但是，如果有人要求你参加一场历时 6 天，穿越撒哈拉沙漠，全长 156 英里的超级马拉松——撒哈拉沙漠超级马拉松，你可能就不会有动力去做了。我们可以为力所能及的事情激励自己，但如果事情超出了我们的合理预期，那就会令人望而却步。

期望理论的第二部分叫作工具性。这是说，你拥有实现目标的工具，你的努力将会带来期望的结果。例如，你可以很容易地强迫自己完成一次跑步，但如果你试图破解一个迷宫问题，同样的努力并不一定会带来结果。努力与结果不符。

在一些角色中，人们在复杂的系统中承担多方面的任务，这些任务需要与很多人合作，不仅是组织内部的人，还有组织外部的人，衡量指标可能会让人泄气。在大型团队环境中，个人的努力可能不会提高团队的绩效，因为成功取决于许多其他因素（和人员）。当结果超出一个人的影响能力时，根据结果来衡量这个人会令这个人感到非常沮丧。

这就是李维斯当时的情况。奖金计划虽然一开始很有激励作用，但很快就被认为是无法实现的，并开始产生相反的效果。员工变得灰心、痛苦和绝望。一个在工厂车间工作的员工要如何努力工作才能弥补数十亿美元的销售损失？一个英国的销售经理真的会觉得，如果她把自己的商店经营得更好，就能提高跨国公司的销售额吗？员工没有创新的动力，相反，他们听天由命地接受了自认为无法控制的局面。

1975 年，管理学教授史蒂文·克尔（Steven Kerr）写了一篇文章，标题直截了当：《奖励变异曲之张冠李戴》（On the folly of rewarding A, while hoping for B）。[11] 克尔在文章中列举了组织奖励某一种类型的行为，却希望得到另一种类型的行为的例子。这篇文章成了管理学和心理学课程的经典案例，至今仍是衡量指标设计不当的例子。例如，克尔指出，医生并不完美，有时会在诊断中出错，错误有两种情况。第一种（称为 1 型错误）是医生通过诊断认为病人有病，但病人实际上是健康的。第二种（称为 2 型错误）是医生没诊断出病人的病，告诉病人他是健康的。这两种错误都有缺点。在第一种情况下，医生可能会引起不必要的焦虑，并耗费有限的资源来治疗一个没有任何问题的人。在第二种情况下，由于医生没有正确诊断出疾病，病人可能会继续忍受病痛，甚至死亡。但总体而言，医生犯 1 型错误的频率远远高于 2 型错误，这意味着很多人被诊断出患有他们本没有的疾病。为什么会这样呢？因为犯 2 型错误的后果很严重——不仅医生会感到巨大的负罪感，而且医疗事故诉讼可能会断送他的职业生涯。因此，医生宁可谨慎行事。激励（或者更确切地说，是抑制）驱动了行为。

在体育方面，克尔指出，教练希望灌输给团队合作的价值观、正确的态度和协作精神。然而，对球员的评估是基于他们的个人统计数据——他们的得分、篮板和抢断——而不是球队的努力。所以，球员首先想到的是他自己。在商业领域，克尔注意到一种做法，即一家公司记录员工缺勤的"次数"，而不是他们缺勤的"天数"，所以缺勤10天和缺勤一天是一样的。因此，一旦员工的病假"次数"接近最大值，他们就会尽可能延长休假时间，因为他们知道请假的时间长短并不重要。

克尔的文章总结了错误奖励的教训。如果你奖励错误的东西，你就会得到错误的东西。所以，如果我们测量正确的东西，就会得到正确的东西，对吗？绩效指标建立在一个非常基本的前提下：如果你用某件事来衡量一个人，并根据这个衡量指标给他激励，那么他的绩效就会提高。这听起来很简单。如果我根据你堆放石头的速度给你发工资，你就会尽可能快地堆放石头。人们认为，销售产品、提供更好的医疗服务、教育孩子或提高生产力也是如此。传统的商业实践和管理在很大程度上基于激励机制能够激励人们的理念。管理者声称，只要选择正确的衡量指标和制定正确的激励措施，就能提高绩效。彼得·德鲁克有句话在商业和管理的各个领域都很流行："无测量，无管理。"但如果事实并非如此呢？如果衡量指标不是激励行为，而是会让人泄气，那该怎么办？如果衡量某件东西之后无法管理它，那又该怎么办？如果通过奖励 A，你实际上并没有得到 A 呢？这不是古德哈特定律。这和它不一样。古德哈特定律研究的是，一旦一项措施变成了一个衡量指标，人们就会玩弄一个系统。我们现在谈论的是一个完全不同的问题：衡量指标能激励人们吗？

这个问题是绩效管理的核心，也是我们使用的几乎所有衡量指标存在的理由。我们的假设是，人们会对激励措施做出反应。有很多例子表明，员工对经济激励做出了反应。一位经济学家指出，在一家安装风挡玻璃的公司，如果员工的工资是根据他们安装的风挡玻璃数量而不是固定的工资来计算的，他们就会安装更多的风挡玻璃。事实上，生产率几乎立刻提高了近50%。[12] 但有几个案例证明了恰恰相反的情况。

* * *

1970 年，罗切斯特大学的心理学教授爱德华·德西（Edward Deci）进行了一项不同寻常的实验。[13] 他在其他几名心理学家的帮助下，招募了一群心理学专业的学生来做这个实验。（除了学生，还有谁适合做实验呢？我的意思是，他们的参与是免费的。）每位参与者都与一名研究人员坐在桌子旁，然后得到一个谜题。这个谜题叫索玛立方体拼图，是帕克兄弟公司（Parker Brothers）开发和销售的一款游戏。索玛立方体拼图包含 7 块不同的积木，每块积木由 3 个或 4 个 1 英寸 ×1 英寸 ① 的立方体组成，形状各异。游戏的目的是用这些积木搭建出图纸上显示的不同的 3D 形状。这基本上就是 3D 版俄罗斯方块。实验持续一个小时，分为三个阶段，每个阶段学生们都有 13 分钟的时间来完成每个谜题。

实验中的操作是，在三个阶段中的第二阶段，一半的学生在 13 分钟的时间内，每解出一个谜题就得到一小笔钱（1 美元），这激励他们解更多的谜题。在第三阶段，没有一个学生因为正确解出谜题而获得报酬，因为研究人员告诉学生他们没有足够的钱来发放奖励。像许多精心设计的心理学实验一样，爱德华·德西试图弄清楚的不是参与者的想法，也不是参与者被告知他们正在测试什么。参与者被告知实验测试的是他们解决谜题的速度，自然也就对此深信不疑。但是德西并不关心学生完成谜题的速度有多快，他关心的是别的事情。

---

① 1 英寸 =2.54 厘米。——编者注

心理学家在进行实验方面具有令人难以置信的创造力，这些实验看起来是关于一件事，但实际上是关于另一件事。在心理学实验中，没有什么是随机的。每一个事件、环境条件或巧合都是精心策划和安排的。在一个著名的实验中，纽约大学的约翰·巴奇（John Bargh）和他的同事让学生们用 5 个单词组成句子。学生们得到的单词顺序混乱，必须用它们组成连贯的句子。在这个实验中，研究人员给一半的学生提供了一些杂乱的单词，其中包含一些我们通常会联想到老年人的单词，比如佛罗里达、健忘、秃头、灰色或皱纹；而提供给另一半学生的是没有这种联系的单词。实验的目的不是看学生们造句的速度有多快，而是在完成任务后，要求学生们沿着走廊走到另一个房间去完成另一个任务。沿着走廊走才是这个实验的目的。在他们的行走过程中，研究人员记录了学生们从一个房间走到另一个房间的速度。巴奇想看看让学生接触与老年人有关的词汇是否会影响他们从一个房间走到另一个房间的速度。实验结果确实如此，影响效果很显著。[14]

在德西的实验中，在第二阶段进行到一半的时候，一个小把戏出现了。在参与者尝试了两个拼图后，观察实验的研究人员对参与者编了个借口，说自己必须去另一个房间（研究人员说她必须在电脑上输入数据才能获得接下来的两个拼图）。当研究人员离开房间时（整整 8 分钟），参与者被单独留在桌前。桌上有一些积木，以及图纸，还有一些杂志。德西想要弄清楚的是，当研究人员不在时，参与者继续玩拼图的次数是多少。德西并不关心参与者完成拼图的速度有多快，他想知道他们被单独留下时做了什么，以及他们对拼图有多感兴趣。他的团队记录了研究人员外出时每个参与者玩拼图的时间，以此衡量参与者玩拼图的内在动机。结果很有趣。

不出所料，当第二阶段研究人员借故离开的时候，每玩一次拼图就拿到钱的参与者花了很多时间在拼图上，可能是想多做一些练习，以提高他们成功完成拼图的概率，从而获得奖励。但这也不是德西所衡量的。他想知道在第三阶段，当参与者被告知他们的表现不会得到报酬时，他们会花多少时间玩游戏。德西测试的是动机。更具体地说，他是在测试先前付钱给学生完成这项任务是否会削弱他们的动机。

参与者在研究人员离开房间时玩游戏的时间就是这种动机的衡量指标。玩游戏的时间越长，他们对挑战就越感兴趣。他们这样做不是为了奖励、收益或任何社会地位，他们只知道房间里只有自己。他们玩游戏的动机纯粹是内在的。德西想知道的是，提供外部奖励，即每成功解开一个谜题就给一小笔钱，是否会改变参与者对游戏的内在兴趣。

第三阶段才是真正重要的环节。既然他们知道自己不会因为玩拼图游戏而得到奖励，那么已经拿到钱的参与者还会对这个游戏感兴趣吗？答案是否定的。当被告知完成谜题将不再获得奖励时，参与者就对游戏失去了兴趣。他们在最后一个阶段中独自玩游戏的时间比他们在第一阶段中花的时间少（第一阶段中，他们没有奖励，也没有被告知他们会得到奖励）。相反，那些从来没有得到过奖励的学生，在独自一人的情况下玩游戏的时间比第一阶段多。

德西发现，内在动机和外在动机不仅是不同的东西，而且引入其中一个，就会破坏另一个。一旦有人付钱让参与者玩这个拼图，参与者就对它失去了兴趣。不知何故，当金钱被引入其中时，情况就发生了变化。拼图并不有趣，完成拼图是为了获得奖励，而一旦没了奖励，玩拼图的动机就消失了。

几年后，斯坦福大学的两位心理学教授马克·R.莱珀（Mark R. Lepper）和戴维·格林（David Greene）也进行了类似的实验。[15] 两人在斯坦福大学校园内的幼儿园进行了一项实验。研究人员在幼儿园里组织了一个绘画活动。在实验开始之前，研究人员观察哪些孩子喜欢在游戏时间参与绘画活动。然后将游戏时间的绘画活动从教室中移出，但是对绘画活动感兴趣的孩子有机会在教室之外的另一个房间进行绘画活动，在那里他们可以自己进行这项活动。

一到那里，研究人员就会做以下三件事中的一件：（1）研究人员会告诉这些孩子，如果他们参加活动，他们将会获得一个带有金色徽章和红丝带的"优秀玩家奖"；（2）研究人员不会事先告诉这些孩子他们会得到奖励，而是在活动结束后给他们奖励；（3）研究人员不会给他们任何奖励，只是让他们自己做这项活动。

然后，在对孩子们实施三种不同的奖励方案两周后，研究人员将游戏时间的绘画活动移回教室。他们观察到的是，那些在个人活动中没有得到奖励的孩子又回到了绘画活动中。但是那些在个人活动中获得奖励的孩子对绘画活动几乎不再感兴趣了。心理学家发现，通过引入奖励，他们削弱了孩子做这项活动的内在动机。玩耍变成了工作。

在另一个实验中，研究人员观察了一家洗衣厂在实施考勤奖励制度时出现的情况。洗衣厂的管理人员注意到，有一小部分员工经常迟到，或者没有事先请假就不来上班。他们的迟到和缺勤影响了工作效率。

为了解决这个问题，管理层决定实施考勤奖励制度。每个员工都有资格获得奖励。如果员工在一个月内全勤（当月内没有无故缺席或迟到），他们就会得到公司的认可。公司从中随机选出一人发放 75 美元的礼品券。这个制度持续了 10 个月。[16]

这似乎是个好主意。奖励计划不会有什么坏处，而且很可能会鼓励那些问题员工提高出勤率以获得奖金。除了用于实施该计划的管理时间，该计划的成本并不高；唯一的花费是每月 75 美元，这是一笔相当小的花费。不出所料，研究人员发现，以前出勤率很差的那些人，也就是管理层认为对生产效率有负面影响的员工，出勤率确实提高了。他们无故缺勤的情况减少了，迟到的情况也减少了。从这个角度来看，这个制度是有效的。迟到的员工在该计划的激励下提高了他们的绩效。

但发生在其他员工身上的事情让人十分意外。那些平时习惯准时上班、不会无故缺勤的员工的行为发生了令人意想不到的变化。首先，研究人员发现，一旦之前出勤率高的员工在一个月内迟到一次，他们就不再有资格获得奖励，于是他们迟到的次数就会增加。事实上，一旦员工只迟到一次，那么与没有奖励制度时相比，他们在当月第二次迟到的可能性就会增加 5.5 倍。这个工厂的情况与索玛立方体拼图和幼儿园绘画活动实验类似。洗衣厂管理人员通过为员工的行为设立外部奖励，削弱了员工按时上班的内在动机和不事先请假就缺勤的内在动机。从本质上说，竞争和奖励的外部动机已经完全取代了以前人们准时上班的动机。现在，他们的内在动机被削弱了。这些员工发现，一旦他们没有资格获得奖励，他们就失去了按时上班的动机。

但这项研究更有趣的地方，也是管理层完全没有预料到的地方（但心理学家预测到了）在于，那些在实验前考勤记录很好、很少迟到的员工现在除了考勤变差，在工作的其他方面的表现也都有所下降。在实验中，研究人员不仅测量了迟到和缺勤情况，还测量了员工在工厂中完成各种任务的效率，如分拣衣物、熨烫制服等。对那些平时按时上班的员工来说，奖励计划实际上导致他们的生产率下降了9%。这是怎么回事？

部分原因是，那些有内在动机做好其他工作的员工认为，考勤奖励制度是对他们行为的一种低估。他们在分拣、熨烫、清洁等其他任务中的表现没有得到奖励，只有出勤有奖励，这怎么能公平呢？如果准时上班的目的是获得奖励，那又何必因为其他理由而准时上班呢？一旦你没有资格获得奖励，你就没有理由再准时上班了。实验发现，对行为的外部奖励不仅削弱了特定任务的内在动机，还削弱了工作中其他许多活动的动机。

外部奖励和衡量指标可能带来全新的风险。外部奖励不仅会破坏被奖励的特定行为，还可能产生连锁反应，扩散到相关活动和行为的网络中。其影响能达到多大程度呢？

你可以想一下你在工作之外喜欢的活动，但这些活动需要
努力或技巧，比如拼图、画画、跑马拉松、爬山、制造家具。
现在，你再想一下，如果我给你一小笔钱，比如说你在某项
活动中每完成一次"任务"就给你 10 美元，你会作何反应？
你每完成一个拼图，每画一幅画，每跑一次马拉松，每爬一座
山，或者每造一把椅子，你都会得到 10 美元。现在问问你自
己，你还会像以前一样喜欢这项活动吗？

从逻辑上讲，这应该不会改变你的乐趣，甚至可能会稍微
增加你的乐趣。你不仅可以做你最喜欢的活动，而且现在你还
可以得到一些奖金。这听起来像是双赢，对吧？但我们都知道
事实并非如此。如果我每次爬山都能得到 10 美元的报酬，这
种体验就会有所改变。在某种程度上，这项活动，以及我做
这项活动的动机都会受到影响。我不会认为这项活动是我为
了享受而做的事情，它会变成我为了得到 10 美元而做的事情。
我可以想出很多方法来赚 10 美元，这些方法比爬山容易得多。
就像斯坦福大学里的幼儿园的孩子们的实验，或者索玛立方
体拼图的实验一样，奖励在某种程度上影响了我对这项活动的
乐趣。

这些实验强调了一种紧张关系，这种紧张关系不仅发生在我们的休闲活动中，而且发生在我们的工作生活中：这就是内在动机和外在动机之间的差异。通过这些实验（以及在这些研究发表之后进行的许多其他实验），心理学家、经济学家等对人类动机的原理有了更深的理解。内在动机是很难被衡量的，更不用说理解它产生的原因了。但上面讨论的研究确实表明了一件事：内在动机可以被奖励削弱，也可以被外在动机削弱。有两种方式可以激励一个人，但这两种方式不能混为一谈。对于任何一项特定活动，只能存在一种奖励方式。首先，德西的研究让研究人员了解到，金钱奖励会削弱做一项任务的内在动机，这就是所谓的"动机拥挤"。其次，莱珀和格林的研究发现，削弱动机的奖励也可以是社会性的。最后，关于洗衣厂考勤制度的研究发现，外部奖励不仅会削弱特定任务的动机，还会削弱与被奖励任务无关的其他方面的工作的动机。传统观点认为，为实现目标或完成任务而设立奖励会激发人们的积极性，而这些研究表明，在某些情况下，奖励的作用恰恰相反：它们会降低人们的积极性。

人们为什么要爬山？这样做并没有任何外在的回报（至少对绝大多数爬山的人来说是这样）。人们做这件事没有报酬。虽然个别人可能会因登山而出名，但大多数爬山的人并不是为了得到别人的认可。这种经历本身也不是特别愉快。你会感觉腿疼，你会发现自己经常气喘吁吁（也许只有我这样），天气可能特别恶劣。那么人们为什么要爬山呢？因为这能给他们带来成就感。人们有各种各样的内在动机：能够发挥创造力，履行责任，感受到改变，实现目标，获得智力刺激，成功应对挑战，等等。然而，衡量指标，就其本质而言，往往只处理外在动机。虽然人们可能会使用衡量指标来帮助自己实现内在目标，但衡量指标只是一种手段，而不是目的。

这种现象在公共部门尤为普遍。公共部门的工作人员往往对他们所从事的工作充满热情和理想主义：保护环境、帮助穷人、打击犯罪、照顾病人、教育年轻人等。[17] 然而，当顾问、政府官员和公众寻求改善公共部门绩效的方法时，他们往往建议引入问责制、绩效奖励或严重依赖指标等工具。然而，这些人没有认识到的是，公共部门的工作人员所做的许多工作需要高度的内在动机，因为公共部门的工作人员所做的很多事情都难以衡量。

管理部门引入这样的策略就有可能挫伤员工的积极性，使他们的工作目标从激情变成数字游戏。

正如埃里克·坎顿（Erik Canton）所言，大多数工作既包括可观察的任务，也包括不可观察的任务。[18] 你的老板不可能一直看着你，除非你的工作场所装满了摄像头，否则你在工作中所做的大部分事情都不会被记录下来。如果你是流水线上的工人，你的活动更容易被监控。但在大型、复杂、多任务的环境中，要衡量一个员工的贡献是非常困难的。这很像第三章中的委托人/代理人问题。雇主不可能时时刻刻都知道员工在做什么，但他们又希望员工的利益与公司的利益一致。这就给雇主带来了一个难题。

许多人试图通过关注和衡量可观察的行为来确保员工的努力符合公司的利益，这是错误的。不可观察的任务要靠员工的内在动机来完成。由于管理者很难观察到合作、质量控制、客户服务、忠诚度、维护公众信任、提供公共产品、保护环境、降低公民风险等方面的工作，他们不得不依靠信任来确保这些行为的实施。然而，当雇主开始衡量和奖励可观察的行为时，员工的注意力就有可能转移到雇主衡量和奖励的事情上，而抛弃他们从事那些不易观察到的事情的动机。

比如说教师或护士，这两个职业的薪酬都不是特别高，而且都要承受巨大的压力。如果有人选择在全国最繁忙的急诊室工作，要处理严重多发伤，还要对付愤怒的病人、难缠的管理者，以及应对快节奏和高风险的环境所带来的压力，那么此人可能已经具备了应对这一切所需的所有动力。但如果你告诉这些员工，你要开始记录他们的表现，那么他们的注意力就会转移。他们对病人的关注，他们营造的积极工作环境，以及他们对工作的关心很快就会消失，转而去关注你衡量的方面。你对工作中这些可观察和可测量的方面施加的激励或抑制越大，他们就越会远离工作中不可测量和不可观察的方面。

不仅仅是公共部门的员工在他们的工作中有内在的动力，那些在私营机构工作的员工也并不完全是出于经济上的激励。在私营机构工作的人，可能是为了发挥自己的创意才能，改变世界，通过承担困难的任务来获得成就感，或者仅仅是为了改善客户的体验。这些人之所以有动力去做这些事情，并不是因为报酬。有些行业，比如新闻业，薪酬低得可怜，但吸引了一些最聪明的头脑和最积极的人。然而，就像在公共部门一样，在这些组织中衡量和奖励纯粹可观察的行为同样会削弱员工的积极性。

当被内在动机的更高目标激励的人处于一个他们的价值被简化为简单的绩效指标的环境中时，他们就会产生抵触情绪。他们觉得自己的动机被背叛了，他们的贡献被轻视了，他们的努力被放错了地方。最重要的是，一旦引入了破坏内在动机的经济激励措施，要想找回这种动机几乎是不可能的。取消这些激励措施似乎并不能让事情恢复正常。[19] 它一旦消失了，就彻底消失了。正如巴里·施瓦茨（Barry Schwartz）所说："当你依赖激励时，你就破坏了美德。然后，当你发现你确实需要那些想做正确事情的人时，那些人已经不存在了。"[20]

绩效指标会破坏一切激励人们的因素。当你激励教师只是为了确保他们的学生在期末考试中取得高分，而不重视他们在学校做出的其他贡献时，你就破坏了他们当教师的目的。很快，你就会发现教师只关心考试成绩，而不关心他们最初立志成为教师的其他原因。如果试图让我们生活中重要的部分变得可以计算得清楚，我们就可能会失去真正重要的东西。

* * *

2002 年，研究人员丹·艾瑞里、尤里·格尼茨（Uri Gneezy）、乔治·勒文施泰因（George Loewenstein）和尼娜·马扎尔（Nina Mazar）在印度的一个农村进行了一项有趣的实验。4 人从附近的一所大学招募了一些当地的研究助理，并派他们到村里。研究助理对村民说，这个实验会付钱让他们玩一些游戏。[21]

这些游戏相当简单，难度不一，所以每个人在每一款游戏中都可以表现得很差劲、一般或很优秀。其中一个游戏是观察一系列不同颜色的灯光，然后努力记住并重复它们。另一个游戏是把经过特殊切割的金属片放入一个木框中，必须用一种特殊的放置方法，才能把所有的金属片都放进去，这需要一定的创造性思维。其他游戏包括将球扔到临时的标靶上，或是把两根球杆推拢到一起或分开从而让球向上滚动等简单的事情。

如果村民在一个游戏中表现不错，那么他们会被随机分配到不同程度的奖励。如果他们在游戏中表现尚可（如在灯光游戏中连续记住 6 盏灯），他们会得到 50% 的奖励；如果他们表现特别好（例如记住 8 盏灯），他们将得到全额奖励；如果他们在一个游戏中表现得不好，他们就得不到奖励。每个游戏的奖励从 4 卢比到 400 卢比不等。这是相当可观的回报。在印度农村，400 卢比几乎是平均一个月的花销。有些村民玩的赌注很小，而有些人玩的赌注非常大。如果赌注大的村民每一局游戏都表现出色，那么他们几乎可以拿到半年的薪水！

令人难以置信的是，在实验中收入最高的那组人——只要在每一局游戏中都表现出色，就能赢得半年的薪水——并没有比收入较少的那组人表现得更好。事实上，收入最高的组比收入较低的组表现得更差。提供的金钱激励实际上导致了业绩的下降。这不是期望理论，所有玩家都有能力在所有游戏中表现得好或差。他们有办法做到，记住 8 盏灯的顺序并不是一个不合理的目标。动机拥挤在这里也不是影响因素。游戏完全独立于村民生活中的其他一切。他们赢得游戏的动机不受其他事情上的动机影响。这是一个完全独立的游戏。如果他们表现得好，他们就会得到奖励，可能是巨大的奖励。那么，为什么那些有可能赢得最高奖励的人表现得这么差呢？

研究人员认为，收入最高的群体在压力下感到窒息。在巨额赌注下，也许村民们过于专注，从而影响了正常发挥。（你有没有试过用意念挥动高尔夫球杆、投篮或投球？效果往往不是很好）。也可能是村民们一心想着拿到半年的薪水，以至于玩游戏的时候分心了。其他人也发现了同样的情况。有时候，激励措施，尤其是大额激励措施，与相对容易的任务搭配起来，可能会对绩效产生不利影响。有时候，太大的动机会让我们感到不安。

* * *

想象一下，一场暴风雪过后，我想让你帮我铲一下人行道上的积雪。你会帮助我吗？既然你不认识我，你可能不会帮忙。（如果你生活在一个很少下雪的气候里，你可能无论如何都不想做！）现在想象一下，如果我给你 100 美元让你帮我铲雪，你可能会更愿意去做。如果我付给你 1 000 美元让你去做，你就更有可能去做。如果我支付 100 万美元，几乎没有人会拒绝我的提议。显然，我给你的钱越多，你帮我铲雪的可能性就越大。

现在想象一下，你的好朋友或家人请你帮忙铲雪。你会去做吗？如果你是一个正派的人，你可能会帮忙。现在再想象一下，这个人给了你 5 美元，让你铲人行道上的雪。根据上一段中的观念，出的钱越多，你就越有可能去铲雪。显然，5 美元是聊胜于无的，所以更多的钱应该会增加你帮我铲雪的可能性。但在这种情况下，这并不奏效。一旦拿到钱，大多数人就突然对铲雪产生了厌恶。这是为什么？

这就是行为经济学家丹·艾瑞里所说的社会与市场规范。[22] 当我以朋友的身份让你帮我铲人行道上的雪时，这是一种社会规范。你是否要帮我取决于你和我的关系，你感觉和我有多亲密，还有你有多珍视我们的关系。当我付给你钱的时候，这是一种市场规范。你只会根据你对这些钱是否值得你花时间和精力的评估来决定是否铲雪。关于社会和市场规范，就像内在和外在动机一样，需要强调的一点是，它们不能混为一谈。一旦你把钱引入社会交易，它就不再是社会交易，而变成了市场交易。这就是在这个例子中发生的事情。当你的朋友或亲戚主动提出付给你 5 美元让你帮忙铲雪时，这种情况就会发生。除了忠诚、利他和友谊的原因，这 5 美元并不是帮助铲雪的其他原因。这是一个完全不同的命题。

艾瑞里举了社会规范和市场规范发生冲突的另外几个例子。在一个例子中，律师们有机会为贫穷的老人提供法律援助。一开始有人给他们 30 美元让他们帮助老年人，大多数律师对这一方案避之不及，拒绝接受。然后，有人提议他们提供援助，但这次是免费的。几乎所有律师都同意了。[23] 当组织用市场交易取代社会交易的一个方面时，他们可能很快就会发现，他们所有的社会交易都被市场交易取代了。当员工请求早退去学校接生病的孩子，而经理告诉他们改天需要补上缺勤时间时，经理就向员工发出了一个信号：员工与公司的关系是纯粹的交易关系。你工作一定的时间，公司支付给你这些时间的报酬。但经理这样做破坏了员工为公司提供的所有社会交易。一旦该员工被告知要补回因接生病的孩子回家而早退的缺勤时间，他就不可能在没有加班费的情况下加班。当将来经理要求该员工为公司超额完成任务时，员工除非得到奖励，否则就不可能这样做。

我认为，规范也有量的规范和质的规范之分，就像社会规范和市场规范一样，二者不能混为一谈。想象一下，两个人为朋友举办了一场晚宴。他们做了几道开胃菜、一道美味的主菜和一道可口的甜点。饭后，他们与客人一起玩一种新奇有趣的棋牌游戏。

每个人都玩得很开心，满意地回家。然后，在派对结束一周后，主人给客人们发了一封电子邮件，请他们就派对的不同方面给出反馈，从 1 到 10 进行打分。这就太奇怪了，对吧？

这不仅是因为主人要求反馈在社交上很尴尬，而且因为他们试图量化一种本质上是质量问题的体验是非常奇怪的。如果我让你评价你和一些朋友踢足球有多开心，不管是 6 分还是 8 分，都显得有些不合时宜。衡量指标也会玷污一切组织的社会动态和定性方面。根据量化标准评价员工，组织可能会削弱员工在组织中扮演的所有非量化方面的角色。如果你告诉教师，教师的业绩是根据学生的考试成绩来评估的，那么你就会破坏他们这一角色的所有其他品质——激发学生的好奇心，教学生学会处理冲突、与他人合作，向学生灌输终身学习的意识，当一个积极的榜样。

这一点在洗衣厂的考勤奖励案例中可见一斑。当员工开始接受量化考核和考勤奖励时，那些以前按时上班、很少旷工的员工很快就改变了他们的行为。他们开始更频繁地迟到（请记住，一旦他们第一次迟到，一个月内第二次迟到的可能性会增加 5.5 倍），而且他们的工作效率也会降低。他们出于内在动机所做的那些工作突然间被评价系统玷污了。

如果我们做一个实验，就像洗衣厂的例子一样，在公司里建立一个量化体系，但没有将奖励或评价体系与测量挂钩，这将是一件很有意思的事情。没有人会因为他们的表现而获得更高的报酬，甚至没有人会因为他们的表现而得到认可。业绩只是被记录和报告。我怀疑，仅仅引入定量报告系统本身就可能影响动机。量化会破坏质量。

* * *

弗雷德里克·温斯洛·泰勒（Fredrick Winslow Taylor）在22 岁时开始在宾夕法尼亚州的米德维尔钢铁公司当职员。但他很快就成为一名操作员、领班、工程师，最后成为工厂的总工程师。泰勒在公司步步高升是因为他所看到的一切。泰勒无论走到哪里，他都能看到效率低下。

对于工厂的每一项工作——从轨道车中铲矿石、搬运生铁、检查滚珠轴承——泰勒都进行了分析，并研究如何改进。对泰勒来说，没有哪个流程不能提高效率。以前由人工完成的工作被设备或机器取代。工人们获得了休息时间，得以消除疲劳

（包括身体和精神上的疲劳）。泰勒给米德维尔钢铁公司带来的工艺流程非常成功。工厂的效率大幅提高（冲突当然也存在，泰勒提高效率的举措使得一些工人被解雇，而这些工人不愿意失去工作）。泰勒建立的工艺流程逐渐传播到各种行业和流程中，后人在泰勒理论的基础之上不断调整和改进，在几十年间推动着管理实践的发展。这种方法被称为泰勒主义，后来又被称为科学管理。

泰勒主义和科学管理背后的理念很简单：分解每一个过程（比如起泡、冲洗、重复），不懈地研究如何使这个过程更有效率，并衡量结果。泰勒主义的基础至今仍存在于我们身边。在大多数组织中，部门、角色、流程和任务被分解成各个组成部分，并给出绩效标准，组织根据这些标准衡量和奖励管理者和员工。

绝大多数管理实践或组织都把衡量指标放在绩效评估的中心位置，甚至是唯一的位置。无数的咨询师、管理大师和顾问都声称自己擅长改善工作场所和大型组织的衡量指标，并以此为业。在现代管理实践中，一切都可以也应该被衡量的观念无处不在。《数据化决策》（*How to Measure Anything*）一书的第一句话就是"凡事皆可量化"。这是一个大胆的主张。书中接着写道："认为某些事情——甚至非常重要的事情——可能无法衡量的想法，是整个经济齿轮中的沙子。"[24]

《转变绩效指标》（*Transforming Performance Metrics*）的作者迪安·斯皮策（Dean Spitzer）声称："衡量指标是组织中每个系统的基础。"[25] 这并不是说衡量指标适用于大多数事物，也不是说衡量指标虽然不完美但可以改进。这是一种断言——凡事皆可量化。每一项活动、每一种品质、每一道工序都可以归结为一个数字。如果你的公司举步维艰，那是因为你的衡量指标不对。员工的工作效率不高？因为你的衡量指标不对。你的产品跟不上竞争对手的创新？因为你的衡量指标不对。衡量指标不只是组织使用的工具，组织就是衡量指标。衡量指标是王道，尤其在商业世界里更是王道。很少有人敢于挑战王道的权威。

过于推崇绩效指标及其相关奖励的问题在于，它们似乎在工作相对简单、产出容易观察、质量不存在问题的情况下才会有效。安装风挡玻璃就是那种绩效指标可以发挥作用的工作。[26] 如果工作简单直观，衡量指标可能是衡量和激励绩效的好方法。但事实上，每项工作都是复杂的。[27] 每项工作都有多个组成部分和不同的目标。即使是安装风挡玻璃的工人也要与他人合作，听从管理层的指示，营造安全的工作环境。如果一个安装风挡玻璃的工人的工作效率比他的同事高 50%，但疏远和压迫他的同事，破坏领导的权威，在工作中发表贬损他人的言论，那么他还是一个有价值的员工吗？如果让你描述一下自己的工作，你能把它归结为一项任务吗？你能用单一的绩效指标衡量你的工作所包含的一切吗？

对于那些比安装风挡玻璃或将两块金属铆接在一起更复杂的工作（尽管这两种工作都需要技术技能），绩效指标实际上可能会降低生产率。工作中可能涉及的创造力、社会意识、合作或其他非线性表现，对绩效指标或外部动机反应不佳。这让管理者陷入了僵局。如果不通过奖励，领导者应该如何激励员工？如果不能衡量某件事情，领导者又该如何管理？

组织心理学中的一种理论区分了两种类型的领导：交易型领导和变革型领导。[28] 交易型领导仅仅关注资源的交换。员工为一项任务付出他们的劳动、努力和聪明才智，并根据他们完成可衡量目标的情况获得奖励。这就是泰勒主义的体现。而变革型领导恰恰相反。变革型领导的定义是，通过令人钦佩的行为、表现出的信念，以及在情感层面上吸引追随者来激励员工。变革型领导者会创造一个有吸引力和鼓舞人心的愿景，传达乐观主义，并为追随者提供意义。他们理智地刺激追随者，挑战惯性思维，承担风险，并向追随者征求意见。变革型领导者关注追随者的需求，扮演导师的角色。

关于变革型领导，你会注意到他们的领导特质几乎都不太适合衡量，甚至连管理都不太适合衡量。你如何衡量魅力，如何衡量灵感？当然，你可以进行调查，询问员工的积极性有多高，但调查并不像衡量员工工作多少小时或员工一天制造多少个小部件那样具有客观性和确定性。正如玛格丽特·惠特利（Margaret Wheatley）和迈伦·凯尔纳-罗杰斯（Myron Kellner-Rogers）所言，诸如承诺、专注、团队合作、学习或质量等行为并不是通过衡量产生的。当人们感觉到自己的工作和彼此之间的联系时，这些特征就会显现出来。[29]

交易型领导生活在衡量指标的世界里。交流是在数字的世界里进行的：绩效目标、奖金数额、销售目标、工作时间。变革型领导则完全生活在另一个世界里。这个世界不会设定绩效目标，或者至少不会让绩效目标成为一个组织的焦点。这里追求的是目标和意义，寻求挑战和成长。变革型领导认识到，不是所有的事情都可以简化为指标和简单的交易。我们所做的许多事情，无论是在工作中还是在个人生活中，都建立在比数字重要得多的东西上。我们的生活中有比衡量指标更重要的东西。

工作的量化和使用绩效指标作为激励手段，是在大多数劳动力从事体力劳动的时代发展起来的。工人们会一次次地重复简单工作。滚珠轴承检查员的工作是检查滚珠轴承。焊工日复一日地进行着同样的焊接工作。泰勒的管理理论是在钢铁厂发展起来的，而不是在营销公司或研究部门。在前一种情况下，测量很有效，它简单且容易。

但随着经济形势的变化，我们的绩效指标却没有发生变化。我们仍然坚持认为，员工对工作的贡献可以很容易地量化，组织中的每一个流程都可以被分解和优化，为了激励员工，我们只需要用正确的方式来衡量他们，并提供正确的激励。只要我们的绩效指标正确，我们不仅会成功，而且绝对没有理由不成功。

在知识经济中，生产系统和价值系统与流水线生产有着根本的不同。激励员工不再是一个衡量正确事物和提供正确激励的简便系统。在现代职场，培养有生产力、创造性和积极性的员工可能会违反直觉，这要求管理层远离绩效指标和激励措施，转而关注灵感、启发、挑战和目的等更模糊的方面。

当涉及工作中诸如动机、创造力、目的性、合作等软性部分时，测量就会失效。当涉及工作时，测量有时不能抓住重点。即使是测量这种行为本身也会破坏它试图培养的价值观和行为。并非所有重要的东西都计算得清楚。

＊ ＊ ＊

我们被埋在信息的重压之下，信息与知识相混淆，数量与丰富相混淆，财富与幸福相混淆。我们是拿着钱和枪的猴子。

——汤姆·韦茨（Tom Waits）

在本书中，我们几乎研究了生活中方方面面的衡量指标。学校里的考试成绩、医疗卫生领域的绩效指标、执法部门的犯罪和执法统计、企业的生产率指标、能源效率指标、公共卫生指标、学术界的指标，以及战争中的指标。但是，我们还没有触及这个世界上最复杂、最有影响力的一些衡量指标：衡量我们的经济和福祉的指标。

衡量经济有着悠久的历史。自从各国开始征税以来，人们就有必要衡量经济规模，至少是粗略地衡量。随着历史的进步，社会变得更加复杂，数据搜集和共享方法不断改进，这些衡量指标的细节和完整性也得到了改善。到 16 世纪和 17 世纪，英国和法国的税务人员开始对他们国家的总收入进行估算，目的是改善税收。随着时间的推移，各国政府对其经济规模有了更好的了解。

但这些衡量方法仍然很粗糙，而且是基于不完整、不准确和不可靠的信息。直到 20 世纪，更好的数据搜集方式和现代统计方法相结合，产生了最常用的经济衡量形式之一——GDP，它影响着政府的政策和跨国公司的决策，并影响着地球上每个人的日常生活。

简言之，GDP 就是一个国家每年进行的所有经济活动的总和。它是生产的每一种产品、提供的服务、进行的改进和支付的收入的总和。GDP 的衡量基于各国国民账户体系中保存的各种估值和数据，比如人口普查数据以及对零售业销售额、房屋开工量和制造商出货量的各种调查。[30] 随着获得的数据越来越多，这些估计值不断得到修正。可以说，GDP 是衡量一个国家的总财富和国民富裕程度的最佳尝试。

GDP 是应用最广泛的衡量经济生产力的指标，可以说是当今世界上最受关注、研究和使用最多的指标。1934 年，美国国家经济统计局创建了 GDP。1946 年布雷顿森林会议之后，GDP 迅速成为应用最广泛的衡量经济生产力的指标。同盟国希望避免下一场战争，他们认为欧洲的经济繁荣会避免下一场灾难性的冲突。当时，衡量经济繁荣的最好方法是原始经济生产力。GDP 完全符合这一要求。

今天，GDP 被世界各国政府用来编制国家预算，被联邦储备局用来制定货币政策，被华尔街和其他金融中心用作经济活动的指标，被各种企业用来规划投资、生产和招聘。[31] 各国政府、世界银行、国际货币基金组织和其他各种组织每年、每季度、每月都会对 GDP 进行估计并报告。编制、分析和报告 GDP 所花费的精力是惊人的。几乎每个国家都有专门计算 GDP 的办公室。

虽然 GDP 是一个被广泛使用的衡量指标，但它一直受到经济学和非经济学领域的学者、文化观察员、非政府组织，甚至政府的广泛批评。不丹王国实际上已将其经济福祉的官方衡量指标从 GDP 改为国内幸福总值（Gross Domestic Happiness）。[32]

对 GDP 的批评包括 GDP 忽视市场经济以外的活动，没有考虑到环境破坏，也没有考虑到真正重要的东西，不一而足。尽管 GDP 很普遍，但它几乎要受到本书所讨论的所有批评。让我们来看看其中的一些。

首先，许多批评者指出，GDP 基本上是一个产出指标。如前所述，GDP 衡量的是一个国家内部的生产量（它不计算某一国家的公司在其他国家的生产量）。实际上，GDP 是一个国家生产的所有"东西"的价值总和。这包括所有商品和服务。它是一个国家一年中所有律师收费的小时数、卖出的玩具、购买的理发服务、喝过的咖啡、买过的汽车、购买的智能手机应用，以及几乎其他所有可以想象的东西的价值总和。至少在理论上，它是一个经济体所有产出的账目。GDP 使用各种来源来衡量这些活动，包括人口普查数据，以及对制造商、零售商的调查。

正如本书前面所讨论的，产出指标之所以失败，是因为它们没有考虑到结果。GDP 也不例外。衡量原始经济活动与赢利能力、效率或所有这些活动取得的成果毫无关系。这一点从 GDP 衡量经济各个方面的方式中可见一斑。例如，医疗保健在 GDP 中是通过其投入来衡量的：医生的工资、医疗设备、医院的病房。根据 GDP，医疗保健由我们投入卫生系统的资源组成，而不是人口的健康程度。

GDP 的另一个缺点是忽略了经济中隐藏的部分。政府不记录（或不报告）的货币交易不属于市场，也就不计入 GDP。你可能会想到黑市，或者其他出于各种邪恶原因而隐蔽的活动。但大多数非市场活动实际上非常普通。

家务就是一个例子。当家庭成员自己打扫卫生、洗衣、做饭时，他们为自己提供的服务并没有被计入市场。没有钱易手，所以根据 GDP，它是不存在的。但是，当市场以清洁承包商的形式提供这些服务时，突然间就会出现一些以前没有的东西。以一个假设的情况为例，家庭中一个成员的全部收入都用于支付家庭服务。看起来好像一个人的服务价值就这样凭空出现了，然而提供的却是同样的服务。

举一个相当荒诞但具有说明性的例子。想象一下，两个人约定为对方打扫房屋，并向对方支付完全相同的服务费。二人都将其计入收入和支出中，以便纳税。在这样安排之前，这两种活动都不被认为是市场的一部分。但是，一旦这两个人决定付钱给对方，让对方为自己打扫房屋（更重要的是报税），他们二人的收入就都增加了。然而他们并没有做什么新的事情。在这种情况下，这两间屋子都被打扫了，对两个参与者来说，这对实际收入的影响都是零（实际上更少，因为他们要为工作收入纳税）。

其他例子包括志愿服务和休闲时间。在国家公园花费时间通常不涉及金钱交易（不幸的是，金钱交易越来越多），但它给参观者带来了好处。想象一下，如果政府为全国每个人提供参观国家公园的税收优惠，然后对每年参观国家公园的人收取相同数额的费用。让我们假设每个人都买了一张相当于信贷金额的公园通行证。突然间，一系列经济活动看起来正在发生，但实际上什么都没有改变。

这一点尤其适用于 GDP 衡量收入和消费的方式。收入是扣除税金后计算的，而消费是作为商品和服务的支出来计算的。但对于由政府提供的服务，这并不在计算之内。

有些服务在一个国家由私营部门提供，在另一个国家则由公共部门提供。医疗和教育就是很好的例子。假设在一个国家（A国），医疗保健由市场通过雇主交的保险提供，但在另一个国家（B国），医疗保健由政府通过所得税支付。想象一下，生活在这两个国家的两个人，他们都得到了相同质量的医疗保健。在 A 国，一个人每年少交 5 000 美元的税，但要在医疗保险上花费 6 000 美元。在 B 国，一个人多交 5 000 美元的税，但不用在医疗保险上花钱，因为它是由政府承担的。根据传统的收入和消费衡量指标，A 国人被认为比 B 国人"富裕"（在消费和收入方面）5 000 美元，而事实上 B 国人的收入比 A 国人多 1 000 美元。

政府提供的服务在各个领域都扭曲了这些衡量。政府既提供集体服务（如安全保障），也提供个人服务（如教育和医疗）。几乎所有这些服务都以投入（雇用了多少警察、教师和医生，以及他们的工资多少）来衡量，而很少以结果（犯罪率、安全感、人口的总体健康或教育成就）来衡量。GDP 忽略的不仅仅是那些不是由市场提供的服务，它还忽略了经济活动造成的环境成本。GDP 没有衡量我们生态系统的健康状况、生物多样性、污染水平、土壤退化、森林砍伐、水土流失，以及栖息地的丧失。GDP也不能衡量地球上资源的消耗。奇怪的是，矿物和能源的开采被视为无中生有，唯一的成本是开采成本。经济学家称这些东西为"推算"，也就是市场没有提供的东西，它们非常难以测量和量化。然而，它们却非常重要。但GDP计算错误的不仅仅是这些难以衡量的活动，还有一些事情，GDP也计算得很反常。

*　*　*

在很长一段时间里，我们太注重物质的积累，而放弃了个人的美德和社会的价值观……国民生产总值包括空气污染和香烟广告，以及为交通事故而奔忙的救护车，也包括我们安装在门上的专用锁和关押撬锁人的监狱……然而，国民生产总值不包括我们孩子的健康、教育的质量和游戏的快乐……它既不能衡量我们的机智和勇气，也不能衡量我们的智慧和学识；既不能衡量我们的同情心，也不能衡量我们对国家的奉献，总之，它衡量一切，却把那些使人生有价值的东西排除在外。

　　　　　——罗伯特·F.肯尼迪（Robert F. Kennedy），

　　　　　1968年3月18日在堪萨斯大学的演讲

GDP 的另一个失败之处在于，它把品质截然不同的东西放在一起计算。罗伯特·肯尼迪雄辩地阐述了这一点。在枪支和警报器上的花费和去动物园或买一本好书的花费被算作一样，但这两类花费的效用截然不同。如果你不以为然，可以问问自己，你难道不愿意生活在一个不需要购买枪和警报器，而可以去动物园、可以看书的国家？

这种失败体现在两个方面。第一是它通过投入而不是结果来衡量服务（如前所述）。如此一来，效率的提高——以同样的投入得到更好的结果——被视为生产力的损失。如果有人发明了一种新的医疗技术，以一半的成本达到同样的效果，那么它在经济上就会被计算为一种损失。如果有人发明了一种新的洗碗机，其成本只有旧洗碗机的一小半，那么它在经济资产负债表上就显示为负数。

GDP 将不同的品质等同对待的第二种方式是把我们所说的防御性支出与其他支出做同等计算。

防御性支出的两个例子是通勤和安全。人们通勤是为了实现另一个目标：上班。通勤本身不是经济目的。它是为了实现其他目标而做的事情。如果一个人在汽油、车辆费用、保险等通勤上的花费比另一个人多，那么这并没有真正提高这个人的生活质量，实际上恰恰相反。如果另一个人步行去上班，花的钱只比一双好鞋的价格多一点点，然后把剩下的钱花在更令人愉悦的事情上，那么此人将被视为与长途通勤者拥有同样的生活质量，尽管此人能够负担得起更多令人愉悦的事情。

安全问题也是如此。花钱购买昂贵的家庭安全系统，或者花钱购买枪支来保障自己在家中的安全，这本身就不是一种令人愉快的支出。安全感是人们努力实现的目标，而在实现这一目标的事情上花更多的钱并不一定会让你更安全。

这些价值上的扭曲和误差使 GDP 成为一种反常的衡量指标，正如罗伯特·肯尼迪所说："它衡量一切，却把那些使人生有价值的东西排除在外。"根据 GDP，一个人们工作到死，把收入花在枪支和警报器上以保护自己，把收入花在照顾孩子的保姆身上，把收入花在清理污染上，因为病得更重而把收入花在医疗保健上的国家，比一个花钱少，但把收入花在读书、和朋友吃饭、花园里的植物、电影票或旅行设备上，把时间花在与朋友和爱人一起学习新东西或帮助别人上的国家要好。

像 GDP 这样的衡量指标把所有的价值都归结为某样东西能不能被货币化。如果你的东西不能得到报酬，按照 GDP 之类的衡量指标，它就不算数。而当你突然可以把以前在市场之外做的事情货币化的时候，GDP 就会把它视为新发生的事情。不要误会我的意思。经济和物质财富不是坏事。贫穷具有破坏性，会对人们的幸福感造成严重损害。无法获取淡水，无法负担医疗保健，居住在不达标的住房和不安全的社区，这些都是不尽如人意的条件。增加财富和收入会对幸福感产生积极影响，在一定程度上的确如此。

1974 年，经济学家理查德·伊斯特林（Richard Easterlin）发表了一项研究，证明了人们对生活质量的自我评价与收入并没有很强的相关性。[33] 还有研究表明，虽然在一个国家中，高收入人群对生活质量的评价往往高于低收入人群，但这并不适用于所有国家。虽然富人的生活质量往往比穷人高，但富裕国家似乎并不比贫穷国家更幸福。[34] 似乎有一个临界点，超过了这个临界点，财富的增加就不再能改善人们的福祉了。一旦人们对住房、安全、健康、营养和家庭必需品的基本需求得到满足，拥有更多的东西并不会让人们更幸福。然而我们衡量经济福祉的主要标准正是基于收入高低。

然而，有人提出了替代 GDP 的衡量指标。有些衡量指标试图纳入或排除各种因素，以解释 GDP 遗漏或错误纳入的内容，如防御性支出。GPI（真实发展指数）和绿色 GDP 就是两个这样的衡量指标。其他的衡量指标则体现了我们对资源的使用情况，而不是我们的生产情况，其中生态足迹是最广为人知的。有些衡量指标完全放弃了 GDP 的方法，而是直接使用主观幸福感调查等方法来衡量幸福感。同样，有些衡量指标试图通过衡量那些被认为会提高生活质量的事物来间接衡量幸福感，例如人类发展指数（HDI），该指数结合了教育、预期寿命和收入等方面的衡量指标。[35] 以上只是几个例子，还有很多很多。

直接衡量幸福感本质上是问人们过得怎么样，虽然这样可能看起来过于主观，但这是我们所拥有的最好的衡量幸福感的标准。批评者声称，从这些衡量指标中无法了解到很多东西，如果没有一个客观的标准，这些测量就是模糊的、不重要的。许多人认为，任何测量都应该是客观的。然而，当谈到幸福感时，客观是不可能的。

幸福感是一种内在的主观感受。对我来说可能是充实、重要或有意义的东西，对你来说可能不是。任何衡量幸福感的客观标准都要被迫选择衡量哪些主观方面。虽然衡量收入可能是客观的，但选择收入作为衡量的对象本身就是一种主观选择。

衡量幸福感和快乐感这个问题把我们带回到了第二章。我们衡量幸福感的大多数标准都是衡量我们认为幸福的原因：收入、教育程度、识字率、犯罪率。但这些只是投入。真正的结果——满意感、幸福感、满足感是很难衡量的，也很少有人这样衡量。毫无疑问，我们应该在衡量这些事情上做得更好，或者从一开始就衡量它们。但最终，无论我们如何改进对这些事物的衡量，就其本质而言，它们都是不容易衡量的事物。

为什么面对这样的批评，在有很多替代选择的情况下，GDP 仍然得到如此广泛的应用？为什么我们没有听到有关本季度 GPI 增减情况的报道？或者印度的生态足迹正在发生怎样的变化？答案来自 GDP 最严厉的批评者之一，而且是一位令人大吃一惊的批评者——此人就是 GDP 的制定者本人。

西蒙·库兹涅茨（Simon Kuznets）于 1901 年出生在当时属于俄国的白俄罗斯城市平斯克。大学期间，库兹涅茨于 1917 年在哈尔科夫国立大学学习经济学，随后从 1918 年开始在哈尔科夫商业学院学习。他一直在那里学习，直到 1920 年俄国内战爆发。内战结束后，苏联对高等教育进行了重组，库兹涅茨最终进入了工会委员会的劳工部。幸运的是，库兹涅茨并没有在苏联待太久。1922 年，他举家移民到美国。

到美国后，他继续在哥伦比亚大学学习，于 1926 年获得博士学位，并于 1927 年进入纽约国家经济研究局。正是在这里，他在前辈经济学家的工作基础上，改进了一种试图解释一个国家全部经济生产力的衡量指标。他的细致和严谨奠定了后来人们所熟知的 GDP 的标准。

1934 年，当国会要求库兹涅茨提交他的研究成果时，他借此机会阐明了他辛辛苦苦开发的衡量指标的缺陷。库兹涅茨提醒参议院，这种衡量方法不包括"家庭主妇和其他家庭成员的服务"、"救济和慈善"、"耐用品服务"、"零工收入"和"非法活动收入"等。[36]库兹涅茨明白，不能包括这些东西就意味着 GDP 存在缺陷，后来很多人都指出了这一点。[37]

库兹涅茨也知道，GDP 存在缺陷，而且永远存在缺陷。他从未打算把它作为衡量幸福的标准，他解释说，GDP 从根本上说是衡量生产力的标准，而不是衡量生活质量的标准。即便如此，他也明白 GDP 作为经济生产力的衡量指标有其局限性。

在对国会的陈述中，库兹涅茨说了一些更深刻的话。他谈到了一些影响我们处理的每一项衡量指标的因素。这是我们应该永远铭记的一课。

人类的头脑有一种宝贵的能力，就是把复杂的情况简化为一个简单的特征，如果没有明确的标准加以控制，就会变得很危险。尤其是定量测量，结果的明确性往往会误导人们，使人们认为被测量对象的轮廓是精确和简单的。

大约 100 年前，我们社会中最严格、最费心计算的衡量指标之一的设计者告诉我们，我们无法做到他所提到的那件事：将一个复杂的现象轻松地简化为一个数字。这句话出自一个以缜密著称的人之口。

仅仅因为我们可以使衡量指标变得简单精确，并不意味着我们测量得足够详细就能使现象变得简单和精确。仅仅因为我们可以将教育简化为标准化的选择题考试的分数，并不意味着教育就像考试分数一样简单和精确。公共卫生并不像某种疾病的病例数或人口平均预期寿命那样简单。库兹涅茨明白这一点。他明白，虽然 GDP 会是一个有用的衡量指标（尽管有上述所有批评，但我认为它是有用的），但我们应该谨慎和谦逊地对待它。库兹涅茨不仅仅是在谈论 GDP。他的语言表达了更伟大的东西。他说的是所有的定量测量。每当我们把学习还原成考试分数，每当我们用警察的数量来衡量安全，每当我们用一天的时间来计算我们的工作，我们就会歪曲事实。我们开始相信，我们的测量越精确、越量化，就越接近事实。但事实并非如此。

为什么尽管 GDP 有很多批评声音和局限性，我们仍然使用它呢？因为它是一个确切的数字。它是精确的。它给一些本质上模糊不清、变化无常、不易解释的东西带来了确定性和权威性的气质。处理确切的数字比处理我们的生活、价值观和人际关系的模糊、主观和不断变化的性质要容易得多。

库兹涅茨在警告我们。他警告我们不要盲目量化，不要对自己的测量结果过于自信。他知道，一旦我们开始给事物附加上数字，我们就会开始相信数据背后确实存在数字。但我们没有听到这一信息。我们一头冲进了 20 世纪，毫无节制地、狂热地追求信息。我们开始衡量我们能想象到的一切：消费习惯、人口统计数据、医院床位数、价值观和信仰的变化、车祸、军费开支、学生考试成绩、经济生产力、货币汇率、建筑成本、犯罪率，以及几乎所有我们希望能量化的东西。我们就像小蚂蚁一样，把头放在地上，来回摆动我们的触角，然后循着足迹走。

凭借新发现的搜集、分析和报告海量数据的能力，我们产生了一种信息狂热。我们开始相信，因为我们可以量化一些东西，所以我们很容易理解它。我们不仅相信复杂的现象可以简化为简单的测量，而且开始相信它们应该被简化为一个简单的数字。我们接受了伽利略的名言："测量一切可测之物，并把不可测的变为可测。"

所以我们继续前进，量化我们遇到的任何东西。我们要求任何活动都有"确切的数字"。这成为一个值得称赞的目标，即使我们不知道这些数字意味着什么。经理、教师、机构、教练、行政人员、政府、企业和其中的每一个人都应该对他们所做的事情进行测量。我们对衡量指标极度痴迷，以至于有些人甚至声称"不可衡量的东西不容易复制、管理和欣赏"[38]。衡量指标不再是理解世界的工具；没有衡量指标，我们就无法理解和欣赏这个世界。本书中的例子，以及其他无数的例子，都表明我们对衡量指标的误解是多么的普遍。正如汤姆·韦茨所说，我们把自己埋在信息的重压之下，把它和知识混为一谈。[39] 与此同时，尊重细微差别、复杂性或相互竞争的目标被视为优柔寡断、不精确或懒惰。当一件事无法被量化或没有被量化时，它就会被忽视或嘲笑。任何没有附加数字的东西都会被丢弃或贬值。我们开始真正相信，"无测量，无管理"。

在我们的世界朝着越来越量化的方向迈进的过程中，所有不便量化的东西都在消失。在我们看来，经济中任何不能货币化的东西都失去了价值。工作中不容易测量或记录的活动正在被放弃。教学中不能提高考试成绩的教学方法遭到了抛弃。让人们更幸福但物质财富较少的生活方式会被怀疑、鄙视，或者二者兼而有之。

所有这些并不是说我们不应该测量任何东西。这并不是以失败主义态度对待衡量指标的论据，绝非如此。更好的测量方法很重要，希望本书中提供的经验教训能说明这一点。衡量和理解如何评估我们的目标、价值观和愿望的进展是极其重要的。然而，太多影响我们测量理念的东西来自硬科学：数学、化学、物理、生物学，其次是经济学。在这些领域中，精确的测量一直是最终目标。如果一个化学家把化学反应的理想温度描述为"相当热"，或者一个物理学家说火箭需要"飞得很快"，那么他们恐怕饭碗不保。量化驱动着硬科学的一切，而且应该如此。

在硬科学领域，测量是相当简单的。测量物体下落的速度、溶液的沸点，或者人体中蛋白质的含量，都是仪器的问题，而不是测量是否正确这一根本问题。当我们想知道一个球的重量时，我们真正关心的只是我们能多精确地测量它的重量。

但是，我们越是远离硬科学，就越会深入心理学、经济学、政治学和社会学等不精确的世界。随着我们是谁、我们应该成为什么、我们重视什么等更大问题的出现，衡量指标变得越发不直截了当。衡量人类、社会和环境现象的根本问题在于，对于什么是正确的衡量指标，没有简单的答案。在硬科学中，测量是关于仪器的。在社会科学中，测量是关于价值的。在教育、医疗、工作、经济、体育、人际关系和幸福感的混乱世界中，衡量指标并不仅仅是工具，但我们把它们当作工具来对待。我们试图找到更准确地衡量 GDP 的方法，但我们很少努力去弄清楚 GDP 是不是正确的衡量指标，或者是否存在正确的衡量指标。

很多时候，当设计和实现一个衡量指标时，我们提出的问题与我们在这些领域会用到的问题类似。"我们能多精确地测量它？""我们如何搜集数据？""我们能测量什么？"但这些问题的方向是错误的。我们应该问的第一个也是最重要的问题是："什么是重要的？"然后我们应该研究的问题是："如果它可以测量的话，我们该如何测量它？"

这就是 GDP 背后的根本缺陷。这不仅仅是因为 GDP 没有反映一个国家的所有经济活动，也不仅仅是因为 GDP 主要是衡量投入，还不仅仅是因为它对环境恶化或人类健康视而不见。失败的不是 GDP，而是我们。GDP 的目的从来都不是衡量幸福，但我们这样看待它。因为 GDP 能够提供确定的数量，它就有了一种权威的意味。心理健康、人口健康、人权、民主价值观等不太容易衡量的因素则被置于次要位置。我们自欺欺人地认为，衡量一个国家的生产力不仅意味着生产力，还意味着除此之外的一切。

GDP 所衡量的东西远远脱离了让生活变得有价值的东西，但这正是我们使用 GDP 的目的，因为没有其他东西能提供如此明确的价值。

GDP 是我们生活中衡量指标的典范。就像 GDP 一样，我们开始相信我们的衡量指标比它们所衡量的东西更有意义。我们开始相信，任何事情都可以而且应该被衡量；我们的工作、社会和生活的方方面面都可以被简化为数字和方程式；任何事情的成功都很简单，那就是提高我们的数字。我们开始相信，我们的生活更像电子游戏，只需要得到足够的点数就可以升级，并在统计数据上获得正确的分数；而不像诗歌，诗歌的意义可以解读，但它的重要性无法衡量。我们怀疑任何不能用严格客观的衡量来表达的东西。我们说服自己，一切事物的本来面目都是一个数字；一旦我们把某件事情量化，我们就把它变成了现实；在数字领域之外，世界并不存在。我们自欺欺人地认为，任何无法衡量的东西都不能被理解、享有或重视。我们开始相信自己的幻觉。

第九章

对衡量指标的反思

在本书中，我们看到了衡量指标是如何被误用、滥用和误解的。但我们也看到了如何改进衡量指标，如何避免衡量指标的陷阱和缺点，以及如何从他人的错误中吸取教训。

我们对衡量指标的痴迷需要结束了。彼得·德鲁克那句广为流传的格言"无测量，无管理"，需要接受挑战和反思。我们需要采取一种更周到的方法来思考我们衡量的内容和原因。因为，尽管衡量指标可能有用，但衡量指标也可能模糊、破坏和扭曲系统。[1]

戴维·帕门特（David Parmenter）是一位 20 多年来一直致力于开发和实施绩效指标的专家，他发现衡量指标已经被严重滥用，于是写了一篇文章质问："我们应该放弃绩效指标吗？"他看到，正如古德哈特定律所说，衡量指标会被玩弄于股掌之间，会鼓励团队执行与组织战略方向相悖的任务，会占用员工和管理层宝贵的时间。而由咨询顾问得出的衡量指标通常只会是一份厚得像砖头的报告，除此之外，一无是处。[2]

在本书的开头，我介绍了衡量指标产生的原因，并讨论了衡量指标如何为我们提供对真理的理解，为我们试图理解的东西提供一种确定性。衡量指标还通过帮助我们简化复杂系统，使之成为清晰的模型，为我们提供了简单性。在缺乏信任的情况下，衡量指标可以作为一种验证工具。最后，在不同的观点和价值观使主观性影响我们判断的情况下，衡量指标为我们提供了客观性。

在本书中，我们看到了衡量指标的这些目的非但没能增强测量的有用性，反倒有可能破坏和背离测量的有用性。现在，让我们来回顾一下。

复杂性

当涉及复杂性时，衡量指标可以帮助我们将一个多元化的系统提炼成一个简化的模型，从而使我们更容易地做出决策，并且理解系统不同方面之间的关系。当衡量指标被用来过度简化系统时，复杂性问题就出现了。如果你大幅降低复杂性，你最终会失去很多重要的东西。正如戴维·曼海姆所说："只读简介而不读书，会妨碍你的理解。"[3]

以建立一个简化的公司高管奖励制度为例。董事会和股东通过衡量公司收益将高管薪酬与业绩挂钩，这种日益流行的趋势将高管复杂的动机浓缩为一个目标：利润最大化。要了解高管为公司利益所做的每一个决策，以及这些决策如何带来利润和股东价值，这太过烦琐，难以完全理解，因此，投资者转而使用一种简单的工具来评估成功。然而这样做的后果是，薪酬策略过度简化了系统。短期收益得到了优化，长期赢利能力却被牺牲了。诸如营销和研发这些让公司获得竞争优势的方面，则被忽视或淡化。

使用食物里程作为食物可持续性指标的缺点也体现了简化复杂系统的弊端。我们的饮食决定影响着全世界，从肯尼亚的农场，到中国的货运场，到我们当地的杂货店，最后到我们的餐桌。面对这样一个错综复杂、交织混乱的食物供应网络，许多人选择关注一个单一的衡量指标来评估食物的可持续性：食物到达我们盘子的距离。这种过于简化的做法不仅让我们对食物系统的其他方面视而不见，而且过分强调了一个仅占整个过程中排放总量 1/20 的组成部分。这种过度简化导致了反常的结果，有人吃着在温室里种植的当地食物，认为自己在为地球做善事，而事实上恰恰相反。

在公共教育系统中，简化系统也是显而易见的。孩子们在学校学习很多东西。他们不仅学习学术知识，还学习生活技能。学校不仅教授数学、语言和科学，还教授孩子们合作、专注、社交、动机、创造力、好奇心和志愿服务等技能，以及对学习的热爱。然而，在评估学校时，复杂的学习体系被归结为懂得算术和语法。

正如担任美国数学学会执行理事超过 15 年的约翰·尤因（John Ewing）所说："教育的最终目标不是让学生学会解题。我们的目标是培养有好奇心和创造力，并将之应用在生活中的学生。"[4]

追求简单有两个缺点。第一个缺点是，过于简化会导致我们对系统缺乏充分的理解。理解系统的每个组件是如何工作的，以及这些组件是如何相互关联的，有助于我们更好地理解整个系统。将系统分解成组件会导致我们对整体复杂性的理解缺失。

第二个缺点是，如果只关注系统的一个方面，就会忽略其他方面。这被称为维度损失。[5] 如果只根据能发表文章、经常发表文章和发表经常被引用的文章的能力来评价学者，你就忽略了学者在其他方面的贡献，比如教学。如果我们衡量经济和社会的可量化的方面，如经济生产力，我们就会忽略让人幸福的其他重要方面，比如安全和自由。正如戴维·曼海姆所言："当你只让一个系统的一部分变得更强大时，你就会破坏系统的其他部分，只有其他部分得到加强才能弥补。"[6]

客观性

我们使用衡量指标的原因之一是衡量指标提供了客观性。衡量指标在评估中提供了非常受欢迎的价值：中立、公正和客观。只要数字是准确的，关于衡量指标的价值的争论就没有意义。数字就是数字。你想证明你的工作效率比同事高？只要衡量一下你的生产力即可，数字不会说谎，数字没有偏见。

我们经常使用衡量指标来避免做出主观判断。我们希望我们的决定看起来客观公正、态度冷静，所以我们使用看似客观的测量进行评估。对那些提倡这样或那样的评估方法的人来说，一种常见的论据是："数字说明了一切"或"这不是我的决定，我只是在报告我们的测量结果"。然而，在现实世界中追求客观性可能会产生可怕的后果。

在越南，军事指挥官面临着美国历史上最复杂的军事对抗，既要面对入侵的军队，又要面对当地的叛乱，同时还要处理北越人、南越人和本国人的政治动机，于是，军事指挥官们试图对战争进行量化。当然，他们如果能搜集到足够多的数据，就可以对战争的进展做出客观的评估。诸如了解导致叛乱以及国内反对声音的各种政治、文化和社会动机这类主观因素在很大程度上被忽略了，直到这些因素让美国人输掉了战争。

这种对客观性的渴望同样削弱了基础研究的目的。政府官员、拨款申请审查员、部门主管、基金会主席，以及几乎所有参与学术研究资助的人，都必须努力应对一个挑战——评估那些根本无法衡量的东西。对某些细菌的蛋白质的研究是否会带来医学上的突破？研究处于特殊环境中的人能否让我们洞悉人类行为，从而提高幸福感？这些都不是简单的问题，也不是每个人都会认可同一个答案的问题。但学者最新论文被引用的次数是没有争议的。这个数字不会因为你问的人而改变。因此，科学研究往往被简化为一个简单的指标，即一项研究工作发表了多少篇论文和论文被引用了多少次。最终，这伤害了科学。

对主观性的厌恶也驱使我们通过其他方式来衡量幸福。当《经济学人》杂志发布年度经济报告时，当政府报告经济实力时，它们报告的不是关于生活质量的主观调查结果，而是GDP。中央银行或政府劳工部会报告公民在自我报告的幸福感调查中的得分情况，这就显得很奇怪了。谁能说尼日利亚人评价自己生活质量的尺度和日本人一样？或者说，生活在贫困线以下的人是否与收入排在前 1% 的人拥有同样的富足程度？生活质量是一个见仁见智的问题。你觉得生活中重要的事和我觉得生活中重要的事是不一样的。为什么会有人想要衡量它？甚至报告它？与个人观点无关的问题是法国 2017 年的经济总量（这是一个有争议的问题，但这不是重点，至少存在客观性的可能），所以这是各国采用的手段。

然而，对人们来说，真正重要的不是上个季度他们国家的经济产值是多少，也不是他们国家的 GDP 增长是否跟上了同类国家。他们关心的是，他们在社区中是否安全，他们的健康是否有保障，他们能否为家庭提供必需品。他们关心不受压迫和不受无端的暴力侵害，不管这些压迫和暴力是来自同胞还是来自国家。他们想要获得生活中的使命感和归属感。然而，这些东西都不能像经济生产力一样被衡量。所以，我们一而再，再而三地回到了这个问题上。

客观性也是破坏亚特兰大公立学校系统的一个因素。教师可以给他们的学生带来许多好处，比如激发创造力和好奇心，为学生树立榜样，等等。他们帮助学生学会相互合作，学会与不同的人交往，理解学会妥协才能实现自己的愿望。然而，这些事情都不容易被客观衡量。达马尼·刘易斯在他的学生（大多数是没有父亲的学生）的生活中树立了一个积极的男性榜样，这有多重要？这取决于你问谁，但不取决于你问的是他的学生在标准能力考试中的成绩如何。这些数字不受偏见和个人观点的影响。数字就是数字。用帕克斯中学的考试协调员阿尔弗雷德·基尔的话说："考试是最重要的，因为考试数据揭示了真相，重要的不是我怎么想，我感觉如何，我觉得应该如何，以及我的看法，而是实际情况如何。"[7]

坚持使用客观衡量指标的第一个问题是，它忽视了一切本质上是主观的东西。这就是在越南战争、在学术界、在衡量经济以及在评估教师时，对衡量指标的关注所产生的效果。在所有这些领域中，人们都希望采用客观的衡量指标，结果忽视了不容易客观衡量的东西。

客观性的另一个问题是客观性本身的表象。测量就是测量，数字就是数字。个人的观点、偏颇的判断都被去除，只剩下客观的数字。但客观性是一种假象。许多人没有认识到的是，选择测量什么本身就是一种主观选择。选择考查学生的算术知识，以及考查的内容在学生成绩中占多少比重，都是主观的决定。考试中的每个问题，以及它的措辞，都是关于学生应该学习什么以及应该如何评价学生的主观选择。任何一种评价都是如此。即使选择一个纯粹"客观"的衡量指标,比如一个员工每天工作多少小时,或者写多少行代码,选择衡量指标本身也是主观行为。

主观性是不可避免的。并不是从某种后现代主义的意义上说,一切都是主观的,所有观点都是有效的,而是从真正的意义上说,我们对任何评估方法的选择(或不选择测量某样东西),最终都是对我们所重视的东西的选择。虽然测量方法本身看起来是客观的,即数据是定量的、统计学上是合理的、是以中立的方式搜集的,但衡量指标的选择是主观的。例如,决定用工作小时数来衡量员工的生产力是一种认为"工作小时数很重要"的主观决定。同样,仅以车辆行驶所造成的延误来衡量一个交通项目,就等于做出了一个选择,即认为车辆行驶时间很重要,而行人安全不重要。

我们不能简单地测量某样东西,然后声称它是客观的,并通过指出测量的"客观性"来驳斥任何相反的意见。选择任何测量方法都是一个主观的决定。我们必须认真思考我们所选择的衡量指标,并为我们使用这些指标的原因进行辩白。只说"但数据就是这么说的"是不够的。然而,这种情况经常发生。我们必须证明为什么我们一开始就选择使用这些数字。衡量指标的支持者经常会用客观性作为我们需要衡量某样东西的理由。无论是在日程表、销售量、成功的手术，还是在原始经济生产力方面，很多人的论点是，这些衡量让我们对情况有了客观的看法。对衡量指标的批评通常会得到这样的回应："我们需要一个客观的衡量指标，否则这只是一个见仁见智的问题。"这种回应要么没有认识到衡量指标的选择本身是一个见仁见智的问题，要么在衡量指标的客观性背后隐藏了自己的观点和价值观。客观性是一种逃避，对于"什么是重要的以及如何评价它"这种问题，人们往往要进行艰难且混乱的讨论，客观性就是在逃避这些讨论。

确定性

对确定性的渴望，对掌握更多的知识的渴望，以及对能够自信地按照我们掌握的知识行事的渴望，激发了我们对测量的许多渴望。没有人愿意承认自己在一无所知的情况下做决定，更不用说承认自己一开始就没有想要了解这些知识。我们希望对我们的行动和决定有把握，而我们做到这一点的唯一方法就是用数据来支持我们的行动和决定。

在现代文化中，确定性往往意味着量化。仅仅知道某件事情是真实的还不够，我们还需要知道它有多真实。正如玛格丽特·惠特利和迈伦·凯尔纳-罗杰斯指出的那样，人们相信数字才是真实的。如果你能赋予某件事一个数字，你就能让它成真。一旦它是真实的，你就可以管理和控制它。[8] 或者正如彼得·德鲁克所说："无测量，无管理。"

追求确定性可能是有用的。它可以让我们更好地理解一些我们以前不太了解的事情。通常，对情况了解得更多会让我们做出更好的决定。然而，正如戴维·曼海姆所言："不去衡量某件事情可能是比接受一个模糊的衡量指标更大的错误，但并非总是如此。"[9] 有时候，一知半解可能是有害的。

对确定性的需求是纽约警察局录音带丑闻和 CompStat 系统缺陷的核心。最初，CompStat 系统提供了必需的数据，有助于犯罪分析。这些数据为警方提供了关于高犯罪率地区的信息，以便有效地部署警力，打击犯罪和平息骚乱。但对数字的痴迷最终伤害了纽约警察局。纽约警察局对犯罪率和执法行动的迷恋，不仅意味着警员为了最大限度地提高这些数字而采取不道德的行为，而且意味着任何无法量化的东西都被忽视了。正如"黑人执法联盟"负责人马克斯·克拉克斯顿所言："没有任何数字可以说明我今天制止了 7 起盗窃案。"[10]

这种对数字的痴迷，也是奥弗里希特医生和肖娜·托梅在试图证明 CVFP 的优点时的核心所在。他们以患者为中心的医疗模式旨在提高效率，减轻患者负担，但在证明其存在的理由时面临着一场艰难的战斗。尽管诊所注重患者的长期健康，并提供更强大的一系列医疗服务，但其模式建立在医生做得更少的基础上。

确定性也是体育指标的核心。体育统计学家、爱好者、教练、经理和球迷都痴迷于可以测量的东西。如果某件事可以统计，我敢打赌，一些体育统计爱好者已经找到了统计的方法。球员的上垒率、投篮命中率、控球率，以及他们在足球场、篮球场、冰球场或棒球场上的所有动作，都会被评分。但在体育分析中遇到的问题是如何衡量球员在不持球的时候所做的一切。体育分析师太过关注他们能计算的东西，忽视了他们不能计算的一切。

量化世界的需求也支持了教育中的考试文化，尤其是亚特兰大公立学校丑闻。贝弗利·霍尔对考试成绩的痴迷，以及对不断提高考试成绩的渴望，导致了一种文化，在这种文化中，任何可以提高考试成绩的方法，无论多么违反道德准则，都会被纵容，而任何对考试成绩没有贡献的东西都会被贬低。虽然教师和校长自己尽最大努力来渡过难关，忍受作假，以便继续专注于他们认为在教学中重要的事情，但这些价值观会让他们丢掉自己的工作。在霍尔执迷于考试的管理下，亚特兰大近90%的校长被解雇或辞职，其中许多人无疑是因为他们拒绝为了达到考试目标而牺牲自己的价值观。其结果是，一切使教学和教育变得有价值的东西被慢慢弱化。正如佐治亚州教育工作者职业协会的发言人蒂姆·卡拉汉（Tim Callahan）所说："我们教师最优秀的品质——他们的幽默感，他们对学科的热爱，他们的兴奋之情，他们对学生个人的兴趣——没有得到尊重或重视，因为这些品质是不可衡量的。"[11]

确定性在越南问题上同样发挥了作用。消耗战略要求美国士兵杀死更多的越南战斗人员，超出他们认为的越南领导人可以承受的死亡人数。这种对统计数据和准确性的痴迷意味着必须核实死亡人数，结果令人震惊。尽管这些信息毫无用处，但军事指挥官为了核实死亡人数，还是派人去送死。时任国防部部长罗伯特·麦克纳马拉和威廉·威斯特摩兰将军等指战员对这些统计数据的信任也表明，他们不愿在战争中采取更温和、更模糊的衡量指标。

不确定性也是短期主义的核心。正如我们在第三章中看到的，跨期问题最终是由一个事实引起的——未来是未知的，而现在是更确定的。这种不确定性导致我们低估了那些有短期成本却能带来长期利益的事物。"短期的痛苦，长期的收获"这一观念对每个人来说都是一个挑战，因为我们知道痛苦会发生，但我们永远无法确定收获。

对确定性的渴望往往是由将数学、物理、化学等硬科学的技术应用于人类世界的愿望驱动的。应用统计方法、算法和方程式在纯数字的世界里很有效，在粒子、分子和物质的世界里也还有效。但当涉及人类及其情感、关系、价值观、社会结构和信仰体系时，这些数字就无法发挥作用了。正如梅甘·麦卡德尔（Megan McArdle）所说："你与事物打交道越少，与人打交道越多，效率指标就越没用。"当与人的身心打交道时，你"很难知道最终结果中有多少是你的劳动结果"[12]。这种对确定性的渴望，对给一切事物赋予数字的渴望，以及对确信自己知道事物真相的渴望，存在几个缺点。第一个缺点是具体化。这时你开始相信测量是真实的，而不是你所测量的东西是真实的。[13] 安全性变成了犯罪统计和执法行动。健康生活变成了看医生。球员的价值在于他的统计数据。赢得一场战争的胜利变成了清点歼灭人数的问题。

具体化有很强的吸引力。将世界简化成易于搜集和计算的数字，并将我们生活的复杂、模糊和波动的系统简化为我们可以输入电子表格并得出数字的东西，是很有诱惑力的事情。但这不是世界运行的方式。人类、价值观和信仰的世界不能简化为计算。自由不是数字。目的不是方程式。创造力不能通过搜集数据来培养。正如戴维·曼海姆所说："测量有时会成为一种替代品，一块遮羞布，也会成为解决有趣的数学和编程问题的借口。但它不能处理混乱和难以理解的人际互动。"[14]

我们对确定性的渴望的另一个缺点是，它忽视了那些无法衡量的事物。我们不仅相信那些可以测量的东西才是真实的，而且不再相信那些无法测量的东西是重要的，甚至认为它们不存在。我们越倾向于通过衡量指标来量化和管理，我们就越远离那些不容易测量的品质。这种情况在职场中很常见，尤其是在大型组织中，组织很难直接观察到员工的贡献。由于很难直接观察和衡量员工的动机、合作能力、创造力、对客户的关注度和敬业精神，组织往往依靠硬性数字指标来评估员工——他们工作的小时数、他们的生产力、他们完成的流程数量。但这些衡量指标可能会适得其反。由于忽视了员工的软贡献，我们会削弱他们的其他贡献，从而损害组织的利益。当组织只专注于它们可以直接计算的东西时，它们最终会失去那些为了更远大的目标而留在组织中的人。

信任

孔子对弟子说，治理国家要使武器装备充足，粮食富足，民众信任。如果一个统治者做不到这三点，他应该先放弃武器，然后放弃食物。信任应该被守护到底。[15]

你信任你的员工吗？你的同事呢？你的政府呢？教导你孩子的教师呢？照顾你健康的医生呢？如果你不信任，你怎么能确保他们为你提供服务、产品和你所看重的结果呢？对我们很多人来说，当信任缺失，我们无法直接观察到某些东西时，我们就会寻求验证，而在大型组织和系统中，验证往往意味着测量。

信任，或缺乏信任，几乎是我们在与人打交道时使用的所有测量的根源。实际上，每一个绩效标准、生产力报告、活动要求和工作评估都建立在一个基本的但往往没有说明的信念上：我们不信任彼此。对确定性的需求源于缺乏信任。如果某件事情来自你信任的人或物，那么为什么要去核实呢？对客观性的渴望也来自一个事实：我们不相信别人的观点与我们相同。

从本质上讲，信任是我们选择测量的根本原因。在许多组织中，正是由于缺乏信任，我们才衡量业绩。许多公司根本不相信他们的员工会按照公司的最佳利益行事，所以它们对员工进行衡量。

我们在第二章中看到，缺乏信任促使许多公司根据员工的工作小时数来衡量员工。公司根本不相信，如果员工能够自己管理时间，员工就会有效地利用时间，所以公司就以时间来衡量员工。当凯丽·雷斯勒和朱迪·汤姆森对百思买的员工进行调查，询问如何改善工作环境时，最常见的回答为："请相信我会有效利用时间。"这并不令人意外。[16]

同样，缺乏信任促使卫生系统衡量医生做了多少"收费活动"。仅仅相信医生为病人提供适当的护理是不够的，这可能涉及少做而不是多做。相反，我们必须衡量医生。我们必须确保医生"富有成效"。我们宁愿让医生开处方或者给病人做检查，也不愿让医生告诉病人耐心等待，因为病情无论如何都会好转。同样，缺乏信任也促使病人要求医生进行不必要的检查和开处方。

虽然信任（或者说缺乏信任）驱动了我们对测量和验证的渴望，但信任本身无法测量。信任是你拥有的东西，直到你失去信任为止。尝试测量信任就像测量一盏灯是开着还是关着一样。俗话说："信任需要几年的时间建立，几秒钟的时间打破，一万年的时间修复。"信任一旦失去，就很难挽回。

在纽约，对犯罪统计和执法指标的痴迷导致纽约人对警察的信任度下降。虽然各警区能够让其报告的犯罪率逐年下降，但他们的行为导致人们对社会的信任度逐渐下降。正如贝德福–斯都维森的议员阿尔·范恩（Al Vann）在写给警察局局长凯利的信中所说："我们认为，居民再也不会相信分局会保护他们并为他们服务了。"他说。居民觉得警察"把我们的社区当成了军事占领的对象"[17]。

对警察的信任不仅仅是一种让人感到幸福和满足的概念，信任会使警务工作更有效。警察的工作有赖于公民的合作。他们需要公民识别和举报犯罪，并向警察提供信息。作为回报，公民必须相信，当他们作为犯罪证人时，警察会保护他们。当社区对警察的信任被削弱时，犯罪行为就不会被举报，在识别犯罪者和提供证据方面的协助就会减少，恐惧感就会增加。信任是警察部门最重要的资产。

我们经常无法理解的是，绩效指标可能会破坏信任，不仅包括雇员对雇主的信任，公务员对行政部门和领导者的信任，也包括社会对公务员的信任，雇员对企业领导者的信任，以及公民对政府的信任。正如奥纳拉·奥尼尔（Onara O'Neill）指出的那样，这种信任的缺失不仅是许多衡量指标的根源，而且导致了一种"自我保护"文化。医生花更多的时间记录自己的活动，而花更少的时间在病人身上。警察花更多的时间记录活动、准备案件，被绳之以法的罪犯却更少。学生花更多的时间准备考试，却花更少的时间学习。所有这些都是加强问责制的一部分，这驱使着人们"走向防御性医疗、防御性教学和防御性警务"[18]。我想补充的是，如果我们还没有了解这一点的话，那么我们也在朝着防御性工作、防御性管理和防御性治理的方向发展。

衡量指标一旦被滥用，就会破坏信任。当我们以缺乏信任为由衡量员工业绩时，我们就无意中破坏了这些员工对组织的信任。员工不再相信他们的雇主会把他们的贡献看得过于重要。信任是双向的。归根结底，衡量指标无法取代我们对组织、社会和生活的信任。正如奥尼尔所说："为确保人们遵守协议、不辜负信任而精心制定的测量方法，最终必须以信任为后盾。在某种程度上，我们必须信任。"[19]

* * *

在本书中，我们已经看到衡量指标是如何被滥用的，它们如何扭曲、扰乱和破坏我们的目标。我们已经看到衡量指标如何使我们对真正重要的东西视而不见，如何将我们的注意力转移到无益或适得其反的行动上。我们还看到衡量指标如何帮助我们的系统、组织和生活变得更加清晰。衡量指标是一种强大的工具，如果使用不当，可能会造成不可挽回的损害。审慎地回顾一下我们在本书中所学到的关于衡量指标的经验教训是很有必要的。

第一，要警惕使用衡量指标来进行褒贬。对一个衡量指标的赞美或指责越多，基于结果的奖励和惩罚就越多，这个衡量指标就越容易被操纵。人们玩弄衡量指标的一个原因是他们没有办法通过自己的行动来改善它。在本书的几个例子中，我们看到了结果和成果如何超出了所有人的控制。巡警（更不用说分局指挥官）几乎无法控制警区内的犯罪率。销售人员只是销售产品过程中的一个组成部分。教师的指导只是让学生学有所成的一个因素。在这些情况下给予表扬或指责，只会导致挫折感，或者更糟糕的后果——操纵。如果人们不能通过改善他们的表现来提高绩效指标，他们就会寻找其他方法来达到所要求的标准。

这是对古德哈特定律的辩白。古德哈特定律指出，任何一个指标一旦成为评估的工具，它就不再是一个好的指标，因为人们会学会玩弄这个系统。达成指标的激励越大，实现结果的压力就越大，人们会为了实现这个目标而不惜一切代价，甚至不惜降低自己的道德底线。应对这一问题的方法之一是减小达成指标的压力。如果教师的工作岌岌可危，他们就会作假，但如果考试成绩只是用来确定需要改进的地方，教师可能就不会作假。一个指标的权重越小，它就越不会被用来评估个人表现，它被玩弄的可能性也就越小。

在本书中，我们研究了许多关于古德哈特定律的例子。教师为了达到标准而学会操纵考试成绩。警察为了完成定额任务而降低犯罪等级。CEO 操纵收益数据以提高股票价格。员工想方设法玩弄所有绩效评估体系。但更大的危险并不在于操纵数据，也不在于寻找最大限度地提高绩效指标的方法，衡量指标的真正危险在于，它们使我们不再关注真正重要的事情。教育中更大的问题不在于教师可能在学生的考试中作假，而在于他们改变了教学方式，忽视了教授学生所需要的复杂技能。警察部门采用了大量数据分析（如 CompStat）之后，产生的真正问题不是警察通过降低犯罪等级来捏造数据，而是他们不再进行真正的警务工作。学术界和研究界的危机不是期刊的存在只是为了提高研究人员的 H 指数，也不是学者无缘无故地不断引用彼此的研究成果，而是过分注重发表和引用导致对基础研究、调查、创造力和追求新思想的厌恶。古德哈特定律偏离了真正的问题：指标从根本上改变了我们做事的方式。越是强调实现一个指标，人们就越会把精力从真正重要的事情上转移到被衡量的事情上。

相反，指标应该被用来确定需要改进的地方，这样员工就可以与他们的领导合作，把事情做得更好。[20] 我们可以这样看待这个问题：衡量应该作为反馈而不是作为指标存在。反馈与指标的不同之处在于，反馈提供的信息可以来自任何地方，系统负责创造自己的意义，鼓励新的想法，关注的是适应性和成长性。指标则是强加的，是一刀切的，其意义是预先确定的，而且注重稳定和控制。[21]

第二，如第二章所述，在使用衡量指标时，要了解你是在衡量投入、产出还是结果。在许多情况下，衡量的重点应该是结果，也就是你想要改变的事情。如果过于关注投入或产出，你可能会鼓励低效率，甚至适得其反。然而，这些并不是一成不变的规则。在某些情况下，衡量投入或产出可能很有用。例如，在学术研究中，当研究开始时，结果是无法预测的。发现往往是偶然的、不可预知的，但也可能是开创性的。试图衡量结果就像预测你是否会出车祸一样。你无法确定自己是否会被一个分心走神的司机撞上，或者是否会在有薄冰的路面上打滑，但你能做的是学会根据路况安全驾驶。就像我们不应该把责任推给一个小心驾驶却出了车祸的人一样，我们也不应该根据科学家的产出来衡量他们。相反，我们应该衡量他们的创造性思维和探索新知识领域的能力，他们创造一个有利于探究和创造力的环境的能力，以及他们对变化的适应能力。

第三，确认你的衡量指标是注重短期而非长期，还是正好相反。第三章讨论了在企业界和学术界，诸如企业营收或论文发表数量之类的衡量指标如何为了短期结果而最终牺牲了长期利益。其他衡量指标也有可能破坏长期目标。当城市衡量运营支出时不考虑基础设施的长期维护，它们就会贴现未来。当政府试图通过削减教育支出或医疗保健支出来减税时，它们就是在为现在牺牲未来。

第四，在测量任何东西时，你都要理解你用来确定测量的公式。有时（计算比率时），使用错误的分母会歪曲和扭曲你试图测量的目标。简言之，你测量的是你认为你在测量的东西吗？

第五，要认识到你所测量的东西是你想要改进的系统的一部分，还是整个系统。有些系统可能看起来太复杂，让人无法完全理解，这可能需要简化。但这种简化可能会做得过头，你想要最大化的指标可能会破坏其他重要的东西。

第六，确保以不同的方式测量不同品质的事物。你有充分的理由简化你所测量的事物的类别和品质，因为没有任何测量方法可以涵盖所有事物的每一个细节和维度。但这种简化可能会做得过头。当你对所有的死因都一概而论，你就忽视了这些死亡本质上的巨大差异，最终把精力集中在错误的地方。同样的道理也适用于一切品质差异很大的衡量指标。如果你根据员工完成了多少"流程"来衡量他们，而这些流程的质量可能参差不齐，那么你可能需要重新考虑你的测量方法。

第七，不要专注于那些容易测量的事情。不要让你的策略演变成一场数字游戏。在任何组织中，总有一些人希望回到"指标管理"的轨道上，这是一种寻求测量一切的方法。关注数字并且只关注数字的管理者和领导者，最终会鼓励那些只知道如何应对数字的行为。你得到的将只是那些知道如何玩数字游戏的人。并非所有计算得清楚的东西都重要。正如丹·艾瑞里所说："你测量什么，你就得到什么。"[22]

第八，请记住，一件东西不容易测量并不意味着它没有价值。这不仅适用于我们世界的"软性"领域，比如我们的个人生活或整个社会，也适用于商业或科学等看似量化的领域。诸如动机、合作、灵感、创造力和使命感等特质并不是测量创造出来的。并非所有重要的东西都计算得清楚。

第九，要明白，测量可能会破坏你试图培养的动机。正如我们在第九章中看到的，测量和奖励不一定会以你认为的方式激励人们，它们甚至可能会让人们失去动力。当你测量和奖励一件事的时候，你应该考虑它对其他东西的价值有什么影响。

你把一件东西建立起来，是不是就把另一件东西毁了？你把一件事放在聚光灯下，是不是就把另一件事置于黑暗之中？

第十，要明白，没有一个单一的衡量指标能包含所有答案。你必须衡量多种事物。[23] 在这本书里，我们看到了许多糟糕的衡量指标的例子，但我们也看到了一些优秀的衡量指标的例子。没有任何一个衡量指标能反应全部真相，也没有任何一个衡量指标能解决所有问题，但是衡量多个事物可能会帮助你进一步理解并克服单个衡量指标的缺点。你不仅应该衡量多种事物，而且应该定期质疑你正在使用的衡量指标是否有用和合适。更重要的是，你还应该质疑是否存在有效和适当的东西可以衡量，而你却没有衡量。

第十一，不要被测量搞得焦头烂额。有些衡量指标是有用的，但很多没用。不要落入为了测量而测量的陷阱。这是罗伯特·麦克纳马拉在越南战争的第一阶段犯下的错误。数据量极其庞大，以至于它不再有任何意义。企业也会掉进这个陷阱。公司有100多个指标可以用来监测网络流量，但是它们都有用吗？

第十二，不要用衡量指标来弥补信任的缺失。无论是相信员工会富有成效，相信教师会好好教育我们的孩子，相信医疗保健人员会照顾我们的身体，还是相信警察会保护我们并保障我们的安全，衡量指标都不能取代信任。信任是通过持续的行动、共同的价值观、对彼此的责任感和问责制建立起来的。用衡量指标来取代信任，只会把责任感转移到数字本身。

第十三，与其衡量绩效，不如关注行为。在许多角色，特别是那些涉及许多不同群体的、任务复杂的角色中，没有一个人可以对其工作结果负责。在他们自己的行为之外，有太多的力量可以影响结果。员工做了所有正确的事情，但仍然不能达到他们想要的结果。在这种情况下，绩效衡量指标就会像随意奖励或指责一样，导致员工沮丧、失望，甚至绝望。相反，组织应该把重点放在教导、鼓励和奖励行为上。如果一名员工表现出所有正确的行为，比如奉献、合作、创造力、解决问题等，但只是因为他无法控制的因素而无法取得成果，那么他仍然应该受到重视。

第十四，要学会对衡量指标持批判态度。这本书的重点并不是要解决任何人可能遇到的任何一个测量问题，而是要让大家对衡量指标的缺点有一个基本的了解，以及知道如何发现它们。当你在工作中、阅读中或日常生活中面临测量时，你可以问问衡量指标意味着什么，并质疑它们是否真的在测量它们所说的东西。

在这本书中，有许多英雄，也有不少反面人物。英雄是那些认识到衡量指标的缺陷并决定采取行动的人。阿德里安·斯库克拉夫特揭露了纽约警察局的大规模欺诈和掩盖行为。玛格丽特·奥弗里希特医生看到了初级医疗诊所令人难以置信的低效，并通过不懈努力创建了一个关注患者健康的全新系统。肖娜·托梅继续倡导一种更好的方式来运作和衡量初级医疗保健。希瑟·福格尔和约翰·佩里揭露了亚特兰大公立学校系统的作假丑闻，揭示了对考试分数的痴迷如何导致数百名教师、校长和管理人员在学生考试中作假。兰迪·谢克曼在看到文献计量学的反常和人们对引用的重视后，创办了一份开源期刊。爱德华·兰斯代尔和伯纳德·法尔看到了越南战争的疯狂，也看到了美军的愚蠢行为，他们清点歼灭人数却不了解越南的人民。西蒙·库兹涅茨认识到了他所发明的后来影响全世界的经济衡量方法的缺陷。

但这些故事中最重要的角色很少被提及，这个角色就是公众。在这本书中，几乎每一个有缺陷的指标背后都是那些只想知道数字的人。股东依靠赢利来理解股票价值，而不是花时间研究公司竞争地位的基础。公众将犯罪率的上升或下降视为社区安全的标志，却忽视了警察的可疑行为。公众要求医疗专业人员努力为他们提供所需的护理，却不考虑这种护理是否能让他们更健康。家长只想知道他们的孩子在学校里能否取得优秀的考试成绩，却不考虑学校能否教给他们的孩子其他价值观和技能。

这本书中的许多反面人物并不是真正的反面人物，他们只是在一个要求他们生产正确数字的系统中工作的人。在纽约警察局第 81 分局工作的许多警察很可能是想为社区做好事的好人。但在一个重视配额高于一切的体系中，他们的反应和我们许多人一样。帕克斯中学和佐治亚州其他学校的教师大多是好人，他们希望改变学生的生活。然而，当他们置身于一种强调无论如何都要取得优秀考试成绩的文化中时，他们就会做他们需要做的事情，这样才能留在岗位上继续教学生。把好人放在一个不好的体制里，他们就会屈服。与其责怪人们，不如改变体制。

衡量指标是我们周围的一股力量。它们管理我们的工作单位，决定我们的工资和福利。我们用它们来评估我们的学校、医疗体系和经济。它们被用来编制政策、商业战略和政府计划。衡量指标从未像现在这样渗透到我们的生活中，但前提是我们让它们渗透进来。

衡量指标有着不可思议的力量，这种力量归根结底是关于选择的。衡量指标的伟大之处在于，我们可以选择我们所衡量的东西。我们可以选择用赚多少钱来衡量自己，也可以选择不这样衡量。相反，我们可以选择以我们对推动人类进步所做的贡献来衡量我们的生活。有人可能会告诉你，他比你更快、更强、更富有，拥有更多东西，但这些话只有在你选择让它们产生影响的情况下才会对你产生影响。最终，我们选择我们认为有用、重要和有价值的东西。这是我们在最后一章要讲的最后一课。

第十章

衡量指标不是我们的主宰

　　玛丽亚正在答一份试卷，这很像第二章中讨论的考试，科目是一样的。她在这次考试中需要使用的公式、概念和工具都是大多数学生需要的，但相似之处仅限于此。

　　玛丽亚没有和成百上千的学生在体育馆里答卷。考试没有计时。她回答的题目并不是为了迷惑她，也不是为了惩罚她花了太多时间，但这并不意味着这些题目很容易。有些题目可能是选择题，但即便有也很少，这些选择题是为了测试她的记忆力。

　　玛丽亚独自坐在教室的电脑前，按照自己的节奏进行考试。如果她需要思考一些问题，她有足够的时间去思考。如果她对一个问题感到困惑，她可以花时间去理解它。如果玛丽亚考试不及格，这也不会对她的成绩产生负面影响。考试不会影响她的大学录取机会，至少不会直接影响。如果玛丽亚和她的同学在这次考试中表现不佳，她的学校不会被削减资金。因为如果玛丽亚这次考试考得不好，她可以重考。她可以明天再考一次，或者一周后再考一次，或者一个月后再考一次。如果需要，她可以再考 10 次。

这似乎不可思议。不计时的考试？可以无限次重考的考试？学生可以利用自己的时间，在准备好的时候完成的考试？这样的考试制度肯定会降低标准，助长甘于平庸的环境。对学生如此宽容的考试能带来什么好处呢？答案很简单。有一点是这种考试与其他大多数考试不同的地方：玛丽亚不仅仅需要通过这个考试，而且她必须考好才行。

* * *

无论从哪个角度来看，萨尔曼·可汗都是聪明人。可汗出生在路易斯安那州，父亲是孟加拉国人，母亲是印度人。他不仅获得了哈佛商学院的 MBA（工商管理硕士）学位，还获得了麻省理工学院的 3 个学位。大学毕业后不久，他开始为一家对冲基金工作。2004年，他在新泽西州结婚。

可汗开始了他在金融行业的生活，如果不是因为他在2004年参加的一场婚礼，他的生活很可能会沿着这条路继续走下去。在那场婚礼上，他遇到了一个永远改变了他人生的人：他的表妹纳迪娅。

在与纳迪娅聊天时，可汗得知她最近在数学分班考试中成绩相当糟糕。可汗觉得很奇怪，因为纳迪娅一直是个成绩优异的人。考试结果打击了她的自信心。对纳迪娅来说，这次考试是一个信号，表明她的数学可能不是很好。但可汗拒绝相信，因为她已经在多个场合表现出完全相反的情况。于是，可汗提出当她的家教。就这样，可汗学院诞生了，只有一个导师和一个学生。

由于可汗在波士顿，而纳迪娅在新奥尔良，辅导必须远程进行。利用平板电脑和雅虎涂鸦，可汗开始为纳迪娅辅导数学。可汗了解到，尽管纳迪娅能够处理复杂的数学问题，但她在单位换算（把英寸换算为英尺，把英尺换算为英里，等等）的基本概念上遇到了麻烦。当可汗问到她关于这些概念的问题时，纳迪娅僵住了，一脸茫然。像那些在重要考试中答题困难的人一样，答不出问题的压力让纳迪娅目瞪口呆。

纳迪娅不想让自己听起来很傻，她并没有简单地回答

"我不知道"。相反，她觉得有必要给出一个答案，所以她会胡乱猜测。在发现回答错误之后，她会听天由命地接受自己不擅长这个特定科目的想法。她如果没有得到正确的答案，就一定是那门课学得不好。她从未想过，不懂是很正常的。可汗注意到了这一点，并鼓励纳迪娅在不理解自己所学内容的时候说出来，在答不上来的时候说出来，这样他们就可以用不同的方式来解决这个问题，或者他可以给她一个不同的概念解释。可汗传达的信息是，你不需要知道每一个概念，但你需要学习。

可汗提供给纳迪娅的教程很快就被用来帮助其他家庭成员和朋友。由于需求的增加，可汗开始在 YouTube（优兔）上录制课程，这样学生就可以随时观看。使用可汗教程的人觉得很方便，如果有不明白的地方，他们还可以立刻回看视频。很快，接受可汗辅导的就不仅是亲密的家人和朋友了，成百上千人在 YouTube 上发现了可汗的视频。他们发现了同样的好处：他们能够自行决定何时、何地、如何观看可汗的教程视频，这让他们能够按照自己的节奏学习，并将精力集中在那些他们认为困难的概念上。可汗见机而行，在 2009 年辞去了工作，开始全职从事可汗学院的工作。

基于学生不应该匆匆跳过他们不理解的概念这一理念，可汗改变了他的教学方式，开始推行"掌握学习"的理念。掌握学习与传统教育方法有一个根本的不同之处。在传统学校，每个学生学习某个特定科目的时间是不变的——两个星期学习长除法，两个星期学习指数，三天学习价电子。在"掌握学习"的理念下，学生期望达到的学习水平是恒定不变的。正如可汗所说："传统学校以时间的增量而不是对目标的掌握程度来衡量学生的努力。当分配给某一专题的时间用完时，就应该进行考试，然后继续下一专题。"[1]

如果每个概念都独立于其他所有概念，那么这就只是一个小问题，但每个学科的概念都是相关的。正如可汗所说："概念建立在彼此的基础上。代数需要算术。三角学源于几何学。微积分和物理学需要上述所有知识。早期一知半解会导致后来一脸茫然。"[2] 这样的系统，即传统的学习和考试的方式，其结果就是可汗所说的"瑞士奶酪学习"：学生的理解是充满漏洞的。当学生从一个科目跳到另一个科目时，他们的理解就会留下一点儿空白。每一个他们没有完全理解的科目都会让他们的基础越来越不牢固。可汗认为，很多学生并不是天生无法在数学或其他科目上取得优异成绩，而是像纳迪娅一样，在基础不牢固的情况下试图学习一些东西。帕克斯中学的教师们深知这一点。正如达马尼·刘易斯所说："我们有两周的时间来教百分数，如果你因为学生没有学明白而在第三周还在教百分数，他们就会说'你教得不够好'。"[3] 正如我们在第二章中了解到的那样，传统学校的考试旨在对学生进行分类和排名。考试的设计是为了让一些学生表现好，而另一些表现差。这就是为什么教师在每个科目上只花一定的时间。如果给学生的时间不固定，他们在考试中的表现就可能全都差不多。如果是这样，就无法评价萨曼莎是否比汤姆更聪明。

　　按照这个推理，每个学生都考得很好的考试就是一场糟糕的考试。不然怎么把学生按成绩从优秀到不良分出层次？每个人都表现得很完美的考试有什么用呢？学校的课程和考试旨在将学习速度提升到一些学生力所不及的程度，这样他们就不会考得那么好。在传统的考试方式下，学校就是为了让一些孩子不及格而设计的。这样做，他们会让孩子失望。但萨尔曼·可汗决定问相反的问题：如果教育不能让所有的学生都掌握每一门学科，那教育有什么用？一个不仅让一些学生掉队，而且设计初衷就是让他们掉队的教育体系有什么好处？我们教育的目的难道不应该是教会尽可能多的学生吗？

　　这就是为什么可汗开发了考试练习。在这一章的开始时，玛丽亚进行的考试采用的就是他的方式。他希望确保学生在继续学习之前不仅要理解一门学科，而且要掌握它。他希望所有的学生都能掌握每一个科目。可汗允许学生在他们觉得准备好的时候参加考试。他们需要多少时间就可以花多少时间，他们可以想参加多少次考试就参加多少次考试。然而，他不接受学生有任何未掌握的科目。可汗决定，通过考试的初步标准如下：对于任何一个概念，学生在回答50道题时，必须连续答对10道题。10并不是什么神奇的数字。没有什么数学公式表明，连续答对10道题在某种程度上跨越了理解的门槛。萨尔曼·可汗只是认为这是一个很好的衡量掌握情况的指标。后来萨尔曼使用更先进的技术对它进行了改进，但理念是一样的：学生需要掌握一个概念，然后再继续学习下一个概念。

对可汗来说，考试的目的不是给学生排名，也不是告诉他们某个科目的成绩不好。相反，考试反映了学生是否理解了某一概念，或者他们是否需要更多的时间和精力来理解它。可汗学院的考试不是衡量能力的标准，而是通往学习新知识的路径。

2007年，在当地教师的支持下，可汗在旧金山湾区一个名为"半岛桥"（Peninsula Bridge）的暑期教育项目中检验了他的"掌握学习"理念。半岛桥项目为该地区资源不足的学校中积极进取的学生提供了额外的教育支持。经济条件较好的学校捐赠设施，而孩子们则有机会在一个夏天的时间里提高自己的学习水平。可汗的项目持续了6周，学生们大多是六到八年级的学生。

半岛桥项目的体验很有意思，几位教师并没有像可汗建议的那样使用五年级的数学课程，而是倾向于直接回到最基础的课程。无意中，可汗实施了一项对照实验。

一些教室的课程设置比课堂上学生的实际年级水平提早了一两年，而有些教室则回到最基础的课程，六年级、七年级和八年级的学生重新学习1+1=2。

教师们的发现很有趣。虽然大多数学生都能快速完成早期课程，但也有几个学生在一些早期概念上卡住了，比如两位数减法或分数。然而，一旦他们克服了这些障碍，他们的学习曲线就会急剧上升。这就像是发动机的一个部件坏了，阻碍了他们的学习速度，一旦部件修好了，发动机就可以全速运转了。而另一方面，一些从后期课程开始的学生仍会在后期的概念上遇到障碍，难以理解，无法以正常的速度学习。

让可汗感到惊讶的是，那些回到最基础课堂的学生，即从1+1=2开始的学生，不仅追赶上了"高级班"，而且超过了他们，就像他们需要在开始比赛之前，回去把发动机的所有问题都解决掉一样。一个名叫马赛拉的七年级学生证明了这一观点。当项目开始时，马赛拉是班上最差劲的学生之一。她的学习速度只有普通学生的一半。她遇到了障碍，在负数的加减法上遇到了很大的困难。但这个项目让她在这个概念上苦苦思索，直到她理解了，才允许她继续前进。然后，有一天，她突然明白了，一切都有了意义。突然之间，马赛拉就顺利通过了课程。她从班里几乎垫底的位置一跃变成了第二名。这一切都是因为她可以等到完全搞明白自己不理解的知识之后再进行接下来的学习。[4]

＊　＊　＊

可汗学院运用考试的方式给我们上了一课。萨尔曼·可汗明白，现在不是考试为教育服务，而是教育为考试服务。他决定改变这种状况。

当考试的重点从对学生进行排名转变为真正的学习时，关于考试的一切都发生了变化。如果你对学生的排名不感兴趣，那么只考一次的想法似乎很愚蠢。在传统考试中，如果一个学生考得很差，那么人们接下来的想法就是，"帕特里克就是不如海伦聪明，所以他考得不如海伦好"。当考试不关注学生的排名时，人们的反应就会变成"帕特里克不懂指数，所以我们需要回去帮他解决这个问题，直到他弄明白为止"。当我们不再试图给学生排名时，我们就开始专注于教他们。

当初级医疗诊所的重点从评估医生做了多少工作转变为评价病人的健康程度时，病人的健康状况就会改善。当我们衡量工作效率而不是衡量工作时间时，公司就会变得更好。当我们衡量交通和住房的全部成本时，我们会更好地决定住在哪里以及如何出行。当我们改变衡量疾病的方式，从关注患病人数转变到关注疾病对生活满意度和期望值的全部负担时，我们就会在改善人们的生活方面做出更好的决策。当我们以经济如何影响生活而不是我们生产了多少东西来衡量经济时，我们就会改善每个人的福祉。你所衡量的就是你所得到的。

测量是手段，不是目的。学校系统的目标不是提高考试成绩，而是教育孩子。教育的目的是让孩子们真正地学习和理解，激励他们思考，让他们质疑想法并加以改进，让他们进行批判性思考，让他们学会如何学习，并为帮助解决我们这个社会所面临的问题做好准备。我们的学校系统应该把重点放在用最好的方式来教育所有的学生，而不是评估哪个学生在哪些科目上表现更好。

医疗体系应该培养健康的民众，而不是让医生忙个不停。我们的经济应该创造真正的繁荣，改善公民的福祉，而不是尽可能快地生产更多东西。我们的测量应该反映那些愿望，我们不应该改变这些愿望来适应我们所能测量的东西。测量永远不是目标，目标永远是别的东西：更健康的人口，受过更好教育的学生，高效的交通，更高的生活质量。当衡量指标本身成为目标时，我们就会忽视真正重要的东西。

可汗学院的事例告诉我们，我们可以重新思考衡量指标在生活中的作用。我们可以让衡量指标为我们要实现的目标服务，而不是成为衡量指标的奴隶。萨尔曼·可汗明白，教育应该教学生掌握他们所学的所有科目，他们必须掌握每一步，然后才能进入下一步。他并没有寻求评价学生的最佳方法，然后让自己的教学适应这一任务。他想找到教育孩子的最佳方法，并设计考试来达到这个目的。正如玛格丽特·惠特利和迈伦·凯尔纳-罗杰斯所说，萨尔曼·可汗让意义来定义衡量指标，而不是让衡量指标来定义意义。[5] 萨尔曼·可汗并不是在寻找一种更好的方法来测试学生，他是在寻找一种更好的方法来教育学生。我们不是我们测量的东西的奴隶，而是让测量为我们服务。我们不是蚂蚁。

下一次，当你想衡量工作中的生产力或者新的健身方案的有效性时，不要问自己"我能衡量什么"，而是问"我想做什么"。问这个简单的问题可能会改变你做事的方式和你最终的成就。这是你能问的最重要的问题之一。

　　假设一个人在一份糟糕的工作中超负荷工作，因为社区不安全而在安全系统上花费巨资来保护家庭，因为工作和生活方式严重影响了健康而在医疗上花费巨资；另一个人住在安全的社区，用更短的工作时间从事更有意义的工作，有更多的时间进行休闲活动，更健康长寿，但赚钱更少。如果前者被衡量为比后者过得更好，那就有问题了。当一个不理解教材的学生在考试中比一个有更深层次思考却不能自信地回答一道棘手的选择题的学生表现更好时，那就有问题了。当那些早出晚归却做着毫无意义的工作的人比那些快速有效地完成工作但花在工作上的时间更少的人更受重视时，那就有问题了。当医生花更多的时间做不必要的工作，而不是专注于改善病人的健康时，那就有问题了。

　　学校的考试成绩无法衡量真实的学习情况。太多的雇主无法衡量员工对工作的真正贡献。太多的员工以他们赚了多少钱来衡量他们在工作中的成功，而不是以他们从工作中得到多少乐趣、工作有多大意义，或者他们的工作给他们留下多少时间与朋友和家人相处来衡量。我们评价自己的社会关系，是看我们有多少脸书好友、推特粉丝或 Instagram（照片墙）点赞，而不是看我们的友谊有多牢固，我们是否有可以倾诉的人，或者我们与他人分享生活的程度。我们所能衡量的东西变成了我们的所作所为。

我们的生活不是统计收入、财产和受教育程度，也不是统计社交媒体粉丝数量。幸福感不能用我们的房子和汽车的价值来衡量，也不能用我们去过多少国家，交了多少朋友，或者我们赢了多少场比赛来衡量。所有这一切都可能有助于提高我们从生活中获得的价值和意义，但这与真正的价值和意义不是一回事。你无法衡量与他人分享亲密感受的价值，无法衡量从山顶俯瞰风景的美丽，无法衡量看到孩子学会走路的喜悦，也无法衡量对无助的人施以援手的满足感。我们的生活是故事，不是方程式。

我们应该在生活中测量更多，我希望这本书已经证明了这一点。但是，我们决不能仅仅为了测量而测量，而且永远不能不考虑我们正在测量的是什么以及为什么要测量。我们应该知道，我们如何测量和测量什么会影响我们做什么和如何做。我们应该明白我们是在测量投入、产出还是结果，以及为什么。我们应该牢记，我们衡量的是短期目标还是长期目标。我们应该选择正确的分母，一个能够反映我们试图描述的现象的分母。我们不应该因为忽略系统的重要方面而误解我们的测量结果。我们应该了解我们所测量的事物的不同品质，并对其进行解释。我们不应该让我们的生活变成数字游戏，不应该忽视那些虽无法计算但真正重要的东西。

对于这些测量，我们不应该把精确性误认为确定性，把数据误认为理解，也不应该把没有测量误认为不重要。某个衡量指标使用了一个精确的数字，并不意味着它是真实的。我们可以为某件事想出一个衡量方法，并不意味着我们理解它。我们无法测量某样东西，并不意味着它无关紧要。没有任何衡量指标是完美的，事实上，大多数衡量指标都很糟糕。我们应该更多地批评我们在工作中看到和使用的所有测量方法，批评我们评价自己的方法。我们应该更多地思考我们正在衡量的是什么，它意味着什么，以及它如何影响我们的所作所为。但更重要的是，我们应该时常记住，不要为评估一切而烦恼，我们应该单纯地享受那些我们无法计算的东西。

如果说你从这本书中有什么收获，我希望你得到的收获是：不是一切东西都可以测量，不是一切有价值的东西都值得测量。亲人的微笑，看着孩子成长和学习，掌握一项新技能，克服逆境，欣赏日落，对某人表示赞赏，从事有意义的工作，接受挑战，深刻理解某件事情，感到被接纳，亲密了解一个人，在给予他人的过程中发现价值，创造充满体验、情感、回忆和意义的生活，这些都是你无法计算的，但它们比一切都重要。

致　谢

　　书从来都不是由一个人写成的，这本书也不例外。有无数人帮助我写作这本书，无论是提供反馈和见解，在我陷入困境时为我指明正确的方向，为我介绍新的研究课题，还是仅仅在我写这本书的无数个小时里提供了很好的支持，他们都给予了我莫大的帮助。首先，要感谢我的家人。感谢我的母亲埃尔玛（Elma），我的父亲托尼（Tony），我的兄弟迈克尔（Michael）和戴维（David），以及我的嫂子安德烈娅（Andrea）和克丽斯塔（Christa）。这几年你们都非常支持我。每一次周日晚餐的对话都为这本书提供了很多想法，感谢你们所有人。特别感谢我的母亲埃尔玛、嫂子安德烈娅和克丽斯塔，每个周日晚上，你们都忍受着晚餐时不必要的大声谈话；施莱弗斯家的男人们仍然需要知道，大声并不意味着更正确。还要感谢我的侄子艾萨克（Isaac）、阿拉里克（Alaric）、泽维尔（Xavier）和所罗门（Solomon）。你们的笑话、笑容和滑稽的动作总是给我带来快乐。

很多朋友、同事和同学在写作过程中帮助了我，他们值得感谢。卡罗尔·奇塔姆（Karol Cheetham）是第一个同意阅读我的书的人，感谢你在这部作品的早期阶段给了我很好的反馈，也感谢你是我的好朋友，我想现在轮到我请你喝酒了。乔希·布尔达奇（Josh Bourdage）把我带进了组织心理学的世界，发给了我很多相关文章，感谢你的帮助。感谢迈克尔·鲍尔曼（Michael Bowerman）和我讨论这本书，并向我介绍了逻辑模型和DALY的思想。感谢迈克尔·盖斯威克（Michael Gestwick）写的关于能源使用的论文，我觉得很有意思。感谢布兰登·霍特曼（Brandon Holterman）和莎拉·肯尼（Sarah Kenny）让我使用他们在不列颠哥伦比亚省的漂亮小屋来完成我的书，我希望那只松鼠不要再回来。霍莉·玛丽斯科（Holly Marisco）在我写书的时候一直支持我，感谢你所做的一切，尤其感谢你送我饼干。瑞恩（Ryan）和坎达丝·比约恩森（Candace Bjornsen），你们是我最好的朋友，没有你们的支持，我永远也写不出这本书，感谢你们的谈话、登山、飞行晚会、游戏之夜，也感谢你们让我成为你们三个漂亮女儿的"皮特先生"。

我必须感谢 CVFP 的玛格丽特·奥弗里希特和肖娜·托梅。你们对医疗保健的奉献和热情着实鼓舞人心。特别感谢克里斯·特纳（Chris Turner），在我开始写这本书之前，你给了我最好的建议：这是一场马拉松，不是短跑。你说的对，这是一场马拉松，你的建议帮助我做好了准备。我还要感谢丹·克里斯曼（Dan Crissman）和凯蒂·汉密尔顿（Katy Hamilton），他们为这本书的早期书稿提供了编辑反馈。

非常感谢我的代理人杰夫·施里夫（Jeff Shreve），你帮助我了解了写作和出版的全部过程，并成为这本书的忠实拥护者。对初出茅庐的作家来说，写作过程是非常令人生畏的，而你帮助我了解了关于写作的来龙去脉。感谢史蒂文·米切尔（Steven L. Mitchell）和普罗米修斯图书公司（Prometheus Books）的其他成员，以及卡伦·阿克曼（Karen Ackermann）、罗曼和利特尔菲尔德出版集团公司（Rowman & Littlefield）的团队在编辑、营销和出版这本书方面所做的辛勤工作，但最重要的是你们对我的信任。感谢凯蒂·夏普（Katie Sharp）为本书做了大量的文字编辑工作，使文字变得更加紧凑清晰，感谢她在书中删除了 1 000 多个多余的逗号。给新作者一个机会并非易事，普罗米修斯图书公司与罗曼和利特尔菲尔德出版集团公司的人愿意在这本书上冒险，着实值得大加赞赏。

最后，再次感谢我的妈妈。你值得再三感谢。在我的一生中，你一直给予我莫大的支持。这本书是献给你的。

注　释

前　言

1. Bert Hölldobler and E. O. Wilson, *The Super-Organism: The Beauty, Elegance and Strangeness of Insect Societies*, (New York: W. W. Norton, 2009), 183–87.

2. Peter Minimum. "Digital Advertising's Perverse Incentives." *Marketingland* (April 21, 2017). https://marketingland.com/digital-advertisings-perverse-incentives-212180.

3. David Manheim. "Goodhart's Law and Why Measurement Is Hard." *Ribbon-Farm* (June 9, 2016), https://www.ribbonfarm.com/2016/06/09/goodharts-law-and-why-measurement-is-hard/.

第一章　应试教育：古德哈特定律与衡量指标悖论

1. Kate Taylor, "Principal Acknowledged Forging Answers on Tests for

Students, Officials Say," *New York Times*, July 28, 2015; Laila Kearney, "NYC Grade School Principal Who Committed Suicide Had Forged Tests," Reuters, July 27, 2015.

2. Abby Jackson, "How a cheating scandal at a well-regarded public school in New York turned tragic," *Business Insider*, July 28, 2015.

3. Susan Edelman, Amber Jamieson, and Jamie Schram, "Principal commits suicide amid Common Core test scandal," *New York Post*, July 26, 2015.

4. Alan Singer, "The Results Are In: Common Core Fails Tests and Kids," *Huffington Post*, May 2, 2016.

5. Peter Sacks, *Standardized Minds: The High Price of America's Testing Culture* (De Capo Press, 2000), 128.

6. Alfie Kohn, *The Case Against Standardized Testing: Raising the Scores, Ruining the Schools*, (Portsmouth, NH: Heinemann, 2000), 2.

7. Bowers, Bruce C. quoted in Sacks, 9.

8. Kohn, *The Case Against Standardized Testing*, 7, 18.

9. The College Board. The SAT: Practice Test #5. https://collegereadiness. collegeboard .org/sat/practice/full-length-practice-tests.

10. Sacks, 205.

11. Sacks, 207.

12. Kohn, *The Case Against Standardized Testing*, 6.

13. 同上，4。

14. 同上，6。

15. 同上，93。

16. Sacks, *Standardized Minds*, 7.

17. 同上，211。

18. 同上，273。

19. 同上，8。

20. Jennifer Jennings and Jonathan Marc Bearak. "'Teaching to the Test' in the new NCLB Era: How Test Predictability Affects Our Understanding of Student Performance." *Educational Researche*r. Vol. 43, No. 8. (November 2014): 381–89.

21. Sacks, *Standardized Minds*, 129.

22. 同上，134。

23. Elizabeth A. Harris, "20% of State Students Opted Out of Tests in Sign of a Rising Revolt," *New York Times*, August 13, 2015.

24. John Perry, "Surge in CRCT results raises 'big red flag,'" *Atlanta Journal Constitution*. December 2008, updated January 19, 2012.

25. Rachel Aviv, "Wrong Answer: In an era of high-stakes testing, a struggling school made a shocking choice," *New Yorker*, July 21, 2014.

26. 同上。

27. Christopher Waller and LaDawn B. Jones, *Cheating but Not Cheated: A Memoir of the Atlanta Public Schools Cheating Scandal* (LaDawn B. Jones, 2015), 181–97.

28. Aviv, "Wrong Answer."

29. Waller and Jones, *Cheating but Not Cheated*, 216.

30. 同上，110。

31. http://www.gadoe.org/Curriculum-Instruction-and-Assessment/ Assessment/Pages/ CRCT.aspx.

32. Aviv, "Wrong Answer."

33. Waller and Jones, *Cheating but Not Cheated*, 131.

34. 同上，138。

35. Michael Winerip "Ex-School Chief in Atlanta Is Indicted in Testing Scandal," *New York Times*, March 29, 2013.

36. Aviv, "Wrong Answer."

37. 同上。

38. 同上。

39. Waller and Jones, *Cheating but Not Cheated*, 141.

40. Michael Winerip "Ex-School Chief in Atlanta Is Indicted in Testing Scandal." *New York Times*, March 29, 2013.

41. Aviv, "Wrong Answer."

42. Waller and Jones, *Cheating but Not Cheated*, 201–3.

43. Aviv, "Wrong Answer."

44 Waller and Jones, *Cheating but Not Cheated*, 16.

45. Aviv, "Wrong Answer."

46. Waller and Jones, *Cheating but Not Cheated*, 144.

47. Aviv, "Wrong Answer."

48. 同上。

49. 同上。

50. Waller and Jones, *Cheating but Not Cheated*, 111.

51. Aviv, "Wrong Answer."

52. Waller and Jones, *Cheating but Not Cheated*, 116.

53. Aviv, "Wrong Answer."

54. Waller and Jones, *Cheating but Not Cheated*, 128.

55. Aviv, "Wrong Answer."

56. Michael Winerip "Ex-School Chief in Atlanta Is Indicted in Testing Scandal." *New York Times*, March 29, 2013.

57. Waller and Jones, *Cheating but Not Cheated.*

58. Waller and Jones, *Cheating but Not Cheated*, 132.

59. Aviv, "Wrong Answer."

60. Waller and Jones, *Cheating but Not Cheated*, 117.

61. Perry, "Surge in CRCT results raises 'big red flag.'"

62. John Perry, "Are drastic swings in CRTC scores valid," *Atlanta Journal Constitution*. October, 2009, updated July 5, 2011.

63. 同上。

64. 同上。

65. Aviv, "Wrong Answer."

66. Waller and Jones, *Cheating but Not Cheated*, 83.

67. Michael Winerip, "Ex-School Chief in Atlanta Is Indicted in Testing Scandal," *New York Times*, March 29, 2013.

68. Aviv, "Wrong Answer."

69. Winerip, "Ex-School Chief in Atlanta Is Indicted in Testing Scandal."

70. Waller and Jones, *Cheating but Not Cheated*, 72.

71. Waller and Jones, *Cheating but Not Cheated*, 171.

72. Valerie Stauss, "How and why convicted Atlanta teachers cheated on standardized tests," *Washington Post*, April 1, 2015.

73. Winerip "Ex-School Chief in Atlanta Is Indicted in Testing Scandal."

74. Aviv, "Wrong Answer."

75. 同上。

76. 同上。

77. Waller and Jones, *Cheating but Not Cheated*, 141.

78. 同上，145。

79. Aviv, "Wrong Answer."

80. Waller and Jones, *Cheating but Not Cheated*.

81. Aviv, "Wrong Answer."

82. Valerie Stauss, "How and why convicted Atlanta teachers cheated on standardized tests" *Washington Post*, April 1, 2015.

83. Aviv, "Wrong Answer."

84. 同上。

85. A similar observation by Donald T. Campbell occurred around the same time as Goodhart's work, and is termed "Campbell's Law." While there is debate around which researcher should claim credit for the phenomenon, this book will use the term Goodhart's Law.

86. Zeger Van Hese "Metrics—perverse incentives?" Test Side Story. https://testsidestory.com/author/zegervanhese/page/7/.

87. Robert Gibbons, "Incentives in Organizations," *Journal of Economic Perspectives*, Vol. 12, No. 4 (Autumn, 1998): 115-32.

88. David Parmenter, "Should We Abandon Performance Measures?" *Cutter IT Journal.* January 2013 http://cdn.davidparmenter.com/files/2014/02/Should-we-abandon-ourperformance-measures-Cutter-Journal-2013.pdf..pdf.

89. Megan McArdle, "Metrics and Their Unintended Consequences," *Bloomberg Opinion*, January 3, 2018 https://www.bloomberg.com/opinion/articles/2018-01-03/metrics-and-unintended-consequences-in-health-care-and-education.

90. Patrick Walker. "Self-Defeating Regulation." *International Zeitschrift*, April 2013.

91. John R. Hauser and Gerald M. Katz, "Metrics: You Are What You Measure!," *European Management Journal*, Vol. 16 No. 5 (April 1998): 517–28.

92. Dan Ariely, "You Are What You Measure," *Harvard Business Review*, June 2010. https://hbr.org/2010/06/column-you-are-what-you-measure.

第二章　投入和产出：逻辑模型与程序评估

1. Dr. Margaret Aufricht, interview with the author, February 2014.

2. Dr. Lisa Wyatt Knowlton, Cynthia C Phillips, *The Logic Model Guidebook* (Sage Publications, 2012), 4–6

3. Knowlton and Phillips, 6–7

4. Shauna Thome, interview with the author, November 2018.

5. Health Quality Council of Alberta, *2009 Measuring and Monitoring for Success* (Calgary: Health Quality Council of Alberta, 2009), 37.

6. 同上，38。

7. PerryUndem Research/Communication, *Unnecessary Tests and Procedures in the Health Care System: What Physicians Say About The Problem, the Causes, and the Solutions: Results from a National Survey of Physicians* (PerryUndem Research/Communication, May 1, 2014), http://www.choosingwisely.org/wpcontent/uploads/2015/04/Final-Choosing-Wisely- Survey-Report .pdf.

8. Kaiser Health News, "Unnecessary medical tests, treatments cost $200 billion annually, cause harm," HealthCare Finance, May 24, 2017,

https://www.healthcarefinancenews.com/news/unnecessary-medical-tests-treatments-cost-200-billion-annually-cause-harm.

9. Cali Ressler and Jody Thompson. *Why Work Sucks and How to Fix It: The Results-Only Revolution* (New York: Penguin Group, 2008), 4.

10. 同上，1。

11. 同上，16。

12. 同上，83–86。

第三章　长期主义和短期主义：跨期问题和被低估的时间

1. Imran S. Currim, Jooseop Lim, and Joung W Kim, "You Get What You Pay For: The effect of top executives compensation on advertising and R&D designs and stock market return," *Journal of Marketing*. Vol. 76 (September 2012).

2. Alfred Rappaport, "The Economics of Short-Term Performance Obsession," *Financial Analysts Journal*. Vol. 61, No. 3.

3. Currim, Lim and Kim.

4. Michael Mauboussin, "The True Measures of Success," *Harvard Business Review* (October 2012).

5. Rappaport.

6. 同上。

7. 同上。

8. Kevin J. Laverty, "Economic Short-Termism: The Debate, The Unresolved Issues, and the Implications for Management Practice and Research," *Academy of Management Review* Vol. 21, No. 3.

9. Razeen Sappideen, "Focusing on Corporate Short-Termism," *Singapore

Journal of Legal Studies. (December 2011).

10. Rappaport.

11. 同上。

12. Sappideen.

13. 同上。

14. Rappaport.

15. 同上。

16. Laverty.

17. 同上。

18. Sappideen.

19. 同上。

20. 同上。

21. Mauboussin.

22. Laverty.

23. George A Akerlof, "The Market for 'Lemons': Quality Uncertainty and the Market Mechanism," *Quarterly Journal of Economics* Vol. 84, No. 3 (August 1970).

24. Laverty.

25. 同上。

26. Currim, Lim and Kim.

27. Mizik.

28. Johnson and Kaplan (1987) cited in Lin Peng and Alisa Roell, "Managerial Incentives and Stock Price Manipulation," *Journal of Finance* Vol. LXIX, No. 2 (April 2014).

29. Currim, Lim and Kim.

30. Sappideen.

31. Currim, Lim and Kim.

32. Natalie Mizik, "The Theory and Practice of Myopic Management," Vol. 47, No. 4.

33. 同上。

34. Sappideen.

35. Laverty.

36. Mizik.

37. 同上。

38. Currim, Lim and Kim.

39. M. P. Narayanan, "Managerial Incentives for Short-Term Results," *Journal of Finance* Vol. XI, No. 5 (December 1985).

40. Rappaport.

41. Currim, Lim and Kim.

42. 同上。

43. Edward P. Lazear, "Compensation and Incentives in the Workplace," *Journal of Economic Perspectives* Vol. 32, No. 3 (Summer 2018).

44. Randy Schekman, "How Journals Like Nature, Cell and Science Are Damaging Science," *Guardian*, December 9, 2013, https://www.theguardian.com/commentisfree/2013/dec/09/how-journals-nature-science-cell-damage-science.

45. Marc A. Edwards and Siddharthta Roy, "Science Is Broken: Perverse incentives and the misuse of quantitative metrics have undermined the integrity of scientific research," *Aeon*, November 7, 2017, https://aeon.co/amp/essays/ science-is-a-public-good-in-peril-heres-how-to-fix-it.

46. Rahul Rekhi and Neal Lane, "Qualitative Metrics in Science Policy: What Can't Be Counted, Counts," *Issues in Science and Technology* Vol. 29, No. 1 (Fall 2012).

47. Steven Johnson, *Where Good Ideas Come From*, (New York: Riverhead Books, 2010), 229.

48. Rehki and Lane.

49. 同上。

50. Yves Gingras, "The Abuses and Perverse Effects of Quantitative Evaluation in the Academy," *Academic Matters* (Winter 2017).

51. http://www.academiaobscura.com/super-specific-journals/ accessed February 7, 2019.

52. Hossam Zawbaa, *Journal Citation Reports 2018* (Thomson Impact Factor 2018). https://www.researchgate.net/publication/326212036_Journal_Citation_Reports_2018_Thomson_Impact_Factor_2018/download.

53. Gingras.

54. 同上。

55. 同上。

56. Alison Abbott, et al. "Metrics: Do Metrics Matter?," *Nature* Vol. 465 (2010): 860–62, https://www.nature.com/news/2010/100616/full/465860a.html.

57. Edwards and Roy, "Science Is Broken."

58. 同上。

59. 同上。

60. Gingras.

61. Marc A. Edwards and Siddhartha Roy, "Academic Research in the 21st Century: Maintaining Scientific Integrity in a Climate of Perverse Incentives and Hypercompetition," *Environmental Engineering Science* Vol. 34, No. 1 (2017).

62. Edwards and Roy, "Academic Research in the 21st Century."

63. Edwards and Roy, "Science Is Broken."

64. Edwards and Roy, "Academic Research in the 21st Century."

65. N. Tomecko and D. Bilusich, "The Value of Input Metrics for Assessing Fundamental Research," 22nd International Congress on Modelling and Simulation, Hobart, Tasmania, Australia (December 3–8, 2017).

66. 同上。

67. Edwards and Roy, "Science Is Broken."

68. Gingras.

69. Rehki and Lane.

70. Edwards and Roy, "Science Is Broken."

71. Tomecko and Bilusich.

72. Edwards and Roy, "Academic Research in the 21st Century."

73. Edwards and Roy, "Science Is Broken."

74. Pierre Azoulay, Joshua S. Graff Zivin and Gustavo Manso, "Incentives and Creativity: Evidence from the Academic Life Sciences," *RAND Journal of Economics* Vol. 42, No. 3 (Fall 2011).

75. Tomecko and Bilusich.

76. Ed Yong, "The Absurdity of the Nobel Prizes in Science," *Atlantic* (October 3, 2017).

77. 同上。

78. Rehki and Lane.

79. Edwards and Roy, "Academic Research in the 21st Century."

80. Edwards and Roy, "Science Is Broken."

81. Azoulay, Graff Zivin and Manso.

82. Edwards and Roy, "Science Is Broken."

83. Azoulay, Graff Zivin and Manso.

84. 同上。

85. 同上。

86. 同上。

87. 同上。

88. 同上。

89. Tomecko and Bilusich.

90. Rehki and Lane.

91. Edwards and Roy, "Science Is Broken."

92. Laverty.

第四章 分母错误:"每"的问题

1. "Vancouver traffic congestion is the worst in the country: study," *Huffington Post* (March 22, 2016), https://www.huffingtonpost. ca/2016/03/22/vancouver-trafficcongestion_n_9524956.html?utm_hp_ ref=ca-vancouver-traffic-congestion.

2. Kendra Mangione, "Vancouver is Canada's worst city to drive in study claims," *CTV Vancouver* (September 27, 2017), https://bc.ctvnews.ca/ vancouver-is-canada-s-worst-city-to-drive-in-study-claims-1.3609105.

3. Mike Lloyd, "Vancouver nowhere near the top in global gridlock

ranking." *CityNews* (February 6, 2018).

4. Joe Cortright, "Driven Apart: How sprawl is lengthening our commutes and why misleading mobility measures are making things worse" (CEOs for Cities, September 2010) http://cityobservatory.org/wp-content/uploads/2015/08/Cortright_Driven_Apart_2010.pdf.

5. 同上，25。

6. 同上，25。

7. 同上，3。

8. Jing Cao, "Millenials Embrace Cars, Defying Predictions of Sales Implosion," *Bloomberg Business* (April 19, 2015).

9. Derek Thompson, "Millennials: Not So Cheap, After All," *Atlantic* (April 21, 2015).

10. Joe Cortright, "Young People are Buying Fewer Cars," *City Observatory* (April 22, 2015).

11. Urban Systems, Alta Planning Design, Acuere Consulting and Dr. Tarek Sayed P. Eng. "Pedestrian Safety Study: Final Report," Urban Systems, e-2.

12. Taras Grescoe, Straphanger: *Saving Our Cities and Ourselves from the Automobile* (New York: HarperPerennial (2013), 16.

13. Lorrie Goldstein, "Greenhouse gases? Not our problem," *Toronto Sun* (June 3, 2015).

14. Environment and Climate Change Canada (2017) Canadian Environmental Sustainability Indicators: Greenhouse Gas Emissions. Consulted on May 1, 2016, http://www.ec.gc.ca/indicateurs-indicators/1 8F3BB9C-43A1-491E-983576C8DB9DDFA3/GHGEmissions_EN.pdf.

15. 同上。

16. Energiewende Outlook: Transportation sector. Pricewaterhouse Coopers Aktiengesellschaft Wirtschaftsprüfungsgesellschaft, July 2015, https://www.pwc.de/de/energiewende/assets/energiewende-outlook-transp ortation-2015.pdf.

17. United States Environmental Protection Agency, Sources of Greenhouse Gas Emissions, https://www.epa.gov/ghgemissions/sources-greenhouse-gas-emissions.

18. Railway Association of Canada, 2014 Rail Trends, http://www.railcan.ca/assets/images/publications/2014_Rail_Trends/2014_RAC_RailTrends.pdf.

19. http://ec.europa.eu/eurostat/statistics-explained/index.php/File:Inland_freight_ transport,_2014_YB16.png.

20. Goldstein.

第五章　只见树木，不见森林：简化复杂系统

1. Statistics Canada "The Daily—Survey of Household Spending, 2011," https://www150.statcan.gc.ca/n1/daily quotidien/130130/dq130130b-eng.htm.

2. Center for Transit-Oriented Development and Center for Neighbourhood Technology, "The Affordability Index: A New Tool for Measuring the True Affordability of Housing Choice" (Metropolitan Policy Program, The Brookings Institution, January 2006).

3. Barbara J. Lipman, "A Heavy Load: The Combined Housing and Transportation Burdens of Working Families" (Center for Housing

Policy, October 2006).

4. Michael Hammer, "The 7 Deadly Sins of Performance Management (and How to Avoid Them)," *MIT Sloan Management Review* (Spring 2007): 19–28.

5. https://www.tradegecko.com/blog/zara-supply-chain-its-secret-to-retail-success.

6. Hammer.

7. Trade Gecko, Zara Supply Chain Analysis—the success behind Zara's retail success (Trade Gecko, June 25, 2018), https://www.tradegecko.com/blog/zara-supply-chain-its-secret-to-retail-success.

8. Angela Paxton, *The Food Miles Report: The Dangers of Long-Distance Food Transport* (Sustainable Agriculture Food and Environment Alliance, republished in 2011).

9. Paxton, 7.

10. Pierre Desrochers and Hiroko Shimizu, *The Locavore's Dilemma: In Praise of the 10,000-Mile Diet* (New York: Public Affairs, 2012), 103.

11. Christopher L. Weber and H. Scott Matthews, "Food Miles and the Relative Climate Impacts of Food Choices in the United States." *Environmental Science and Technology* Vol. 42, No.10 (2008).

12. "Sea fairer: Maritime transport and CO_2 emissions," *OECD Observer* No. 276 (May– June 2008).

13. Paxton, 9.

14. 同上，7。

15. Robert G. Hunt and William E. Franklin, "LCA—How It Came About: Personal Reflections on the Origin and Development of LCA in the

USA," *International Journal of Life Cycle Assessment* Vol. 1 (1996): 10.

16. 同上，5。

17. 同上，4–5。

18. Sevde Ustun Odabasi and Hanife Buyukguno,. "Comparison of Life Cycle Assessment of PET Bottle and Glass Bottle," Eurasia 2016 Waste Management Symposium Conference Paper (May 2016), https://www. researchgate.net/publication/314100348_Comparison_of_Life_Cycle_ Assessment_of_PET_Bottle_and_Glass_Bottle.

19. Sarah Martin, Jonas Bunsen, and Andreas Ciroth, "Case Study: Ceramic Cup vs Paper Cup," *GreenDelta* (December 13, 2018).

第六章　天差地别的事物：忽略不同的品质

1. 战争开始时，德国有大约 330 万名士兵，而盟军有 335 万名士兵（法国有大约 224 万名士兵在北方服役，英国大约有 50 万名士兵，荷兰大约有 40 万名士兵，比利时大约有 65 万名士兵）。德军在武器上也处于劣势：盟军在法国部署了 3 383 辆坦克，而德军只有 2 439 辆。在重型火炮方面，德军拥有 7 378 门火炮，几乎只有盟军 13 974 门火炮的一半。甚至在机动性方面，德军也处于劣势。德军有 12 万辆汽车，而法军有 30 万辆。只有在飞机上，德军的装备优于盟军，德军有 5 638 架飞机，而盟军有 2 935 架。https://en.wikipedia. org/wiki/Battle_of_France, http://www.newworldencyclopedia.org/entry/ Battle_of_France.

2. American Cancer Society, "Cancer Facts and Figures 2018," https:// www.cancer.org/research/cancer-facts-statistics/all-cancer-facts-figures/ cancer-facts-figures-2018.html.

3. 同上。

4. Dan Gardner, *Risk: Why We Fear The Things We Shouldn't—and Put Ourselves in Greater Danger*, (Toronto: Emblem, 2009), 255.

5. Dan Gardner, 251–73.

6. 癌症是第二大杀手。排在前十的还有慢性下呼吸道疾病、意外事故、中风、阿尔茨海默病、糖尿病、流感和肺炎、肾炎和相关疾病，以及自杀。

7. Ahmedin Jemal, et al. "Trends in the Leading Causes of Death in the United States, 1970-2002," *Journal of the American Medical Association* Vol. 294, No. 10 (September 14, 2005).

8. Daniel F. Sullivan. "Conceptual problems in developing an index of health," Vital and Health Statistics Series 2. No 17. (Bethseda, MD: National Center for Health Statistics, May 1966).

9. World Bank. *World Development Report 1993: Investing in Health.* (New York: Oxford University Press, World Bank, 1993), https://openknowledge.worldbank.org/handle/10986/5976 License: CC BY 3.0 IGO.

10. 这是一种过于简单化的说法。计算寿命损失年数实际上相当复杂，有多种计算方法，如"潜在寿命损失年数"、"预期寿命损失年数"、"群体预期寿命损失年数"和"标准预期寿命损失年数"，所有这些方法都使用不同的假设和方式来计算预期寿命。最后一种方法，即"标准预期寿命损失年数"，使用了全球观察到的最高预期寿命（例如，使用日本妇女预期寿命数据，1994年日本妇女预期寿命为82.5岁，为世界最高）。这种方法纳入所有的死亡，甚至纳入那些高于平均预期寿命的死亡。这是稍后讨论的全球疾病负担研究中使用的方法。

11. C. J. L Murray, "Quantifying the burden of disease: the technical basis for disability adjusted life years," *WHO Bulletin OMS* Vol. 72 (1994).

12. Joshua Saloman, et al. "Disability Weights for the Global Burden of Disease 2013 Study" *Lancet, Global Health* Vol 3, No. 11 (November 2015), 712–23, http://www.thelancet.com/journals/langlo/article/PIIS2214-109X(15)00069-8/abstract.

13. Murray.

14. World Health Organization, "Global Burden of Disease 2004 Update: Disability Weights for Diseases and Conditions" (2004), http://www.who.int/healthinfo/global_burden_disease/GBD2004_DisabilityWeights.pdf?ua=1.

15. GBD 2015 DALYs and HALE Collaborators, "Global, regional, and national disability-adjusted life-years (DALYs) for 315 diseases and injuries and healthy life expectancy (HALE), 1990–2015: a systematic analysis for the Global Burden of Disease Study 2015" Lancet Vol. 388 (October 8, 2016): 1603–58.

16. 同上。

17. http://www.healthdata.org/united-states.

18. Stacy Dale and Alan B. Kreuger. "Estimating the return to college selectivity over the career using administrative earnings data," National Bureau of Economic Research. Working Paper 17159 (June 2011).

第七章　并非所有计算得清楚的东西都重要

1. Nicole Gelinas, "How Bratton's NYPD saved the subway system"

New York Post (August 6, 2016), https://nypost.com/2016/08/06/how-brattons-nypd-saved-the-subway-system/.

2. William J. Bratton, "Great Expectations: How Higher Expectations for Police Departments Can Lead to a Decrease in Crime," Measuring What Matters: Proceedings from the Policing Research Institute Meetings. Ed. Robert H. Langworthy (National Institute of Justice and Office of Community Oriented Policing Services, July 1999).

3. Graham A. Rayman, *The NYPD Tapes: A Shocking Story of Cops, Cover-Ups and Courage* (New York: Palgrave MacMillan, 2013), 15.

4. Bratton.

5. George Kelling, "Measuring What Matters: A New Way of Thinking About Crime and Public Order," *City Journal* (1992).

6. Alan Finder, "Chief of Transit Officers Resigns After 21 Months," *New York Times* (January 17, 1992), https://www.nytimes.com/1992/01/17/nyregion/chief-of-transit-officers resigns-after-21-months.html.

7. George L. Kelling and James Q. Wilson. "Broken Windows. The Police and Neighborhood Safety," *Atlantic* (March 1982).

8. 同上。

9. Bratton, 9.

10. Rayman, 15–16.

11. Bratton.

12. 同上。

13. Rayman, 16.

14. 同上，17。

15. Bratton.

16. Rayman, 21.

17. 同上，17。

18. Bratton.

19. https://en.wikipedia.org/wiki/Uniform_Crime_Reports.

20. Rayman, 18.

21. 同上，16。

22. 同上，19。

23. Bratton.

24. Rayman, 24.

25. Rayman, 6–10, 12–14, 22–23, 33–38, 41–42, 44, 47, 49–50, 54, 68, 71–72, 76, 78, 93,108,108–9, 122, 132, 142–51, 153–59, 163, 167.

26. 同上，92。

27. 同上，97。

28. 同上，186。

29. 同上，66。

30. 同上，62–65。

31. 同上，234。

32. William K. Rashbaum, "Retired Officers Raise Questions on Crime Data," *New York Times* (February 6, 2010).

33. Rayman, 25–27.

34. David N. Kelley and Sharon L. McCarthy. The Report of the Crime Reporting Review Committee to Commissioner Raymond W. Kelly Concerning CompStat Auditing, April 8, 2013, https://www1.nyc.gov/ assets/nypd/downloads/pdf/public_information/crime_reporting_review_ committee_final_report_2013.pdf..

35. Rayman, 28.

36. 同上，65。

37. 同上，27–28。

38. George Kelling and William Bratton, "Why We Need Broken Windows Policing," *City Journal* (Winter 2015).

39. Rayman, 92.

40. Andrew Guthrie Furguson. *The Rise of Big Data Policing: Surveillance, Race, and the Future of Law Enforcement.* (New York: New York University Press, 2017).

41. Rayman, 219.

42. Furguson.

43. News Release, "1990s Drop in NYC Crime Not Due to CompStat, Misdemeanor Arrests, Study Finds," New York University (February 4, 2013).

44. Rayman, 226.

45. 同上，250。

46. Kelling.

47. Kelling.

48. Kelling.

49. Kelling and Wilson.

50. Kelling.

51. Rayman, 234.

52. David Sklansky, quoted in Malcolm Sparrow. *Handcuffed: What Holds Policing Back and the Keys to Reform* (Washington, DC: Brookings Institute Press, 2016), 101.

53. Gregory Daddis. "The Problem of Metrics: Assessing Progress and Effectiveness in the Vietnam War," *War in History* Vol. 19, No.1 (2012).

54. 同上，32。

55. 同上。

56. 同上。

57. Tim Darling. "The Whiz Kids: How 10 Men Saved America (and Then Almost Destroyed It)," synopsis of John Byrne, "The Whiz Kids: Ten Founding Fathers of American Business—and the Legacy They Left Us). http://www.amnesta.net/other/whizKids/.

58. Daddis.

59. 同上。

60. 同上。

61. 同上。

62. Ben Connable. *Embracing the Fog of War: Assessment and Metrics in Counterinsurgency* (RAND Corporation. 2012), 100.

63. Daddis.

64. 同上。

65. Connable.

66. Daddis.

67. Connable.

68. 同上。

69. Daddis.

70. 同上。

71. Connable.

72. John E. Mueller, "The Search for the 'Breaking Point' in Vietnam. The

Statistics of a Deadly Quarrel," *International Studies Quarterly* Vol. 24, No. 4 (December 1980).

73. 同上。

74. Scott Sigmund Carter and Marissa Edson Myers, "Body Counts and 'Success' in the Vietnam and Korean Wars," *Journal of Interdisciplinary History* Vol. XXV, No. 3 (Winter 1995).

75. 同上。

76. 同上。

77. Mueller.

78. Connable.

79. 同上。

80. Mueller.

81. Carter and Meyers.

82. Connable.

83. Systems Analysis Office assessment from Alain C. Enthoven and K. Wayne Smith, "How Much Is Enough? Shaping the Defense Program, 1961–1969" (New York: Harper and Row, 1971), 295, referenced in Daddis.

84. Connable.

85. 同上。

86. Daddis.

87. Connable.

88. 同上。

89. Mueller.

90. Connable.

91. Mueller.

92. Connable.

93. Mueller.

94. Connable.

95. 同上。

96. 同上。

97. Mueller.

98. Mueller.

99. Kinnard, D. *The War Managers* (Hanover, NH: University Press of New England, 1977), quoted in Mueller.

100. Mueller.

101. Connable.

102. 同上。

103. 同上。

104. Carter and Meyers.

第八章　并非所有重要的东西都计算得清楚

1. Nina Munk, "How Levi's Trashed a Great American Brand While Bob Haas pioneered benevolent management, his company came apart at the seams," *Fortune* (April 12, 1999), http://archive.fortune.com/magazines/fortune/fortune_archive/1999/04/12/258131/index.htm.

2. Greg Johnson, "Troubles at Levi Strauss Revealed in SEC Filing," *Los Angeles Times* (May 5, 2000), http://articles.latimes.com/2000/may/05/business/fi-26752.

3. Michael Streeter and Roger Trapp, "Levi's pounds 500m bonus aims to

keep staff riveted with joy" *Independent* (June 14, 1996), https://www.independent.co.uk/news/levispounds-500m-bonus-aims-to-keep-staff-riveted-with-joy-1336924.html.

4. "Levi to cut 6,400 jobs," *CNN Money* (November 3, 1997), https://money.cnn.com/1997/11/03/companies/levis/.

5. Munk.

6. 同上。

7. Johnson.

8. The Associated Press, "Levi's Profit Fell Sharply in '99," *New York Times* (May 8, 2000), https://www.nytimes.com/2000/05/08/business/levi-s-profit-fell-sharply-in-99.html.

9. Johnson.

10. Victor H. Vroom. *Work and Motivation* (New York: Wiley, 1964).

11. Steven Kerr, "On the folly of rewarding A, while hoping for B," *Academy of Management Executive* Vol. 18 (1975).

12. Edward P. Lazear, "Compensation and Incentives in the Workplace," *Journal of Economic Perspectives* Vol. 32, No. 3 (Summer 2018).

13. Edward L. Deci, "Effects of Externally Mediated Rewards on Intrinsic Motivation," *Journal of Personality and Social Psychology* Vol. 18, No. 1 (1971).

14. Daniel Kahneman. *Thinking Fast and Slow* (New York: Farrar, Straus & Giroux: 2011), 53.

15. Mark R. Lepper and David Greene, "When Two Rewards Are Worse Than One: Effects of Extrinsic Rewards on Intrinsic Motivation," *Phi Delta Kappan* Vol. 56, No. 8 (April 1975).

16. Timothy Gubler, Ian Larkin and Lamar Pierce, "Motivational Spillovers from Awards: Crowding Out in a Multitasking Environment," *Organizational Science* (February 12, 2013), https://papers.ssrn.com/sol3/papers.cfm?abstract_id=2215922.

17. Erik Canton, "Power of Incentives in Public Organizations When Employees Are Intrinsically Motivated," *Journal of Institutional and Theoretical Economics* Vol. 161 (2005).

18. 同上。

19. 同上。

20. Marc A. Edwards and Siddhartha Roy, "Academic Research in the 21st Century: Maintaining Scientific Integrity in a Climate of Perverse Incentives and Hypercompetition," *Environmental Engineering Science* Vol. 34, No. 1 (2017).

21. Dan Ariely, et al., "Large Stakes and Big Mistakes," *Review of Economic Studies* Vol. 76, No. 2 (April 2009).

22. Dan Ariely. *Predictably Irrational* (New York: HarperCollins, 2008), 75–102.

23. 同上，79。

24. Douglas W. Hubbard, *How to Measure Anything: Finding the Value of "Intangibles" in Business* Second Edition (Hoboken, NJ: Wiley, 2010).

25. Dean R. Spitzer, *Transforming Performance Metrics: Rethinking the Way We Measure and Drive Organizational Success* (New York: American Management Association, 2007), 13.

26. Lazear.

27. John P. Campell et al., "A Theory of Performance," in N. Schmitt & W.

C. Borman (Eds.), *Personnel Selection in Organizations* (San Francisco, CA: Jossey-Bass, 1993).

28. Bernard Bass, "From Transactional to Transformative Leadership: Learning to Share the Vision" *Organizational Dynamics* Vol. 18, No. 3 (Winter 1990): 19–31.

29. Margaret Wheatley and Myron Kellner-Rogers, "What Do We Measure and Why: Questions About the Uses of Measurement," *Journal of Strategic Performance Measurement* (June 1999).

30. Robert Costanza et al., "Beyond GDP: The Need for New Measures of Progress, Pardee Papers No. 4 (Boston University, January 2009), 4.

31. Costanza et al., 8.

32. Joseph E. Stiglitz, Amartya Sen and Jean-Paul Fitoussi, *Mis-Measuring our Lives, Why The GDP Doesn't Add Up* (New York: The New Press, 2010); Mark Anielski, *The Economics of Happiness: Building Genuine Wealth* (British Columbia: New Society Publishers, 2007); The Centre for Well-being, *The New Economics Foundation, Measuring Our Progress: The Power of Well-Being* (New Economics Foundation: London, 2011); Costanza et al.

33. Easterin, Richard A. "Does Economic Growth Improve the Human Lot? Some Empirical Evidence" in Paul A. David and Melvin W. Reder (eds.), *Nations and Households in Economic Growth: Essays in Honour of Moses Abramovitz* (New York: Academic Press, Inc., 1974).

34. Justin Fox, "The Economics of Well-Being," *Harvard Business Review* (January–February 2012), https://hbr.org/2012/01/the-economics-of-well-being.

35. Costanza et al., 11–22.

36. 同上，8。

37. Simon Kuznets, "National Income, 1929–1932" (National Bureau of Economic Research Inc, 1934), https://www.mysciencework.com/publication/download/cd57cc170990d63a4e9c7d7fde09154d/b6f8e72d183ef69e56e66d41709bf682.

38. Spitzer, 11.

39. https://www.npr.org/sections/allsongs/2008/05/an_interview_with_tom_waits_by.html.

第九章　对衡量指标的反思

1. David Manheim, "Goodhart's Law and Why Measurement is Hard." RibbonFarm (June 9, 2016), https://www.ribbonfarm.com/2016/06/09/goodharts-law-and-why-measurement-is-hard/.

2. David Parmenter, "Should We Abandon Performance Measures?" *Cutter IT Journal* (January 2013), http://cdn.davidparmenter.com/files/2014/02/Should-we-abandon-ourperformance-measures-Cutter-Journal 2013.pdf..pdf.

3. Manheim.

4. Rachel Aviv, "Wrong Answer: In an era of high-stakes testing, a struggling school made a shocking choice," *New Yorker*, July 21, 2014.

5. Manheim.

6. 同上。

7. Aviv.

8. Margaret Wheatley and Myron Kellner-Rogers, "What Do We Measure

and Why: Questions About the Uses of Measurement," *Journal of Strategic Performance Measurement* (June 1999).

9. 同上。

10. Graham A. Rayman, *The NYPD Tapes: A Shocking Story of Cops, Cover-Ups and Courage* (New York: Palgrave MacMillan, 2013), 32.

11. Aviv.

12. Megan McArdle, "Metrics and Their Unintended Consequences," *Bloomberg Opinion*, January 3, 2018, https://www.bloomberg.com/opinion/articles/2018-01-03/metrics-and-unintended-consequences-in-health-care-and-education.

13. Manheim.

14. 同上。

15. Onara O'Neill, "A Question of Trust, Lecture 1: Spreading Suspicion," Reith Lectures 2002 (BBC Radio 4, 2002).

16. Cali Ressler and Jody Thompson. *Why Work Sucks and How to Fix It: The Results—Only Revolution* (New York: Penguin Group, 2008).

17. Graham Rayman, "NYPD Tapes 5: The Corroboration," *Village Voice* (August 25, 2010), https://www.villagevoice.com/2010/08/25/nypd-tapes-5-the-corroboration/.

18. Onara O'Neill.

19. 同上。

20. Michael Hammer, "The 7 Deadly Sins of Performance Management (and How to Avoid Them)," *MIT Sloan Management Review* (Spring 2007): 19–28.

21. Wheatley and Kellner-Rogers.

22. Dan Ariely, "Column: You Are What You Measure," *Harvard Business Review* (June 2010), https://hbr.org/2010/06/column-you-are-what-you-measure.

23. Hammer.

第十章　衡量指标不是我们的主宰

1. Salman Khan, *The One World Schoolhouse: Education Reimagined* (New York: Twelve, 2013), 83.

2. Khan, 83.

3. Rachel Aviv, "Wrong Answer: In an Era of High-Stakes Testing, a Struggling School Made a Shocking Choice," *New Yorker*, July 21, 2014.

4. Khan, 139–47.

5. Margaret Wheatley and Myron Kellner-Rogers, "What Do We Measure and Why: Questions About the Uses of Measurement," *Journal of Strategic Performance Measurement* (June 1999).